住房城乡建设部土建类学科专业"十三五"规划教材
住房和城乡建设部中等职业教育建筑与房地产经济管理
专业指导委员会规划推荐教材

# 建筑结构基础与识图

## （工程造价专业）

陈丽红　主　编

祁振悦　副主编

郑细珠　冷立群　主　审

中国建筑工业出版社

图书在版编目（CIP）数据

建筑结构基础与识图/陈丽红主编. —北京：中国建筑工业出版社，2015.7（2023.12重印）
住房城乡建设部土建类学科专业"十三五"规划教材
住房和城乡建设部中等职业教育建筑与房地产经济管理专业指导委员会规划推荐教材（工程造价专业）
ISBN 978-7-112-18579-5

Ⅰ.①建… Ⅱ.①陈… Ⅲ.①建筑工程-中等专业学校-教材 ②建筑结构-建筑制图-识别-中等专业学校-教材 Ⅳ.①TU3 ②TU204

中国版本图书馆 CIP 数据核字（2015）第 248970 号

本书是中等职业学校工程造价专业建筑计量与计价专业（技能）方向课程教材。本书按照造价员职业岗位的主要工作任务和职业能力要求设置本课程的教学任务，选取并整合理论知识与实践操作教学内容，以职业岗位工作任务为载体设计教学训练活动，构建任务引领型课程，实现"做学一体"。全书共分为 10 个项目，23 个工作（学习）任务。

本书可供职业学校工程造价、土建类专业的学生使用，也可供工程技术人员参考。

为更好地支持相应课程的教学，我们向采用本书作为教材的教师提供教学课件，有需要者可与出版社联系，邮箱：jckj@cabp.com.cn，电话：（010）58337285，建工书院 http://edu.cabplink.com。

\* \* \*

责任编辑：陈　桦　张　晶　吴越恺
责任校对：张　颖　王　瑞

住房城乡建设部土建类学科专业"十三五"规划教材
住房和城乡建设部中等职业教育建筑与房地产经济管理专业指导委员会规划推荐教材

**建筑结构基础与识图**
（工程造价专业）
陈丽红　主　编
祁振悦　副主编
郑细珠　冷立群　主　审

\*

中国建筑工业出版社出版、发行（北京海淀三里河路 9 号）
各地新华书店、建筑书店经销
北京科地亚盟排版公司制版
河北鹏盛贤印刷有限公司印刷

\*

开本：787×1092 毫米　1/16　印张：17¼　字数：408 千字
2019 年 4 月第一版　　2023 年 12 月第六次印刷
定价：**40.00** 元（赠教师课件）
ISBN 978-7-112-18579-5
（27855）

# 本系列教材编委会 ◆◆◆

# 序言 ◆◆

　　工程造价专业教学标准、核心课程标准、配套规划教材由住房和城乡建设部中等职业教育建筑与房地产经济管理专业指导委员会进行系统研制和开发。

　　工程造价专业是建设类职业学校开设最为普遍的专业之一，该专业学习内容地方特点明显，应用性较强。住房和城乡建设部中职教育建筑与房地产经济管理专业指导委员会充分发挥专家机构的职能作用，来自全国多个地区的专家委员对各地工程造价行业人才需求、中职生就业岗位、工作层次、发展方向等现状进行了广泛而扎实的调研，对各地建筑工程造价相关规范、定额等进行了深入分析，在此基础上，综合各地实际情况，对该专业的培养目标、目标岗位、人才规格、课程体系、课程目标、课程内容等进行了全面和深入的研究，整体性和系统性地研制专业教学标准、核心课程标准以及开发配套规划教材，其中，由本指导委员研制的《中等职业学校工程造价专业教学标准（试行）》于 2014 年 6 月由教育部正式颁布。

　　本套教材根据教育部颁布的《中等职业学校工程造价专业教学标准（试行）》和指导委员会研制的课程标准进行开发，每本教材均由来自不同地区的多位骨干教师共同编写，具有较为广泛的地域代表性。教材以"项目课程"的模式进行开发，学习层次紧扣专业培养目标定位和目标岗位业务规格，学习内容紧贴目标岗位工作，大量选用实际工作案例，力求突出该专业应用性较强的特点，达到"与岗位工作对接，学以致用"的效果，对学习者熟悉工作过程知识、掌握专业技能、提升应用能力和水平有较为直接的帮助。

**住房和城乡建设部中等职业教育建筑与房地产经济管理专业指导委员会**

# 前言 ◆◆◆

本书是中等职业学校工程造价专业建筑计量与计价专业（技能）方向课程教材。本书按照造价员职业岗位的主要工作任务和职业能力要求设置本课程的教学任务，选取并整合理论知识与实践操作教学内容，以职业岗位工作任务为载体设计教学训练活动，构建任务引领型课程，实现"做学一体"。工作项目（学习课题）中的工作任务，由任务描述、知识构成、知识拓展、课堂活动、技能拓展等内容构成。

当前的职业教学课程改革中，强调实践性教学，突出"做中教，做中学"的职业教育教学特色。本教材的编写积累了较成熟的教学经验与教学资料，将建筑结构的构造知识融入各结构构件的施工图识读中，构建一个专业基础课程与建筑行业管理岗位能力培养的实践性教学平台，实现培养高素质技能型人才的目标。

本书由广州市建筑工程职业学校陈丽红（双师型教师：高级讲师＋高级工程师）主编，焦作市职业技术学校祁振悦副主编，郑细珠行业主审，冷立群企业主审。全书共分为 10 个项目，23 个工作（学习）任务。项目 1、2 由广州市建筑工程职业学校陈丽红编写，项目 3 由广州市建筑工程职业学校陈丽红、云南建设学校秦庆秀编写，项目 4 由广州市建筑工程职业学校吴梦婷编写，项目 5 由焦作市职业技术学校顿志元编写，项目 6 由广州市建筑工程职业学校陈丽红、云南建设学校袁磊编写，项目 7、9 由焦作市职业技术学校祁振悦编写，项目 8 由云南建设学校秦庆秀编写，项目 10 由云南建设学校袁磊编写。附录 1 由广州市建筑工程职业学校陈丽红编写，附录 2 由焦作市职业技术学校祁振悦编写，附录 3 由云南建设学校袁磊编写。

由于编者水平有限，加之时间仓促，本书在编写过程中难免存在错误与不妥之处，恳请读者批评指正。

# 目录 ◆◆◆

# 项目 1
## 建筑结构的认知

项目概述

> 通过本项目的学习，学生能够：说出建筑结构的概念及其组成构件，并根据各种结构的优缺点，进行正确的结构选型；掌握建筑结构的功能要求；了解建筑结构抗震基本知识；掌握钢筋混凝土材料及性能特点。

## 任务 1.1　建筑结构的概念和分类

任务描述

建筑结构是指在建筑物（包括构筑物）中，由建筑材料做成的用来承受各种荷载或者作用，以起骨架作用的空间受力体系。建筑结构构成建筑物并为使用功能提供空间环境的支承体，承担着建筑物的重力、风力撞击、振动等作用下所产生的各种荷载；同时又是影响建筑构造、建筑经济和建筑整体造型的基本因素。

通过本工作任务的学习，学生能够：说出建筑结构的概念及其组成构件；根据各种结构的优缺点，进行简单的结构选型。

知识构成

### 1.1.1　建筑结构的概念及其组成构件

建筑结构是由梁、板、墙、柱、基础等基本构件通过一定的连接方式所组成的能够承受并传递荷载和其他间接作用（如温度变化引起的收缩、地基不均匀沉降等）的体系（图 1-1）。

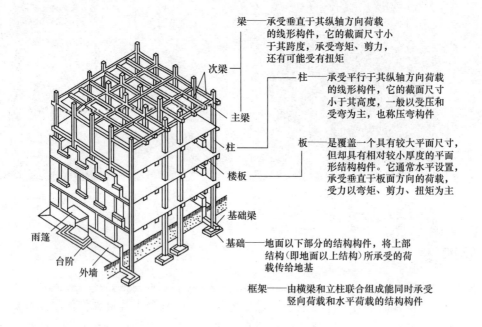

梁——承受垂直于其纵轴方向荷载的线形构件，它的截面尺寸小于其跨度，承受弯矩、剪力，还有可能受有扭矩

柱——承受平行于其纵轴方向荷载的线形构件，它的截面尺寸小于其高度，一般以受压和受弯为主，也称压弯构件

板——是覆盖一个具有较大平面尺寸，但却具有相对较小厚度的平面形结构构件。它通常水平设置，承受垂直于板面方向的荷载，受力以弯矩、剪力、扭矩为主

基础——地面以下部分的结构构件，将上部结构（即地面以上结构）所承受的荷载传给地基

框架——由横梁和立柱联合组成能同时承受竖向荷载和水平荷载的结构构件

次梁
主梁
柱
楼板
基础梁
基础
雨篷
台阶
外墙

（a）

横向内墙
纵向内墙
外墙

墙——主要是承受平行于墙面方向荷载的竖向构件。它在重力和竖向荷载作用下主要承受压力，有时也承受弯矩和剪力

楼板
首层地面
条形基础
雨篷
台阶
散水

（b）

**图 1-1  建筑结构示意图**

（a）钢筋混凝土框架结构；（b）砌体结构

优秀的建筑结构应具有以下特点：

（1）在应用上要满足空间和功能的需求。

（2）在安全上要符合承载和耐久的需要。

（3）在技术上要体现科技和工程的新发展。

（4）在造型上要与建筑艺术融为一体。

（5）在建造上要合理用材并与施工实际相结合。

## 1.1.2　建筑结构的分类

建筑结构的分类方法有多种，一般可按照结构所用材料、承重结构类型、使用功能、外形特点、施工方法等进行分类。按所用材料的不同，建筑结构可分为混凝土结构、砌体结构、钢结构和木结构等。

**1. 混凝土结构**

混凝土结构包括素混凝土结构、钢筋混凝土结构和预应力混凝土结构。

其中钢筋混凝土结构应用最为广泛，其主要优点是强度高、整体性好、耐久性与耐火性好、易于就地取材、具有良好的可模性等；主要缺点是自重大、抗裂性差、施工环节多、工期长等。图 1-2 为钢筋混凝土结构建筑（台北 101 在建工地）。

### 知识拓展

台北 101 摩天大楼，于 1999 年动工，2004 年 12 月 31 日完工。2004 年 12 月 31 日～2010 年 1 月 4 日间拥有"世界第一高楼"的纪录。台北 101 楼高 509m，地上 101 层，地下 5 层。该楼融合东方古典文化及台湾本土特色，造型宛若劲竹，节节高升、柔韧有余。另外，运用高科技材质及创意照明，以透明、清晰营造视觉穿透效果。

**2. 砌体结构**

砌体结构是由块材和砂浆砌筑而成的墙、柱作为建筑物主要受力构件的结构。包括砖砌体结构、石砌体结构和砌块砌体结构，广泛应用于多层民用建筑，如图 1-3 所示。

图 1-2　钢筋混凝土结构　　　　图 1-3　砌体结构（索菲亚教堂）

砌体结构的主要优点是易于就地取材、耐久性与耐火性好、施工简单、造价低；主要缺点是强度（尤其是抗拉强度）低、整体性较差、结构自重大、工人劳动强度高等。

### 知识拓展

哈尔滨圣索菲亚教堂坐落在东北名城哈尔滨，始建于 1907 年 3 月，砌体结构，占地面积为 721m²，高 53.35m，平面呈拉丁十字布局，是典型的拜占庭风格建筑。

**3. 钢结构**

钢结构是由钢板、型钢等钢材通过有效的连接方式制作的结构，广泛应用于高层建筑结构及工业建筑之中。随着我国经济建设的迅速发展，钢结构得到了越来越广泛的应用。

钢结构与其他结构形式相比，主要优点是结构自重轻、材质均匀、强度高、可靠性好、施工简单、工期短、具有良好的抗震性能；主要缺点是易腐蚀、耐火性差、工程造价和维修费用较高。如图 1-4 所示。

图 1-4　钢结构

**知识拓展**

国家体育场是 2008 年北京奥运会的主场馆，由于其独特造型又俗称"鸟巢"。由 2001 年普利茨克奖获得者赫尔佐格、德梅隆与中国建筑师李兴刚等合作完成的巨型体育场设计，形态如同孕育生命的"巢"，它更像一个摇篮，寄托着人类对未来的希望。设计者们对这个国家体育场没有做任何多余的处理，只是坦率地把结构暴露在外，因而自然形成了建筑的外观。

图 1-5　木结构

**4. 木结构**

用木材制成的结构。木结构自重较轻，木构件便于运输、装拆，能多次使用，故广泛地用于房屋建筑中，也还用于桥梁和塔架。木材受拉和受剪皆是脆性破坏，其强度受木节、斜纹及裂缝等天然缺陷的影响很大；但在受压和受弯时具有一定的塑性。为保证其耐久性，木结构应采取防腐、防虫、防火措施。如图 1-5 所示。

**知识拓展**

中国是最早应用木结构的国家之一，中国的木结构建筑在唐朝已形成一套严整的制作方法。目前在我国的部分偏远地区，仍有大量的木结构房屋。木材是一种再生的天然资源，在对木材的防腐、防虫、防火措施日臻完善的条件下，充分发挥木材自重轻、制作方便的优点，做到次材优用，小材大用，提高木材的利用率。国外部分木结构生产、经营企业的进入，带来了新工艺和新的设计理念，极大地促进了国内木结构建筑行业的发展，木结构建筑已成为我国休闲地产、园林建筑的新宠。

## 1.1.3　多层与高层结构体系简介

随着社会的发展和人们需求水平的提高，出现了众多的高层建筑。关于多层与高层建筑的界限，各国的标准有所不同。我国《高层建筑混凝土结构技术规程》JGJ 3—2010（以下简称《高规》）规定 8 层及 8 层以上或高度大于 24m 的房屋为高层建筑，2～7 层且高度不大于 24m 为多层建筑。

通常，多层房屋常采用混合结构、钢筋混凝土结构；高层房屋常采用钢筋混凝土结构、钢结构、钢-混凝土混合结构。钢筋混凝土房屋常用的结构体系有：框架体系、剪力墙体系、框架-剪力墙体系和筒体体系等。

**1. 框架结构体系**

主要由楼板、梁、柱及基础等承重构件通过节点连接组成，一般由框架梁、柱与基础形成多个平面框架作为主要的承重结构，各平面框架再由连系梁连接起来，形成一个空间结构体系。如图 1-6 所示。

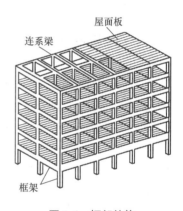

图 1-6　框架结构

框架结构体系的特点是将承重结构和围护、分隔构件分开，墙只起围护及分隔作用。框架结构平面布置灵活，容易满足生产工艺和使用要求，构件易于标准化制作，同时具有较高的承载力和整体性能，广泛用于多层工业厂房及多高层办公楼、旅馆、教学楼、医院、住宅等。

但在水平荷载作用下，其抗侧刚度小、水平位移大，因此使用高度受到限制。框架结构的适用高度，地震区为6～15 层，非地震区为15～20 层。

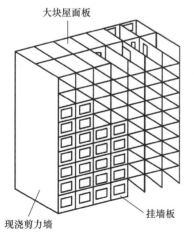

图 1-7　剪力墙结构

**2. 剪力墙结构体系**

采用建筑物的墙体作为竖向承重和抵抗侧力的结构称为剪力墙结构体系，如图 1-7 所示。剪力墙实际就是固结在基础上的钢筋混凝土墙片，既承担竖向荷载，又承担水平荷载产生的剪力，故称做剪力墙；当建筑底部需较大空间时，可将底层或底部几层部分剪力墙取消，用框架来替代，就形成了框支剪力墙体系。

剪力墙体系具有抗侧刚度大，整体性好，整齐美观，抗震性能好，利于承受水平荷载，并可使用滑模、大模板等先进施工方法施工等众多优点，但由于横墙较多、间距较密，使得建筑平面的空间较小。剪力墙体系的适用高度为15～50 层，常用于住宅、旅馆等开间较小的高层建筑。

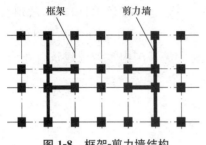

图 1-8　框架-剪力墙结构

**3. 框架-剪力墙结构体系**

在框架体系中设置适当数量的剪力墙，即形成框架-剪力墙体系。该体系综合了框架结构和剪力墙结构的优点，其中竖向荷载主要由框架承担，水平荷载则主要由剪力墙承担，如图 1-8 所示。

框架-剪力墙结构的抗侧刚度较大，抗震性较好，具有平面布置灵活、使用方便的特点，广泛应用于办公楼和宾馆等公共建筑中，框架-剪力墙体系的适用高度为 15～25 层，一般不宜超过 30 层。

**4. 筒体结构体系**

以筒体为主要的承受竖向和水平作用的结构称为筒体结构体系。它是在剪力墙体系和框架-剪力墙体系基础上发展而形成的，筒体是由若干片剪力墙或密柱框架围合而成的封闭井筒式结构（或框筒）。

根据开孔的多少，筒体有空腹筒和实腹筒之分，如图 1-9 所示。实腹筒一般由楼梯间、电梯井、管道井等形成，开孔少，常位于房屋中部，故又称核心筒（图 1-9a）。空腹筒又称框筒，由布置在房屋四周的密排立柱和截面高度很大的横梁组成（图 1-9b），其中立柱柱距一般为 1.20～3.0m，横梁的梁高一般为 0.6～1.20m。

根据所受水平力及房屋高度的不同，筒体体系可以布置成筒中筒结构、框架-核心筒结构、成束筒结构和多重筒结构等

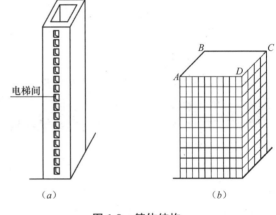

(a)　　　　　　　　　　(b)

图 1-9　筒体结构一

(a) 实腹筒；(b) 空腹筒

形式，如图 1-10 所示。其中，筒中筒结构通常用框筒作外筒，实腹筒作内筒。筒体体系因为刚度大，可形成较大的内部空间且平面布置灵活，广泛应用于写字楼等超高层公共建筑。

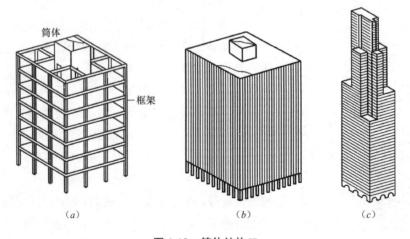

(a)　　　　　　　　　　(b)　　　　　　　　　　(c)

图 1-10　筒体结构二

(a) 框架-核心筒；(b) 筒中筒；(c) 成束筒

### 知识拓展

摩天大楼称为超高层大楼，非常高的多层建筑物。起初为一二十层的建筑，但是现在通常指超过四十层或五十层的高楼大厦。随着高层建筑在各地不同的发展，人们所认知的摩天大楼定义高度也略为不同。我国相关建筑规范规定100m 以上高度的属于超高层建筑；日本、法国定义超过 60m 就属于超高层建筑；在美国，则普遍认为 152m（500ft）以上的建筑为摩天大楼。

广州第一高楼——广州东塔，亦称广州周大福金融中心，位于广州天河区珠江新城 CBD 中心地段，建筑面积为地面以上 35 万 $m^2$，地下 1.8 万 $m^2$，116 层，建筑总高度 530m，采用钢-混结构，于 2014 年 10 月 28 日封顶。

### 课堂活动

分组讨论并汇报结构选型。

分组要求：5～6 人为一组，选一名组长。

活动要求：由教师给出 4～5 种建筑物概况，学生根据结构的类型及特点，组内讨论决定最佳结构形式，并由组长负责汇报。

### 能力测试

简答题

1. 建筑结构的概念是什么？

2. 建筑结构按施工方法可分为几类，各自的特点是什么？

3. 钢筋混凝土房屋的结构体系有哪几种，其优缺点及适用范围是什么？

# 任务 1.2 建筑结构的功能要求与极限状态

### 任务描述

通过本工作任务的学习，学生能够：说出建筑结构的功能要求，了解建筑结构的可靠性，知道建筑结构的极限状态。

### 知识构成

### 1.2.1 建筑结构的功能要求与可靠性

任何建筑结构设计都应在预定的设计使用年限内，在正常使用的条件下满足设计所预期的各种功能要求。

设计使用年限，是指房屋建筑在正常设计、正常施工、正常使用和维护下所应达到的使用年限。在这一规定的时间内，结构或结构构件不需进行大修即可按其预定目的使用。由表 1-1 可见，我国通常的建筑结构设计的使用年限是 50 年。对于按照我国现行设计规范选用的可变作用及与时间有关的材料性能等取值而选用的时间参数则称为设计基准期。它不等同于建筑结构的设计使用年限。《建筑结构可靠度设计统一标准》GB 50153—2008 规定的设计基准期为 50 年。相应的《建筑结构荷载规范》GB 50009—2012 所考虑的荷载统计参数都是按设计基准期为 50 年确定的，如设计时需采用其他设计基准期，则必须另行确定在设计基准期内最大荷载的概率分布及相应的统计参数。

设计使用年限分类 表 1-1

| 类别 | 设计使用年限（年） | 举例 |
|------|------|------|
| 1 | 1～5 | 临时性建筑 |
| 2 | 25 | 易于替换的结构构件 |
| 3 | 50 | 普通房屋和构筑物 |
| 4 | 100 及以上 | 纪念性建筑和特别重要的建筑结构 |

满足设计所预期的各种功能要求包括：

（1）安全性。在正常施工和正常使用时，能承受可能出现的各种作用。并且在设计规定的偶然事件（如地震、爆炸）发生时及发生后，仍能保持必需的整体稳定性。所谓整体稳定性，系指在偶然事件发生时及发生后，建筑结构仅产生局部的损坏而不致发生连续倒塌。

（2）适用性。在正常使用时具有良好的工作性能。如不产生影响使用的过大的变形或振幅，不发生足以让使用者产生不安的过宽的裂缝。

（3）耐久性。在正常维护下具有足够的耐久性能。结构在正常维护条件下应能在规定的设计使用年限内满足安全、实用性的要求。

上述对结构安全性、适用性、耐久性的要求总称为结构的可靠性。即结构和结构构件在规定的时间内（设计使用年限），在规定的条件下（正常设计、正常施工、正常使用和维护），完成预定功能（安全性、适用性、耐久性）的能力称为结构的可靠性。结构的可靠性的概率度量称为结构的可靠度。也就是说，可靠度是指在规定的时间内和规定的条件下，结构完成预定功能的概率。

## 1.2.2　建筑结构的极限状态

### 1. 建筑结构的极限状态

建筑结构的极限状态与极限状态方程，如图 1-11 所示。

### 2. 极限状态设计表达式

（1）承载能力极限状态设计表达式

承载能力极限状态设计表达式为：

$$\gamma_0 S < R \tag{1-1}$$

式中　$\gamma_0$——结构构件的重要性系数，对安全等级为一级或设计使用年限为 100 年及以上的结构构件不应小于 1.1，对安全等级为二级的结构构件不应小于 1.0，对安全等级为三级的结构构件不应小于 0.9，对地震设计状况下应取 1.0；

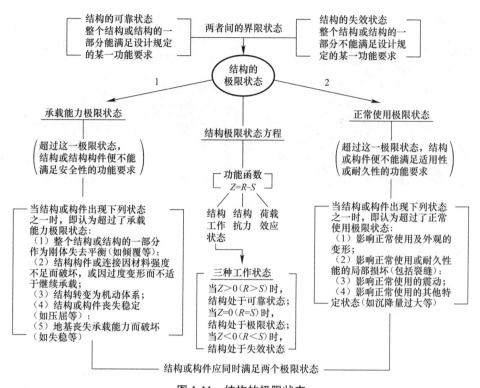

**图 1-11　结构的极限状态**

$S$——承载能力极限状态的荷载效应组合设计值；

$R$——结构构件的抗力设计值。

若安全等级为一级，则弯矩设计值应再乘以 $\gamma_0=1.1$。

（2）正常使用极限状态设计表达式

正常使用极限状态主要验算结构构件的变形、抗裂度或裂缝宽度等，使其满足结构的适用性和耐久性的要求。其设计表达式为：

$$S \leqslant C \tag{1-2}$$

式中　$S$——正常使用极限状态的荷载效应组合值；

$C$——结构或构件达到正常使用要求的规定限值（变形、裂缝宽度、应力等限值）。

# 任务 1.3　建筑结构抗震基本知识

## 任务描述

强烈地震是世界上最严重的自然灾害之一，它在极短的时间内造成惨重的人员伤亡和巨大的财产损失（图 1-12）。一次又一次的地震灾难及教训警示人们：防震减灾任重道远，刻不容缓。为了最大限度地减轻地震灾害，搞好新建工程的抗震设计是一项重要的根本的减灾措施。本工作任务将简要介绍地震及房屋建筑抗震设防的基本知识。

通过本工作任务的学习，学生能够：了解地震的基本知识；理解震级、地震烈度的概念；了解建筑抗震设防的概念设计；掌握建筑抗震设防的烈度、分类和标准。

图 1-12　汶川地震震害图片

知识构成

## 1.3.1　基本概念

在建筑抗震设计中所指的地震是由于岩层构造状态突然发生破裂引起的地震。由于地下岩层构造状态突然破裂，或由于局部岩层塌落、火山喷发、核爆炸等原因产生振动，并以波的形式传到地面引起地面颠簸和摇晃，这种地面运动就叫做地震。地震危害性极大，会造成惨重的人员伤亡和巨大的经济损失。因此国家制定了《建筑抗震设计规范》GB 50011—2010，对地震实行以预防为主的方针，建筑经抗震设防后，减轻地震破坏，避免人员伤亡，减少经济损失，如图 1-13 所示。

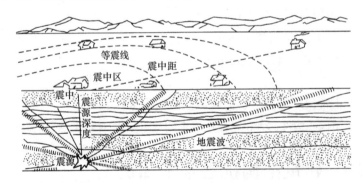

图 1-13　地震示意图

**1. 震源与震源深度**

地震发生的起始位置，称为震源，震源正上方的地面位置称为震中，位于震中的区域往往是振动最早、最强烈的地方。震源垂直向上到地表的距离是震源深度。一般把震源深度在 60km 以内的地震称为浅源地震；60～300km 的地震称为中源地震；300km 以上的地震称为深源地震。

震源越浅，破坏越大，但波及范围也越小，反之亦然。破坏性地震一般是浅源地震。

**2. 震级**

地震的震级是衡量一次地震释放能量大小的等级。用符号 $M$ 表示，一般称为里氏震级。$M<2$ 的地震人们感觉不到，称为微震；$M=2\sim4$ 的地震为有感地震；$M\geqslant5$ 的地震，对建筑物有不同程度的破坏，称为破坏地震；$M>7$ 的地震，称为强烈地震或大地震；$M\geqslant8$ 的地震称为特大地震。如 2008 年 5 月四川省汶川地震等级为 8 级。

**3. 地震烈度**

指地震时某一地区地面和各类建筑物遭受一次地震影响的强弱程度。一般说来，震中区的地震烈度最高，随距离震中区的远近不同，地震烈度就有差异。为了在实际工作中评定烈度的高低，有必要制定一个统一的评定标准。这个规定的标准称为地震烈度表。在世界各国使用的有几种不同的烈度表。中国按 12 个烈度等级划分烈度表，它主要是根据宏观的地震影响和破坏现象（如：人的感觉、物体的反应、房屋建筑物的破坏、地表改观等现象）定性划分的（表 1-2）。1～5 度以人的感觉为主；6～10 度以房屋震害为主，人的感觉仅供参考；11、12 度以地表现象为主。11、12 度的评定，需要专门研究。

中国地震烈度表（简略）　　　　　　　　　　　　　　　　　　表 1-2

| 烈度 | 地震现象 |
| --- | --- |
| 1 度 | 人无感觉，仪器能记录到 |
| 2 度 | 个别完全静止中的人感觉到 |
| 3 度 | 室内少数人在完全静止中能感觉到；门窗轻微作响，悬挂物微动 |
| 4 度 | 室内大多数感觉，室外少数人感觉；门窗有响声，悬挂物明显摆动，器皿作响 |
| 5 度 | 室内外多数人有感觉，梦中惊醒；门窗作响，尘土落下，不稳定器物翻倒 |
| 6 度 | 很多人从室内跑出，行动不稳；器皿中液体剧烈动荡以至溅出，架上的书籍器皿翻倒坠落；房屋有轻微损坏以至部分损坏 |
| 7 度 | 自行车、汽车上人有感觉，房屋轻度破坏——局部破坏、开裂，经小修或者不修可以继续使用；牌坊、烟囱损坏，地表出现裂缝及喷沙冒水 |
| 8 度 | 行走困难；房屋中等破坏——结构受损，需要修复才能使用；少数破坏路基塌方，地下管道破裂；树梢折断 |
| 9 度 | 行动的人摔倒；房屋严重破坏——结构严重破坏，局部倒塌，修复困难；牌坊、烟囱等崩塌，铁轨弯曲；滑坡塌方常见 |
| 10 度 | 处于不稳状的人会摔出，有抛起感；房屋大多数倒塌，道路毁坏，山石大量崩塌，水面大浪扑岸 |
| 11 度 | 房屋普遍倒塌；路基堤岸大段崩毁，地表产生很大变化，大量山崩滑坡 |
| 12 度 | 地面剧烈变化，山河改观——一切建筑物普遍毁坏，地形剧烈变化，动植物遭毁灭 |

**4. 设防烈度**

按国家规定的权限批准作为一个地区抗震设防依据的地震烈度。即建筑物需要抵抗地震作用对建筑物的破坏程度。《建筑抗震设计规范》给出了全国主要城镇的抗震设防烈度（表 1-3），对抗震设防烈度为 6 度及以上地区的建筑，必须进行抗震设计。

全国部分城市抗震设防烈度（简略）　　　　　　　　　　　　表 1-3

| 抗震设防烈度 | 城　市 |
| --- | --- |
| 6 度 | 重庆、哈尔滨、杭州、南昌、济南、武汉、长沙、南宁、贵阳、青岛 |
| 7 度 | 上海、石家庄、沈阳、长春、南京、合肥、福州、广州、成都、西宁、澳门、大连、深圳、珠海 |
| 8 度 | 北京、太原、呼和浩特、昆明、拉萨、西安、兰州、银川、乌鲁木齐、海口、台北 |

**5. 抗震等级**

抗震等级是指设计部门依据国家有关规定，按照"建筑物重要性分类与设防标准"，根据烈度、结构类型和建筑物高度等，而采用不同抗震等级进行的具体设计。以钢筋混凝土框架结构为例，抗震等级划分为四级，以表示其很严重（一级）、严重（二级）、较严重（三级）及一般（四级）四个级别。设防烈度越高，抗震等级就越高。

## 1.3.2 建筑抗震设防标准与设防目标

**1. 抗震设防分类和设防标准**

《建筑抗震设计规范》GB 50011—2010（以下简称《抗震规范》）将建筑物按其使用功能的重要性分为甲、乙、丙、丁四个抗震设防类别：

甲类建筑——地震破坏后对社会有严重影响，对国民经济有巨大损失或有特殊要求的建筑。地震作用应高于本地区抗震设防烈度的要求，其值应按批准的地震安全性评价结果确定；抗震措施，当抗震设防烈度为6～8度时，应符合本地区抗震设防烈度提高一度的要求，当为9度时，应符合比9度抗震设防更高的要求。

乙类建筑——地震时使用功能不能中断或需尽快恢复的建筑（如消防、急救、供水、供电等）。地震作用应符合本地区抗震设防烈度的要求；抗震措施，一般情况下，当抗震设防烈度为6～8度时，应符合本地区抗震设防烈度提高一度的要求，当为9度时，应符合比9度抗震设防更高的要求。地基基础的抗震措施，应符合有关规定。对较小的乙类建筑，当其结构改用抗震性能较好的结构类型时，应允许仍按本地区抗震设防烈度的要求采取抗震措施。

丙类建筑——地震破坏后有一般影响及其他不属于甲、乙、丁类的一般建筑（如公共建筑、住宅、旅馆、厂房等）。地震作用和抗震措施均应符合本地区抗震设防烈度的要求。

丁类建筑——地震破坏或倒塌不会影响甲、乙、丙类建筑，且社会影响、经济损失轻微的建筑（如储存物品价值低、人员活动少的单层仓库等建筑）。一般情况下，地震作用仍应符合本地区抗震设防烈度的要求；抗震措施应允许比本地区抗震设防烈度的要求适当降低，但抗震设防烈度为6度时不应降低。

**2. 抗震设防目标**

建筑物在设计使用年限期间有可能遭受多次不同烈度的地震。抗震设计要求建筑具有不同的抵抗能力，对一般较小的地震，发生的可能性大，故又称多遇地震，这时要求结构不受损坏，在技术上和经济上都可以做到；而对于罕遇的强烈地震，由于发生的可能性小，但地震作用大，在此强震作用下要保证结构完全不损坏，技术难度大，经济投入也大，是不合算的，这时若允许有所损坏，但不倒塌，则将是经济合理的。我国抗震规范根据这些原则提出了"三个水准"的抗震设防目标。

第一水准：当遭受低于本地区设防烈度的多遇地震影响时，一般不受损坏或不需修理仍可继续使用；

第二水准：当遭受本地区设防烈度的地震影响时，可能损坏，经一般修理或不需修理仍可继续使用；

第三水准：当遭受到高于本地区设防烈度的罕遇地震（大震）时，建筑不致发生倒塌或危及生命财产的严重破坏。

通常将其概括为"小震不坏，中震可修，大震不倒"。

## 1.3.3　抗震设计的基本要求

为了达到合理的抗震目的，在进行抗震设计时，应遵循下列要求：

**1. 场地和地基**

选择对抗震有利的场地和地基。对不利地段应提出避开要求，当无法避开时应采取有效措施，不应在危险地段建造甲、乙、丙类建筑。建筑抗震有利、不利地段和危险地段划分见《抗震规范》有关规定。

地基和基础设计时，同一结构单元的基础不宜设置在性质截然不同的地基上，也不宜部分采用天然地基，部分采用桩基。

**2. 建筑设计和建筑结构的规则性**

建筑结构的平面、立面和竖向剖面布置宜规则、对称，并应具有良好的整体性；结构的侧向刚度宜均匀变化，竖向抗侧力构件的截面尺寸和材料强度宜自下而上逐渐减小。

对不规则的建筑结构，可按实际需要在适当部位设置防震缝。对不规则的建筑结构，应按《抗震规范》要求进行水平地震作用计算和内力调整，并对薄弱部位采取有效抗震构造措施。

**3. 结构体系**

选择合理的抗震结构体系。结构体系应根据建筑的抗震设防类别、抗震设防烈度、建筑高度、场地条件、地基、结构材料和施工等因素，经技术、经济和使用条件综合比较确定。结构体系应具有多道抗震防线。

**4. 结构构件**

结构构件应有利于抗震。对砌体结构应按规定设置钢筋混凝土圈梁和构造柱、芯柱，或采用配筋砌体等；对混凝土结构构件应避免剪切破坏先于弯曲破坏、混凝土的压溃先于钢筋的屈服、钢筋的锚固破坏先于构件破坏；对钢结构构件应合理控制尺寸，避免局部失稳或整体失稳。

加强结构各构件之间的连接，使连接破坏不应先于其连接的构件破坏，以保证结构的整体性。

**5. 非结构构件**

非结构构件，包括建筑非结构构件（如女儿墙、围护墙和隔墙、幕墙、装饰贴面）和建筑附属机电设备，自身及其与结构主体的连接，应进行抗震设计。附着于楼、屋面结构上的非结构构件以及楼梯间的非承重墙体，应采取与主体结构可靠连接或锚固等措施，避免地震时倒塌伤人或砸坏重要设备。

**6. 隔震和消能减震设计**

采用隔震与消能减震设计，能减轻地震造成的灾害。目前主要应用于使用功能有特殊要求的建筑及抗震设防烈度为 8、9 度的建筑。

**7. 结构材料与施工**

抗震结构对材料和施工质量的特别要求，应在设计文件上注明。结构材料性能指标应符合《抗震规范》的要求。

当需要以强度等级较高的钢筋替代原设计中的纵向受力钢筋时，应按照钢筋承载力设计值相等的原则换算，并应满足最小配筋率、抗裂验算等要求。钢筋混凝土构造柱、芯柱和底部框架-抗震墙砖房中砖抗震墙的施工，应先砌墙后浇构造柱、芯柱和框架梁柱。

### 课堂活动

1. 根据《抗震规范》查阅：已知北京地区的抗震设防烈度为 8 度，"鸟巢"为甲类建筑，请问"鸟巢"的抗震措施应符合几度抗震设防？

2. 根据《抗震规范》找出自己家乡所属地的抗震设防烈度，并列举相应的抗震措施，作为课堂作业。

活动要求：学生在查阅规范过程中，如果有不懂的地方先相互讨论解决，学生之间不能解决的问题则做好记录，并反馈给教师。

# 任务 1.4　钢筋混凝土结构材料及性能特点

### 任务描述

混凝土，是指由胶凝材料将骨料胶结成整体的工程复合材料的统称。通常讲的混凝土是由胶凝材料水泥、砂子、石子和水，及掺合材料、外加剂等按一定的比例拌合而成，凝固后坚硬如石，受压能力好，但受拉能力差，容易因受拉而断裂。为了解决这个矛盾，充分发挥混凝土的受压能力，常在混凝土受拉区域内或相应部位加入一定数量的钢筋，使两种材料粘结成一个整体，共同承受外力。这种配有钢筋的混凝土，称为钢筋混凝土。

通过本工作任务的学习，学生能够：说出钢筋混凝土的材料组成；了解钢筋混凝土材料及性能特点；知道混凝土与钢筋共同工作的原理。

### 知识构成

## 1.4.1　混凝土

**1. 混凝土的强度**

混凝土硬化后的最重要的力学性能，是指混凝土抵抗压、拉、弯、剪等应力的能力。水灰比、水泥品种和用量、骨料的品种和用量以及搅拌、成型、养护，都直接影响混凝土的强度。

（1）立方体抗压强度 $f_{cu,k}$

混凝土按标准抗压强度（以边长为 150mm 的立方体为标准试件，在标准养护条件下养护 28 天，按照标准试验方法测得的具有 95% 保证率的立方体抗压强度）划分强度等级，分为 C15、C20、C25、C30、C35、C40、C45、C50、C55、C60、C65、C70、C75、C80 共 14 个等级。混凝土的抗拉强度仅为其抗压强度的 1/10～1/20。提高混凝土抗拉、抗压强度的比值是混凝土改性的重要方面。

设计时，应根据不同的结构选择合适的强度等级。《混凝土结构设计规范》GB 50010—2010 规定，钢筋混凝土结构的混凝土强度等级不宜低于 C20；采用强度等级 400MPa 及以上的钢筋时，混凝土强度等级不得低于 C25；预应力混凝土结构的混凝土强度等级不宜低于 C40，且不应低于 C30。

（2）混凝土轴心抗压强度 $f_c$

实际工程中，钢筋混凝土轴心抗压构件，如柱、屋架受压腹杆等，它们的长度要比截面尺寸大得多，立方体抗压强度不能代表混凝土在实际构件中的受力状态，故取棱柱体（150mm×150mm×300mm）标准试件测定轴心抗压强度，用符号 $f_c$ 表示。

（3）混凝土轴心抗拉强度 $f_t$

在计算钢筋混凝土和预应力混凝土构件的抗裂和裂缝宽度时，要应用轴心抗拉强度。取 100mm×100mm×500mm 的棱柱体，两端埋有钢筋，让该试件均匀受拉，当试件破坏时，试件截面上的平均拉应力就是混凝土轴心抗拉强度，用符号 $f_t$ 表示。

（4）混凝土强度标准值与设计值

混凝土强度具有变异性，按同一标准生产的混凝土各批强度会不同，即便是一次搅拌的混凝土其强度也有差异。因此，为了结构的安全，在设计中应采取混凝土强度标准值来进行计算。所谓材料强度标准值是指在正常情况下可能出现的最小材料强度值，它是结构设计时采用的材料强度的基本代表值，而材料强度设计值则是强度标准值除以材料分项系数 $\gamma_c$（$\gamma_c=1.4$）后的值。

**2. 混凝土的收缩和徐变**

（1）混凝土的收缩

混凝土在空气中硬化，其体积缩小的现象称为混凝土收缩。混凝土收缩对混凝土构件会产生有害的影响，例如，混凝土构件受到约束时，混凝土的收缩就会使构件中产生收缩应力，收缩应力过大，就会使构件产生裂缝，以致影响结构的正常使用；在预应力混凝土构件中混凝土收缩将引起钢筋预应力值损失等。因此，应当设法减少混凝土的收缩，避免对结构产生有害影响。减少收缩的措施主要是控制水泥用量及水灰比、提高混凝土密实性、加强养护等，对纵向延伸的结构，在一定长度上需设置伸缩缝。

（2）混凝土的徐变

混凝土在长期不变荷载作用下，应变随时间继续增长的现象，叫做混凝土的徐变。徐变特性主要与时间有关。徐变对结构构件产生十分不利的影响，如增大混凝土构件的变形、在预应力混凝土构件中引起预应力损失等。

试验表明，徐变与下列一些因素有关：

（1）水泥用量愈多，水灰比愈大，徐变愈大。

（2）增加混凝土骨料的含量，徐变将变小。

（3）养护条件好，水泥水化作用充分，徐变就小。

（4）构件加载前混凝土的强度愈高，徐变就愈小。

（5）构件截面的应力愈大，徐变愈大。

### 知识拓展

现代混凝土的发展方向——商品混凝土。商品混凝土是以集中预拌、远距离运输的方式向施工工地提供现浇混凝土；是现代混凝土与现代化施工工艺结合的高科技建材产品，包括：大流动性混凝土、流态混凝土、泵送混凝土、自密实混凝土、防渗抗裂大体积混凝土、高强度混凝土和高性能混凝土等。

## 1.4.2　钢筋

钢筋是指钢筋混凝土用和预应力钢筋混凝土用钢材，其横截面为圆形，有时为带有圆角的方形。包括光圆钢筋、带肋钢筋、扭转钢筋。钢筋混凝土用钢筋是指钢筋混凝土配筋用的直条或盘条状钢材，其外形分为光圆钢筋和带肋钢筋两种。

**1. 钢筋的种类**

建筑工程所用的钢筋，按其加工工艺不同分为：热轧钢筋、冷拉钢筋、热处理钢筋、碳素钢丝、刻痕钢丝、冷拔低碳钢丝及钢绞线。在钢筋混凝土结构中常采用的热轧钢筋分为 HPB300（用Φ表示）；HRB335（用Φ表示）、HRBF335（用Φ$^F$ 表示）；HRB400（用Φ表示）、RRB400（用Φ$^R$ 表示）、HRBF400（用Φ$^F$ 表示）；HRB500（用Φ表示）、HRBF500（用Φ$^F$ 表示）。纵向受力普通钢筋宜采用 HRB400、HRB500 等钢筋，也可采用 HPB300、HRB335 等钢筋；梁、柱纵向受力普通钢筋应采用 HRB400、HRB500 等钢筋。考虑到各种类型钢筋的使用条件和便于在外观上加以区别，我国规定，HPB300 级钢筋外形轧成光面，HRB335 级、HRB400 级和 RRB400 级等钢筋轧成带月牙肋纹的钢筋。人字纹、螺旋纹和月牙形钢筋，统称为带肋钢筋（图 1-14）。

**2. 钢筋强度标准值与设计值**

同混凝土一样，钢筋的强度也具有变异性，因此，钢筋也有标准值和设计值。

普通钢筋的抗拉强度标准值用符号 $f_{yk}$ 表示，抗压强度标准值用符号 $f'_{yk}$ 表示。

普通钢筋的抗拉强度设计值用符号 $f_y$ 表示，抗压强度设计值用符号 $f'_y$ 表示。

## 1.4.3　钢筋和混凝土共同工作原理

**1. 钢筋和混凝土共同工作原因**

钢筋和混凝土是两种性质完全不同的材料，在钢筋混凝土结构中却能够很好地共同工作，其主要原因有三点：

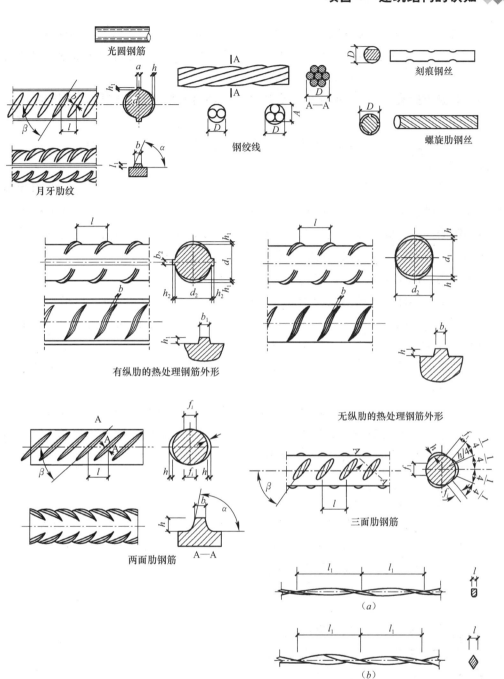

图 1-14 常用钢筋形式

（1）混凝土硬化后，钢筋表面与混凝土之间产生了良好的粘结力，使两者可靠地结合在一起，在外荷载作用下，两者能共同变形，这是钢筋和混凝土能够共同工作的主要原因。所谓粘结力，实际上由三部分组成：①是混凝土结硬时体积收缩，将钢筋紧紧握住而产生的摩擦力；②是混凝土与钢筋接触表面间的胶结力；③是由于钢筋表面凹凸不平而产生的机械咬合力。

（2）钢筋和混凝土的温度线膨胀系数几乎相同（钢筋为 $1.2\times10^{-5}$，混凝土为 $1.0\times$
$10^{-5}\sim1.5\times10^{-5}$），在温度变化时，二者的变形基本相等，不致破坏钢筋混凝土结构的整体性。

（3）混凝土握裹钢筋，使钢筋不会因大气等的侵蚀而生锈破坏，对钢筋起保护作用。

上述三个原因中，钢筋表面与混凝土之间存在粘结作用是最主要的原因。

**2. 保证钢筋与混凝土之间粘结作用的措施**

在结构设计中，为使钢筋和混凝土之间具有足够的粘结力，常要在材料选用和构造方面采取一些措施。这些措施包括选择适当的混凝土强度等级、保证足够的混凝土保护层厚度和钢筋间距、保证受力钢筋有足够的锚固长度、采用螺纹钢筋或在光圆钢筋端部设置弯钩、绑扎钢筋的接头保证足够的搭接长度等。

（1）钢筋的锚固长度

钢筋混凝土构件中，纵向受力钢筋必须伸过其受力截面一定长度，以借助该长度上的粘结力把钢筋锚固在混凝土中，这个长度称为锚固长度。锚固长度的下限值为最小锚固长度，用 $l_a$ 表示，有抗震要求时用 $l_{aE}$ 表示。

钢筋的最小锚固长度 $l_a$ 与钢筋种类、混凝土强度等级等因素有关，其取值详见项目 2。

（2）钢筋的弯钩

钢筋混凝土的粘结力中机械咬合作用最大，特别是带肋钢筋，机械咬合作用占粘结力的一半以上。而光圆钢筋和混凝土粘结力小，所以端部做成弯钩，弯钩形式可分为三种：半圆弯钩（图 1-15a、b）、直弯钩（图 1-15c）和斜弯钩（图 1-15d）。半圆弯钩是最常用的一种。

（3）钢筋的连接

在施工中，常常会出现因钢筋长度不够而需要接长的情况，其接头形式有绑扎接头、焊接接头和机械连接接头，宜优先采用焊接或机械连接的接头。绑扎接头必须保证有足够的搭接长度，而且光圆钢筋的端部要做弯钩（图 1-16）。

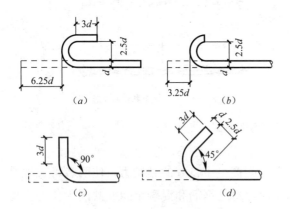

**图 1-15 钢筋的弯钩**

（a）手工弯半圆弯钩；（b）机器弯半圆弯钩；

（c）直弯钩；（d）斜弯钩

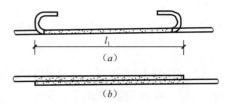

**图 1-16 钢筋的绑扎**

（a）光圆钢筋；（b）带肋钢筋

## 能力测试

**简答题**

1. 建筑工程中所用钢筋有哪几种?

2. 如何确定混凝土的立方体抗压强度标准值,它与试块尺寸的关系如何?

3. 为什么伸入支座的钢筋要有一定的锚固长度? 钢筋在绑扎搭接时,为什么要有足够的搭接长度?

4. 在钢筋混凝土结构中,钢筋和混凝土能够共同工作的基础是什么?

5. 影响混凝土徐变的因素有哪些?

# 项目 2
## 结构设计总说明的识读

### 项目概述

为了使建筑结构施工图设计具有严肃性、承前性、精确性、逻辑性，并能为材料、设备定购与制作，为施工图预算编制，为工程施工和安装，为工程验收等提供可靠依据，在施工图设计文件编制前，应该对材料、设备、编制规范等进行全面的调研。

## 任务 2.1　结构施工图的基本组成

### 任务描述

施工图是工程师的"语言"，是设计者设计意图的体现，也是施工、监理、经济核算的重要依据。

根据建筑各方面的要求，进行结构造型和构件布置，再通过力学计算，决定房屋各承重构件的材料、形状、大小以及内部构造等，并将设计结果绘成图样，以指导施工，这种图样称为结构施工图，简称"结施"。

通过本工作任务的学习，学生能够：了解结构施工图和建筑施工图的区别与联系之处；掌握结构施工图的基本组成内容，从宏观上学会查阅施工图。

### 知识构成

### 2.1.1　结构施工图和建筑施工图

结构施工图是关于承重构件的布置、使用的材料、形状、大小及内部构造的工程图样，是承重构件以及其他受力构件施工的依据，如图 2-1 所示。

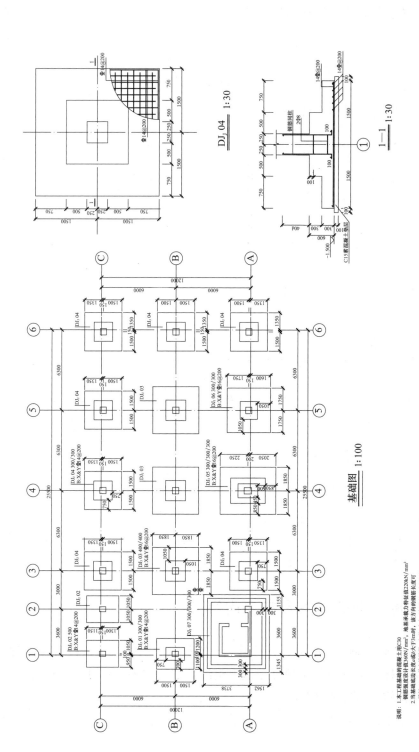

基础图 1:100

图2-1 某行政办公楼基础图

说明：1. 本工程基础的混凝土用C30
　　　钢筋强度设计值360N/mm²，地基承载力特征值220kN/mm²
　　　2. 当基础底边长或c减小于3m时，该方向的钢筋长度可
　　　缩短10%，并交错放置，与柱x方向平行的基础底板钢筋
　　　放在下层
　　　3. 预留柱的箍筋密度及其形式和底层柱的箍筋相同
　　　4. 基础底板的钢筋保护层厚度为40mm
　　　5. 垫层用C15混凝土，厚度为100mm
　　　6. 内外地台高差为300mm

建筑施工图是主要用来表示房屋的规划位置、外部造型、内部布置、内外装修、细部构造、固定设施及施工要求等。它包括施工图首页、总平面图、平面图、立面图、剖面图和详图，如图2-2所示。

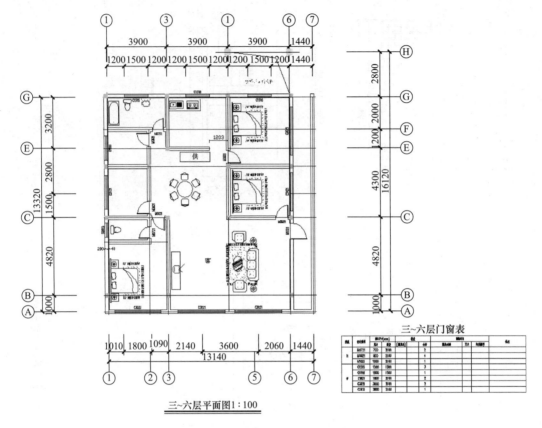

**图 2-2  某建筑物三～六层平面图**

结构施工图和建筑施工图表达内容虽然不同，但对同一套图纸而言，它们所反映的是同一建筑物，因此，它们的定位轴线、平面尺寸和立面、剖面尺寸等必须完全相符。

## 2.1.2  结构施工图的作用及主要内容

结构施工图主要用来作为施工放线、开挖基槽、支模板、绑扎钢筋、设置预埋件、浇捣混凝土和安装梁板柱等构件及编制预算与施工组织计划等的依据。对于工程造价专业学生来说，熟悉结构施工图是至关重要的。

结构施工图包含以下内容：图纸目录、结构设计总说明、基础图、结构平面图和构造详图。

**1. 图纸目录**

全部图纸都应在"图纸目录"上列出，"图纸目录"的图号是"G-0"。

结构施工图的"图别"为"结施"。"图号"排列的原则是：从整体到局部，按施工顺序由下往上。例如，"结构总说明"的图号为"G-1"（G 表示"结施"，也可用 JG 符号表示结施），以后依次为桩基础统一说明及大样、基础及基础梁平面、由下而上的各层结构平面、各种大样图、楼梯表、柱表、梁大样及梁表。

按平法绘图时，各层结构平面又分为墙柱定位图、各类结构构件的平法施工图（模板图，板、梁、柱、剪力墙配筋图等，特殊情况下增加的剖面配筋图），并应和相应构件的构造通用图及说明配合使用。此时应按基础、柱、剪力墙、梁、板、楼梯及其他构件的顺序排列，如图 2-3 所示。

| 图纸目录 | | | | 工程名称 | ×××住宅 | |
|---|---|---|---|---|---|---|
| | | | | 设计编号 | 201501 | |
| | | | | 专业 | 结构 | |
| 序号 | 版号 | 图号 | 图名 | 图集 | 页次 | 备注 |
| 1 | 1 | G-1 | 结构设计总说明（一） | | | |
| 2 | 1 | G-2 | 结构设计总说明（二） | | | |
| 3 | 1 | G-3 | 基础平面布置图 | | | |
| 4 | 1 | G-4 | 一～四层墙、柱平面定位图 | | | |
| 5 | 1 | G-5 | 一～四层墙、柱配筋图 | | | |
| 6 | 1 | G-6 | 五～十层墙、柱平面定位图 | | | |
| 7 | 1 | G-7 | 五～十层墙、柱配筋图 | | | |
| 8 | 1 | G-8 | 十一层～屋面墙、柱平面定位图 | | | |
| 9 | 1 | G-9 | 十一层～屋面墙、柱配筋图 | | | |
| 10 | 1 | G-10 | 一层顶梁配筋图 | | | |
| 11 | 1 | G-11 | 一层顶板配筋图 | | | |
| 12 | 1 | G-12 | 二层顶梁配筋图 | | | |
| 13 | 1 | G-13 | 二层顶板配筋图 | | | |
| 14 | 1 | G-14 | 三～七层顶梁配筋图 | | | |
| 15 | 1 | G-15 | 三～十七层顶板配筋图 | | | |
| 16 | 1 | G-16 | 八～十五层顶梁配筋图 | | | |
| 17 | 1 | G-17 | 十六～十七层顶梁配筋图 | | | |
| 18 | 1 | G-18 | 十八层顶梁配筋图 | | | |
| 19 | 1 | G-19 | 十八层顶板配筋图 | | | |
| 20 | 1 | G-20 | 坡屋面梁配筋图 | | | |
| 21 | 1 | G-21 | 坡屋面板配筋图 | | | |
| 22 | 1 | G-22 | 机房顶梁板配筋图 | | | |
| 23 | 1 | G-23 | 楼梯配筋图 | | | |
| | | | | | | |
| | | | | | | |
| | | | | | | |
| | | | | | | |
| | | | | | | |
| | | | | | | |

图 2-3　某工程图纸目录示例

**2. 结构设计总说明**

"结构设计总说明"是统一描述该项工程有关结构方面共性问题的图纸，其编制原则是提示性的。

结构设计总说明一般包括工程概况、设计总则和设计依据、结构设计主要技术指标、主要荷载（作用）取值、主要结构材料、地基基础及地下室、混凝土结构构造要求、非结构构件构造要求、混凝土结构施工要求、沉降观测要求、节点梁柱混凝土浇筑范围示意图和梁配筋构造、现浇钢筋混凝土过梁、女儿墙和梁底挂板构造、基础底板或基础梁后浇带构造、地下室外墙后浇带构造。

**3. 基础图**

基础图是表示建筑物地面以下基础部分的平面布置和详细构造的图样，包括基础平面布置图与基础详图。它们是施工放线、土方开挖、砌筑或浇筑混凝土基础的依据。

人工挖孔（冲、钻孔）灌注桩或预应力钢筋混凝土管桩一般都有统一说明及大样。图中用"√"表示适用于本设计的内容，同时应在空格处填上需要的内容。

**4. 结构平面图**

结构平面图是假想沿着楼板面将建筑物水平剖开所作的水平剖面图，表示各层梁、板、柱、墙、过梁和圈梁等的平面布置情况，以及现浇楼板、梁的构造与配筋情况及构件之间的结构关系。

结构平面图为施工中安装梁、板、柱等各种构件提供依据，同时为现浇构件支模板、绑扎钢筋、浇筑混凝土提供依据。

结构平面图主要包括了楼盖结构平面图和屋盖结构平面图，混合结构房屋有时还包括圈梁布置图。工业建筑还包括柱网、吊车梁、柱间支撑、连系梁布置等。

**5. 构造详图**

构造详图主要表示节点的构造做法以及各构件的钢筋配置情况、模板情况等，一般有柱、梁、板、剪力墙等构件详图和楼梯、屋架、雨篷、过梁等详图。

## 2.1.3 钢筋混凝土结构构件配筋图的表示方法

钢筋混凝土结构构件配筋图的表示方法有三种：

**1. 详图法**

它通过平、立、剖面图将各构件（梁、柱、墙等）的结构尺寸、配筋规格等"逼真"地表示出来。用详图法绘图的工作量非常大。

**2. 梁柱表法**

它采用表格填写方法将结构构件的结构尺寸和配筋规格用数字符号表达。此法比"详图法"要简单方便得多，手工绘图时，深受设计人员的欢迎。其不足之处是：同类构件的许多数据需多次填写，容易出现错漏，图纸数量多。

**3. 结构施工图平面整体设计方法（以下简称"平法"）**

它把结构构件的截面形式、尺寸及所配钢筋规格在构件的平面位置用数字和符号直接表示，再与相应的"结构设计总说明"和梁、柱、墙等构件的"构造通用图及说明"配合使用。平法的优点是图面简洁、清楚、直观性强，图纸数量少，设计和施工人员都很欢迎。

为了保证按平法设计的结构施工图实现全国统一，平法的制图规则已纳入国家建筑标准设计图集，详见《混凝土结构施工图平面整体表示方法制图规则和构造详图》16G101—1（以下简称《平法规则》）。

"详图法"能加强绘图基本功的训练；"梁柱表法"目前应用较少；而"平法"则已广泛应用。以下内容均以平法表示方法为主，介绍结构施工图的识读。

## 2.1.4 结构施工图的识读要领

识读结构施工图应遵循：由浅入深、由粗到细、由大到小、全面细致的原则，及时发现设计中各工种之间存在的矛盾、设计中不明确的、施工中有困难的及设计图中有差错的地方，并通过图纸会审的方式予以提出，便于设计单位对施工图作进一步的明确与调整，以保证工程施工的顺利进行。

### 能力测试

简答题
1. 结构施工图与建筑施工图有何区别和联系？
2. 简述结构施工图的作用及其基本内容。

# 任务 2.2  结构设计总说明的识读

### 任务描述

结构总说明是用文字的形式来表达工程概况、结构设计依据、结构材料要求、选用的标准图和施工的特殊要求。结构总说明是结构施工图的纲领性文件。

通过本工作任务的学习，学生能够：熟悉工程概况；了解地基及基础基本情况；掌握主要结构用材情况；熟悉构造要求；了解所采用的标准图以及对结构的特殊要求；学会在识读其他图纸之前，对建筑物有初步了解，为后续识读工作奠定基础。

### 知识构成

结构设计总说明一般包括以下内容，以行政办公楼为例进行说明（图 2-4）。

## 2.2.1  工程概况和设计总则

（1）本说明及施工图纸中的尺寸单位除注明外，标高以米（m）为单位，其余以毫米（mm）为单位。

图 2-4 结构设计总说明

（2）本工程±0.000 为首层室内地面标高，相当于测量图绝对标高23.3m。

（3）本工程为行政办公楼，地上8层，建筑结构高度26.4m。本工程的结构类型为框架-剪力墙结构，现浇混凝土楼盖。

（4）本工程结构安全等级二级，设计使用年限50年，高层防火的建筑分类一类，耐火等级一级。

（5）除按本说明要求外，尚应遵守各有关施工和验收规范及规程的规定。

（6）施工准备或施工过程中，若发现图纸错漏或与实际情况不符之处，请及时通知设计单位及相关部门研究解决。

（7）本工程施工图纸需经图纸会审后方可用于施工。如有涉及结构安全的重大修改时，还应经原审图单位审查通过后方可施工。

（8）本工程用途为办公楼，在设计使用年限内未经技术鉴定或设计许可，不得改变结构的用途和使用环境。

## 2.2.2 设计主要依据和资料

（1）施工图阶段建筑、设备专业提供的有关图纸和资料。

（2）岩土工程勘察资料见＿＿＿＿＿＿＿＿＿＿编制的《岩土工程勘察报告》。

（3）初步设计阶段的设计审查文件，见＿＿＿＿＿＿＿＿。

（4）初步设计阶段的抗震设防专项审查文件，见＿＿＿＿＿＿＿＿。

（5）结构电算软件采用中国建筑科学研究院的 PKPM 系列计算软件。

（6）本工程设计所遵循的主要规范、规程及建筑标准设计图集。

1)《建筑工程抗震设防分类标准》GB 50223—2008

2)《建筑结构荷载规范》GB 50009—2012

3)《建筑地基基础设计规范》GB 50007—2011

4)《混凝土结构设计规范》GB 50010—2010

5)《建筑抗震设计规范》GB 50011—2010

6)《高层建筑混凝土结构技术规程》JGJ 3—2010

7)《建筑桩基技术规范》JGJ 94—2008

8)《混凝土结构施工图平面整体表示方法制图规则和构造详图》16G101

9)全国民用建筑工程设计技术措施节能专篇《结构》

10)《混凝土结构耐久性设计规范》GB/T 50476—2008

## 2.2.3 结构抗震设计、楼面荷载及耐久性要求

（1）本工程抗震设防类别为丙类，抗震设防烈度为7度，设计基本地震加速度为0.10g。设计地震分组为一组，场地土类别为Ⅱ类。结构构件抗震等级，见表2-1。

**结构构件抗震等级**                      表 2-1

| 结构类型 | 框架 | 剪力墙 | |
|---|---|---|---|
| 结构部位 | | 底部加强部位 | 非底部加强部位 |
| 抗震等级 | 三 | 二 | 二 |

（2）本工程楼面（屋面）均布荷载标准值，见表 2-2。

**均布荷载标准值（kN/m²）**                      表 2-2

| 位置 | 标准层 | | | | | | 屋面层 | |
|---|---|---|---|---|---|---|---|---|
| 使用功能 | 机房 | 办公 | 厕所 | 阳台 | 走廊 | 楼梯 | 上人屋面 | 不上人屋面 |
| 活荷载取值 | 7.0 | 2.0 | 2.5 | 2.5 | 2.5 | 3.5 | 2.0 | 0.5 |

注：除上述已标明的荷载外，其余未注明的荷载按《建筑结构荷载规范》GB 50009—2012 的规定取值。施工时不能超过本表设计荷载，否则另行处理。

（3）风荷载：50 年重现期基本风压值为 $0.50kN/m^2$，承载力计算时风压值为 $0.50kN/m$，地面粗糙度为 B 类。

### 知识拓展

使结构或构件产生内力、变形、裂缝等效应的原因称为"作用"，分直接作用和间接作用两类，直接作用即为荷载。

《建筑结构荷载规范》GB 50009—2012 将结构上的荷载按作用时间的长短和性质分为下列三类：

1）永久荷载

永久荷载是指在结构使用期间，其值不随时间变化或其变化与平均值相比可以忽略不计，或其变化是单调的并能趋于限值的荷载，如结构自重、土压力、预应力等。永久荷载也称为恒荷载。

2）可变荷载

可变荷载是指结构使用期间，其值随时间变化且其变化与平均值相比不可以忽略不计的荷载，如楼面活荷载、屋面活荷载和积灰荷载、风荷载、雪荷载、吊车荷载等。可变荷载也称为活荷载。

3）偶然荷载

偶然荷载是指在结构使用期间不一定出现，一旦出现，其值很大且持续时间很短的荷载，如爆炸力、撞击力等。

（4）混凝土结构的使用环境类别（表 2-3）：

**混凝土结构的环境类别**                      表 2-3

| 环境类别 | 条 件 |
|---|---|
| 一 | 室内干燥环境；无侵蚀性静水浸没环境 |
| 二 a | 室内潮湿环境；非严寒和非寒冷地区的露天环境；非严寒和非寒冷地区与无侵蚀性的水或土壤直接接触的环境；严寒和寒冷地区的冰冻线以下与无侵蚀性的水或土壤直接接触的环境 |
| 二 b | 干湿交替环境；水位频繁变动环境；严寒和寒冷地区的露天环境；严寒和寒冷地区的冰冻线以上与无侵蚀性的水或土壤直接接触的环境 |

续表

| 环境类别 | 条件 |
|---|---|
| 三 a | 严寒和寒冷地区冬季水位变动区环境；受除冰盐影响环境；海风环境 |
| 三 b | 盐渍土环境；受除冰盐作用环境；海岸环境 |
| 四 | 海水环境 |
| 五 | 受人为或自然的侵蚀性物质影响的环境 |

注：1. 室内潮湿环境是指构件表面经常处于结露或湿润状态的环境。
   2. 严寒和寒冷地区的划分应符合现行国家标准《民用建筑热工设计规范》GB 50176—2002 的有关规定。
   3. 海岸环境和海风环境宜根据当地情况，考虑主导风向和结构所处逆风、背风部位等因素的影响，由调查研究和工程经验确定。
   4. 受除冰盐影响环境是指受到除冰盐盐雾影响的环境；受除冰盐作用环境是指被除冰盐溶液溅射的环境以及使用除冰盐的洗车房、停车楼等建筑。
   5. 露天环境是指混凝土结构表面所处的环境。

（5）设计使用年限 50 年的混凝土结构，混凝土材料与最外层钢筋的保护层最小厚度（表 2-4）：

纵向受力钢筋混凝土最小保护层厚度（mm）                    表 2-4

| 环境类别 | 板、墙 | | 梁、柱 | |
|---|---|---|---|---|
| | ≤C25 | ≥C30 | ≤C25 | ≥C30 |
| 一 | 20 | 15 | 25 | 20 |
| 二 a | 25 | 20 | 30 | 25 |
| 二 b | 30 | 25 | 40 | 35 |
| 三 a | — | 30 | — | 40 |
| 三 b | — | 40 | — | 50 |

注：1. 构件中受力钢筋的保护层厚度不应小于钢筋的公称直径。
   2. 设计使用年限为 100 年的混凝土结构，一类环境中，最外层钢筋的保护层厚度不应小于表中数值的 1.4 倍；二、三类环境中，应采取专门的有效措施。
   3. 基础底面钢筋的保护层厚度，有混凝土垫层时应从垫层顶面算起，且不应小于 40mm。

## 知识拓展

混凝土保护层：最外层钢筋外边缘至混凝土表面的距离。作用有三：减少混凝土开裂后纵向钢筋的锈蚀、高温时使钢筋的温度上升减缓、使纵筋与混凝土有较好的粘结。

## 2.2.4 地基基础

（1）本工程地基基础设计等级为乙级。

（2）本工程采用钻孔灌注桩基础，详见基础施工图详图。

（3）地下水（土）对 ±0.000 以下混凝土结构构件有微腐蚀性，施工单位应按照《工业建筑防腐蚀设计标准》GB/T 50046—2018 中第 4.2、4.7、4.8 节相应条款的防腐蚀措施，对处于腐蚀性水（土）的混凝土构件作出处理。

## 2.2.5 钢筋混凝土结构

（1）结构材料

热轧钢筋：HPB300（Φ）$f_y = f_y' = 270N/mm^2$；HRB335（Φ）$f_y = f_y' = 300N/mm^2$；

HRB400（$\Phi$） $f_y = f'_y = 360\text{N/mm}^2$；RRB400（$\Phi^R$） $f_y = f'_y = 360\text{N/mm}^2$；

HRB500（$\Phi$） $f_y = 435\text{N/mm}^2$；$f'_y = 410\text{N/mm}^2$。

冷轧带肋钢筋：CRB550 级（$\Phi^R$） $f_y = f'_y = 360\text{N/mm}^2$。

钢筋的强度标准值应具有不小于 95% 的保证率。

（2）抗震等级为一、二、三级的框架和斜撑（含梯段），其纵向钢筋采用普通钢筋时，钢筋的抗拉强度实测值与屈服强度实测值的比值不应小于 1.25，且钢筋的屈服强度实测值与强度标准值的比值不应大于 1.30，且钢筋在最大拉力下的总伸长率实测值不应小于 9%。

（3）采用预拌混凝土浇筑主体结构。

（4）根据《混凝土结构施工图平面整体表示方法制图规则和构造详图》16G101—1，本项目中现浇结构的受拉钢筋基本锚固长度、锚固长度和搭接长度（表 2-5）：

**受拉钢筋基本锚固长度、锚固长度和搭接长度** 表 2-5

| 混凝土强度等级<br>抗震等级<br>钢筋种类 | | 基本锚固长度 $l_{abE}$ | | | | | | | | | 锚固长度 $l_{aE}$ |
|---|---|---|---|---|---|---|---|---|---|---|---|
| | | C20 | C25 | C30 | C35 | C40 | C45 | C50 | C55 | ≥C60 | $l_{aE} = \zeta_a \cdot l_{abE}$<br>$\zeta_a$——修正系数按下情况取：（多项时可连乘）<br>1. 带肋钢筋直径大于25mm时取 1.10<br>2. 环氧树脂涂层带肋钢筋时取 1.25<br>3. 施工中易受扰动的钢筋取 1.10<br>4. 锚固区保护层厚度3d时取 0.8；5d时取0.7 |
| HPB300（$\Phi$） | 一、二级 | 45d | 39d | 35d | 32d | 29d | 28d | 26d | 25d | 24d | |
| | 三级 | 41d | 36d | 32d | 29d | 26d | 25d | 24d | 23d | 22d | |
| | 四级 | 39d | 34d | 30d | 28d | 25d | 24d | 23d | 22d | 21d | |
| HRB335（$\Phi$） | 一、二级 | 44d | 38d | 33d | 31d | 29d | 26d | 25d | 24d | 24d | |
| | 三级 | 40d | 35d | 31d | 28d | 25d | 24d | 23d | 22d | 22d | |
| | 四级 | 38d | 33d | 29d | 27d | 25d | 23d | 22d | 21d | 21d | |
| HRB400（$\Phi$）<br>HRBF400（$\Phi^F$）<br>RRB400（$\Phi^R$） | 一、二级 | — | 46d | 40d | 37d | 33d | 32d | 31d | 30d | 29d | 搭接长度 $l_{lE}$<br>$l_{lE} = \zeta_l \cdot l_{aE}$<br>$\zeta_l$——修正系数按下情况取：<br>1. 钢筋搭接接头百分率不大于25%时取1.2<br>2. 钢筋搭接接头百分率等于50%时取1.4 |
| | 三级 | — | 42d | 37d | 34d | 30d | 29d | 28d | 27d | 26d | |
| | 四级 | — | 40d | 35d | 32d | 29d | 28d | 27d | 26d | 25d | |
| HRB500（$\Phi$）<br>HRBF500（$\Phi^F$） | 一、二级 | — | 55d | 49d | 45d | 41d | 39d | 37d | 36d | 35d | |
| | 三级 | — | 50d | 45d | 41d | 38d | 36d | 34d | 33d | 32d | |
| | 四级 | — | 48d | 43d | 39d | 36d | 34d | 32d | 31d | 30d | |

注：1. 钢筋锚固长度不得小于250mm，钢筋搭接长度不得小于350mm。
2. 搭接区域内受力钢筋接头面积的允许百分率为：梁、板、墙宜≤25%，柱宜≤50%。
3. 非抗震结构的基本锚固长度 $l_{ab}$、锚固长度 $l_a$ 和搭接长度 $l_l$ 取值同四级抗震结构。

### 知识拓展

锚固：钢筋在混凝土构件中会受到压、剪、扭、弯等复杂荷载的作用，为了使钢筋可靠地埋置于混凝土中，与混凝土协力工作，不致被拔出，就必须有一定的埋入长度，使得钢筋能通过粘结应力把拉拔传递给混凝土，此埋入长度即为锚固长度。锚固长度跟钢筋级别、混凝土强度等级及抗震等级有关，如图 2-5 所示。

搭接长度：工厂生产出来的钢筋均是按一定规格（如 9m 和 12m）的定长尺寸制作

的。而实际工程中使用的钢筋却有长有短，形状各异，因此需要对钢筋进行处理。连接的方法有绑扎、焊接及机械连接等。钢筋搭接长度就是指：钢筋在连接时，其相互重叠部分的长度。采用不同的连接方式、不同的钢筋级别和混凝土强度等级及是否抗震等，规范都对钢筋的搭接长度有相应的要求，但不能小于 300mm。

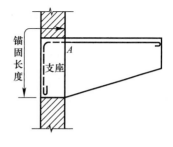

图 2-5　锚固长度

（5）纵向钢筋连接要求：

1）受拉钢筋直径 $d \geqslant 25$mm、受压钢筋直径 $d > 28$mm 时，不宜采用绑扎搭接接头。

2）一、二级框架柱（剪力墙暗柱）及三级框架柱（剪力墙暗柱）的底层，以及一级框架梁，其钢筋连接宜采用机械连接接头。

3）框支柱、框支梁的钢筋连接应采用机械连接接头。

4）当接头位置无法避开梁端、柱端加密区时，应采用满足等强度要求的机械连接接头，且钢筋接头面积百分率为不宜大于 50％。

5）除以上情况外，钢筋连接可采用搭接或焊接。

（6）现浇结构各部位构件的混凝土强度等级见结构施工图。

根据《施工图结构设计总说明（混凝土结构）》，混凝土强度等级可采用表 2-6 所列。

混凝土强度等级　　　　　　　　　　　　　表 2-6

| 项目 | 构件 | | 混凝土强度等级 | 备注 |
|---|---|---|---|---|
| 通用项目 | 基础垫层 | | C15 | |
| | 基础底板 | | C30 | |
| | 后浇带 | | 高一级的无收缩混凝土 | |
| | 砌体中圈梁、构造柱、现浇过梁 | | C20 | |
| 主楼 | 墙、柱 | 基础顶至××层 | C40 | |
| | | ××层及以上 | C35 | |
| | 梁、板、楼梯 | ××层至××层 | C35 | |
| | | ××层及以上 | C30 | |
| 裙房 | 梁、板、柱、楼梯 | ××层至××层 | C35 | |
| | | ××层及以上 | C30 | |

注：1. 表中数值仅为示例。
　　2. 防水混凝土应注明抗渗等级。
　　3. 高层建筑的基础及地下室外墙、底板，当采用粉煤灰混凝土时，可利用<u>××</u>d 龄期的强度指标作为混凝土设计强度。

（7）楼板

1）除平面图中标明外，单向板底筋的分布筋及单向板、双向板支座负筋的分布筋要求见表 2-7 所列。

分　布　筋　　　　　　　　　　　　　表 2-7

| 板厚度（mm） | | 60～90 | 100～130 | 140～160 | 170～200 | 210～250 |
|---|---|---|---|---|---|---|
| 钢筋种类 | HRB400 级钢筋 | Φ6@200 | Φ8@250 | Φ8@200 | Φ10@250 | Φ10@200 |

（屋面板和外露板的分布筋间距不大于 200mm）

2）双向板的底筋，其短向筋在下层，长向筋放在短向筋之上。

3）在结构平面图中，中间支座板负筋所标尺寸当只有一个尺寸时指钢筋全长，当支座两侧均有尺寸时指从梁中线计起；对边支座板负筋尺寸则指从梁内边计起。

4）除结构平面图中标明外，砌体墙下未布置梁时，在墙下板底处另加钢筋 3$\phi$12，钢筋两端锚入梁内 10$d$。

5）楼板底筋的锚固长度为伸至梁中线且$\geqslant$10$d$；所有板筋（受力或非受力）当用搭接接长时，其搭接长度除按本说明有关要求外且不小于 250mm。在同一截面的接头钢筋截面面积不宜超过该截面钢筋总截面面积的 25%。

6）对配有双层钢筋的一般楼板（板厚小于 200mm），除标明做法外，均应加支撑钢筋，支撑钢筋直径不小于 10mm，形式如图 2-6 所示，每平方米设置一个。

7）设备各专业所需预留的小孔洞（边长不大于 300mm）的位置及尺寸、预埋件大样及位置，若结构平面图中未表示，请参照有关图纸预留，不得后凿，施工单位应有专人负责此项工作或派专人与机电安装施工队配合，避免产生错误。

8）板中预埋管应设在板钢筋之间，对采用分离式配筋的楼板在板跨中部无支座负筋处加设钢筋网，如图 2-7 所示。

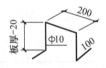

图 2-6　支撑钢筋形式

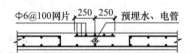

图 2-7　板中预埋管

9）开洞楼板除图中标明做法外，当洞宽小于 300mm 时不设附加钢筋，板筋绕过洞边，不需切断。当洞口尺寸为 300$\leqslant$b$\leqslant$800 时，按图 2-8 附加钢筋。

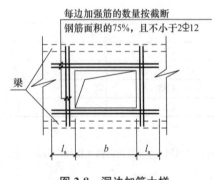

图 2-8　洞边加筋大样

10）凡端跨板的端支座为钢筋混凝土墙时，该处的板面筋应锚入墙内长度为 $l_a$。

11）除风井和排烟井道外，其余管道井的封板均为二次浇筑板，施工时预留板筋，安装管道时应尽量保留钢筋，管道安装完毕并补焊被切断的钢筋后，方可浇灌混凝土。

（8）梁

1）梁（墙、柱）的配筋及构造要求见施工图纸，构造详图中未详尽部分参照《混凝土结构施工图平面整体表示方法制图规则和构造详图》16G101—1 施工。

2）框架梁的纵向钢筋不应与箍筋、拉筋及预埋件等焊接。

3）设备管线需要在梁侧开洞或埋件时，应严格按设计图纸要求设置，在浇灌混凝土之前经检查符合设计要求后方可施工，孔洞不得后凿。

4）当框架柱混凝土强度等级高于框架梁 5MPa 时，其节点区的混凝土强度应按其中较高者施工，做法如图 2-9（a）、图 2-9（b）所示。

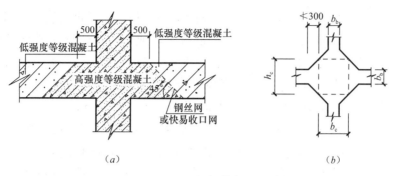

图 2-9 梁柱节点

(a) 梁柱节点 1；(b) 梁柱节点 2

5）跨度不小于 4m 的支承梁或跨度不小于 2m 的悬臂梁，应按施工规范要求起拱。

6）反梁结构的屋面需按排水方向、图示位置及尺寸预留泄水孔，不得后凿。

7）当屋面为结构找坡时，不论现浇或铺设预制件，均需按建筑平面图所示坡度要求浇作或铺放。阳台、卫生间及厨房等排水坡度均采用建筑找坡。

## 2.2.6 砌体

（1）墙体块材：骨架结构中的墙砌体均不作承重用。室内地面以下用 MU10 灰砂砖 M7.5 水泥砂浆砌结。其余砌体厚度及砂浆强度详见表 2-8 所列。

砌体厚度及砂浆强度 表 2-8

| 砌块名称 | 块材干密度级别或密度 | 砌块强度等级 | 砂浆强度等级 | 备注 |
|---|---|---|---|---|
| 蒸压加气混凝土砌块 | B07 | A5.0 | M5 | 1. 砌块干燥收缩率不超过 0.4mm/m<br>2. 砂浆为水泥石灰混合预拌砂浆 |

（2）当墙体的水平长度大于 5m 或墙端部没有钢筋混凝土墙、柱时，应在墙中间或墙端部加设构造柱。构造柱具体位置详建筑平面图。构造柱的混凝土强度等级为 C20，竖筋用 4Φ12，箍筋用Φ6@200，其柱脚及柱顶在主体结构中预埋 4Φ12 竖筋，该竖筋伸出主体结构面 500mm。施工时需先砌墙后浇柱，砌墙时墙与柱要砌成马牙槎（图 2-10），墙与柱的拉结筋沿墙高每隔 500mm（块材 600mm）设 2Φ6，埋入墙内 1000mm 并与柱连接（图 2-11），应在砌墙时预埋。

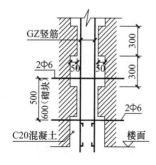

图 2-10 马牙槎示意图

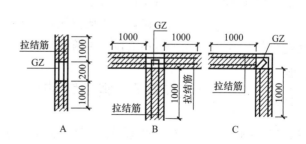

图 2-11 构造柱 GZ 与墙体连接

（3）钢筋混凝土墙或柱与砌体用 2Φ6 钢筋连接，该钢筋沿钢筋混凝土墙或柱高度每隔 500mm（块材 600mm）预埋，锚入钢筋混凝土墙或柱内 200mm，外伸长度为：6、7 度抗震设防时宜沿墙全长贯通，8、9 度抗震设防时应沿墙全长贯通，非抗震设防时为 500mm，若墙垛长不足上述长度，则伸满墙垛长度，末端需弯直钩。

（4）高度大于 4m 厚 190mm 的砌体及高度大于 3m 厚 90mm 的砌体，需在墙体半高处设置与柱连接且沿墙全长贯通的钢筋混凝土水平系梁。梁宽同墙宽，梁高 190mm 的砌体为 240mm，90mm 的砌体为 120mm。配筋上下各 2Φ12，箍筋 Φ8@250。

（5）墙顶部斜砖必须逐块敲紧砌实，砂浆满填，且需待下部砌体沉实后（一般约 5d 左右），再砌顶部斜砖。

（6）砌体墙中的门、窗洞及设备预留孔洞，处于地震区，其洞顶均需设钢筋混凝土过梁；对非地震区，过梁除图中另有注明外统一按下述处理：

1）当洞宽为 700～1000mm 时采用钢筋砖过梁，梁高取洞宽的 1/4，梁底放 3Φ8 钢筋，钢筋伸入支座 370mm 并设弯直钩，用 1：3 水泥砂浆做 20mm 厚保护层，用 M10 混合砂浆砌筑。

2）砌体墙中的门、窗洞及设备预留孔洞，也可采用预制钢筋混凝土过梁，如图 2-12 所示。

| 门、窗洞净宽（mm） | h（mm） | a（mm） | 钢筋 | | |
|---|---|---|---|---|---|
| | | | ① | ② | ③ |
| 900 | 120 | 250 | 2Φ8 | —— | Φ6@200 |
| 1000 | 120 | 250 | 2Φ8 | —— | Φ6@200 |
| 1200 | 120 | 250 | 2Φ10 | —— | Φ6@200 |
| 1500 | 180 | 250 | 2Φ12 | 2Φ8 | Φ6@150 |
| 1800 | 180 | 250 | 2Φ14 | 2Φ10 | Φ6@150 |
| 2100 | 240 | 250 | 2Φ14 | 2Φ10 | Φ6@200 |
| 2400 | 240 | 250 | 2Φ16 | 2Φ10 | Φ6@200 |

注：混凝土强度等级为 C20，当无②号值时，③号值为分布值

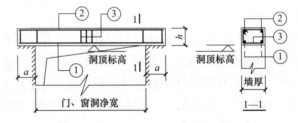

**图 2-12　门、窗洞口过梁**

3）当洞顶与结构梁底的距离小于对应跨度的预制过梁高度时，可将门、窗洞宽范围内梁底下降到门窗洞顶，如图 2-13 所示。

（7）砌体施工质量控制等级为 B 级。

（8）所有砌体砌筑砂浆和抹灰砂浆必须采用预拌砂浆。

## 2.2.7　施工缝的设置

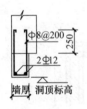

**图 2-13　门、窗洞口范围梁底降低**

（1）肋形楼盖应沿着次梁的方向浇灌混凝土，其施工缝应留在次梁跨中的 1/3 区段内；如浇灌平板楼盖，施工缝应平行于板的短边。

（2）钢筋混凝土柱、墙的施工缝通常设在楼层梁下及板面处。

## 2.2.8 其他

（1）本结构施工图应与建筑、设备各专业的施工图密切配合，及时铺设各类管线及套管，并核对留洞及预埋件的位置是否准确，避免日后打凿主体结构，设备基础待设备到货，经校核无误后方可施工。

（2）凡施工图中未表示出的构造要求另见国标图集 16G101—1。

（3）凡下面有吊顶的混凝土板均需顶留吊筋，做法详见有关建筑施工图。

（4）楼梯栏杆与混凝土梁板的连接及其埋件，做法详见有关建筑施工图。

（5）配合电气专业防雷接地的要求做好桩、底板、柱和筒体主筋的焊接，形成良好电气回路。

（6）沉降观测：本工程应对整个建筑物在施工及使用过程中作沉降观测记录。水准点设置应以保证其稳定可靠为原则，其位置宜靠近观测对象。水准基点不应少于 3 个，观测点数量、分布及要求另见详图。观测工作从基础施工完成后即应开始，建筑物每升高一层观测一次，施工停、复工和使用阶段的观测次数可遵照《建筑变形测量规范》JGJ 8—2016 第 5 节执行。务请施工单位及建设单位共同配合。观测点标志的形式如图 2-14 所示。

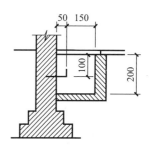

图 2-14 沉降观测点埋置

## 2.2.9 施工要求及注意事项

（1）钢筋、水泥除必须有出厂证明外，还需专门抽样检验，质量合格方可使用，并做好试块的制作与试验以及隐蔽工程验收。

（2）悬挑梁、板必须待混凝土强度达到 100% 设计强度后，方可拆除底模，必要时应装回头顶。

（3）未尽事宜需遵守有关施工验收规范、规程和规定。

（4）应严格控制地下室梁板、壁板等构件混凝土水灰比和坍落度，且保湿养护时间不少于 14d。

（5）当需要以强度等级较高的钢筋代替原设计中的纵向受力钢筋时，应按照钢筋承载力设计值相等的原则换算，并应满足最小配筋率及抗裂验算的要求。

**课堂活动**

结构总说明图纸会审。

活动要求：学生对附图 1 中 G-1、G-2 图纸进行会审。会审的要点包括：结构材料选用及强度等级说明是否完整，包括各部分混凝土强度等级、钢筋种类、砌体块材种类及强度等级、砌筑砂浆种类及等级、后浇带和防水混凝土掺加剂要求等；有关构造要求说明或者详图是否个别缺漏。

学生自审图纸的过程中，如果有不懂的地方先相互讨论解决，学生之间不能解决的问题则做好记录，并反馈给教师。

## 能力测试

### 单选题

以附图1中 G-1、G-2 为例，进行下列解答：

1. 该工程设计使用年限为（　　　）年，安全等级为（　　　）。

A. 100，一　　　　　B. 50，二　　　　　C. 100，二　　　　　D. 50，一

2. 该工程抗震设防烈度为（　　　）度，设防类别为（　　　）类。

A. 7，甲　　　　　B. 6，乙　　　　　C. 8，丙　　　　　D. 7，丙

3. 该工程楼面均布荷载标准值为（　　　）kN/m²。

A. 2.0　　　　　B. 2.5　　　　　C. 0.5　　　　　D. 7.0

# 项目 3
## 基础平法施工图的识读

### 项目概述

通过本项目的学习，学生能够：描述建筑结构的基础形式及其特点，并根据工程实例，判断最佳基础形式；按照独立基础平法施工图的识读方法，熟练识读基础施工图；掌握基础详图构造及标准图查阅。

## 任务 3.1　建筑结构采用的基础形式

### 任务描述

基础指建筑底部与地基接触的承重构件，它的作用是把建筑上部的荷载传给地基。因此，基础必须坚固、稳定而可靠。工程结构物地面以下的部分结构构件，用来将上部结构荷载传给地基，是房屋、桥梁、码头及其他构筑物的重要组成部分。如图 3-1 所示。

图 3-1　基础的应用

通过本工作任务的学习，学生能够：描述建筑结构的基础类型；掌握不同类型基础的构造特点，区分不同的钢筋混凝土基础，并根据工程实例，判断最佳基础形式。

## 知识构成

基础的分类主要有以下几种形式：

### 1. 按使用的材料

灰土基础、砖基础、毛石基础、混凝土基础、钢筋混凝土基础。

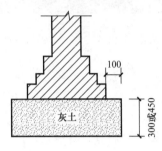

图 3-2　灰土基础

（1）灰土基础：由石灰和土（黏性土）按其体积比 3∶7 或 2∶8 构成，如图 3-2 所示。优点是施工简便、造价较低、就地取材，可以节省水泥、砖石等材料。但灰土基础的抗冻、防水性能差，在地下水位以下或较潮湿的地基上不宜采用。适用于地下水位较低、五层及五层以下的混合结构房屋和墙承重的轻型工业厂房。

（2）砖基础：是指用砖砌筑的基础，如图 3-3 所示。优点是就地取材、价格便宜、施工简单。但强度、耐久性、抗冻性差。常做 100mm 厚的垫层（3∶7 灰土、碎砖三合土或砂等）。适用于地基土质好，地下水位较低的低层建筑（5 层以内）。

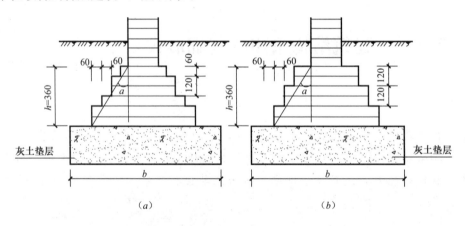

（a）　　　　　　　　　　（b）

图 3-3　砖基础

（a）二一间隔收；（b）二皮一收

（3）毛石基础：由未加工成型的毛石和砂浆砌筑而成，如图 3-4 所示。剖面形式有台阶形、锥形和矩形等，多为阶梯形。特点是强度较高，抗冻、耐水、经济。可用于受地下水侵蚀和冰冻作用的多层建筑，但其整体性欠佳，不宜用于有振动的建筑。

（4）混凝土基础：断面形式有矩形、台阶形、锥形，如图 3-5 所示。具有坚固、耐久、耐水、耐腐蚀等特点。适用于地下水位高、受冰冻影响的建筑物。

（5）钢筋混凝土基础：钢筋混凝土的抗弯和抗剪性能好，可在上部结构荷载较大、地基承载力不高以及水平力和力矩等荷载的情况下使用，这类基础的高度不受台阶宽高比的限制。在同等条件下，采用钢筋混凝土基础较混凝土基础可节约大量的混凝土和挖土工作量，如图 3-6 所示。

**2. 按埋置深度分**

（1）浅基础：埋置深度不超过 5m 者称为浅基础。浅基础埋深浅，结构形式简单，施工方法简便，工期短，造价低，如能满足强度和变形要求，宜优先采用。因此是建筑物最常用的基础类型。

（2）深基础：埋置深度大于 5m 者称为深基础，一般为桩基础。

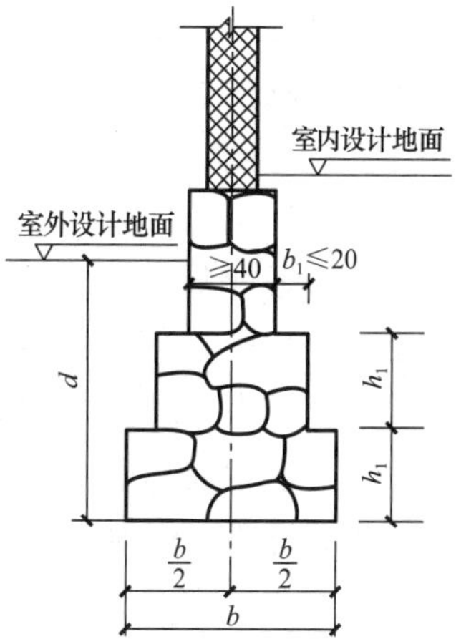

## 知识拓展

基础埋深：基础底面至地面的距离，用符号 $d$ 表示。如图 3-7 所示。

计算方法：

① 一般自室外地面标高算起；

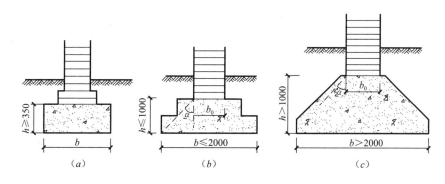

**图 3-4 毛石基础**

② 填方区可自填土面标高算起，但若填土在上部结构施工后完成时，应从自然地面标高算起；

③ 对于有地下室情况，若采用筏基或箱基，应自室外地面标高算起；若采用独立基础或条形基础，则从室内地面标高算起；

④ 对于桥梁基础，受水流冲刷的基础，由一般冲刷线算起；不受水流冲刷的基础，由挖方后的地面算起。

**图 3-5 混凝土基础**

（a）矩形；（b）台阶形；（c）锥形

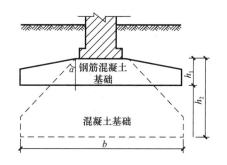

**图 3-6 钢筋混凝土基础与混凝土基础的比较**

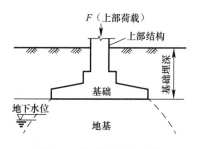

**图 3-7 基础埋深示意图**

**3. 按受力性能分**

（1）刚性基础：基础底部扩展部分不超过基础材料刚性角的天然地基基础，受刚性角限制的基础。用砖、石、灰土、混凝土等抗压强度大而抗弯、抗剪强度小的材料作基础（受刚性角的限制）。用于地基承载力较好、压缩性较小的中小型民用建筑。

（2）柔性基础：能承受一定弯曲变形的基础。柔性基础是指用抗拉、抗压、抗弯、抗剪能力均较好的钢筋混凝土材料作基础（不受刚性角的限制）。用于地基承载力较差、上部荷载较大、设有地下室且基础埋深较大的建筑。这种基础的做法需在基础底板下均匀浇筑一层素混凝土垫层，目的是保证基础钢筋和地基之间有足够的距离，以免钢筋锈蚀，而且还可以作为绑扎钢筋的工作面。

**4. 按构造形式分**

（1）独立柱基础：当建筑物上部结构采用框架结构或单层排架结构承重时，基础常采用方形或矩形的独立基础。独立基础是柱下基础的基本形式。独立基础的断面形式有阶梯形、锥形和杯形，如图 3-8 所示。

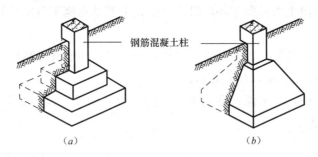

**图 3-8　独立基础**

（a）阶梯形基础；（b）锥形基础

## 知识拓展

当柱为预制时，将基础做成杯口形，然后将柱子插入，并嵌固在杯口内，故称杯口基础。有时因建筑物场地起伏或局部工程地质条件变化以及避开设备基础等原因，可将个别柱基础底面降低，做成高杯口基础，或称长颈基础，如图 3-9 所示。

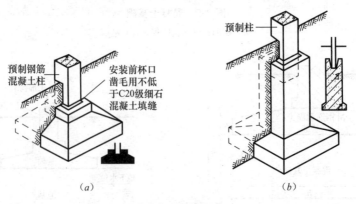

**图 3-9　杯口基础**

（a）普通杯形基础；（b）高杯口基础

（2）条形基础：条形基础呈连续的带形，也称为带形基础。分墙下条形基础和柱下条形基础两类，如图3-10所示。

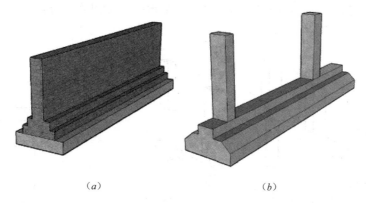

$(a)$                                    $(b)$

**图3-10 条形基础**
$(a)$ 墙下条形基础；$(b)$ 柱下条形基础

1）墙下条形基础：一般为黏土砖、灰土、三合土等材料的刚性条形基础。当上部结构荷载较大而土质较差或上部结构有需要时，可采用钢筋混凝土条形基础。

2）柱下条形基础：常用于框架结构或排架结构。当建筑物荷载较大或荷载分布不均匀或地基承载力偏低时，为增加基底面积或增强整体强度，可将柱下基础连接在一起，形成钢筋混凝土条形基础。

（3）满堂基础：当建筑物上部荷载大而地基又较弱，这时采用简单的条形基础已不能适应地基变形的需要，通常将墙或柱下连成一片钢筋混凝土板，使建筑物的荷载承受在一块整板上，称为满堂基础（筏形基础）。

筏形基础整体性好，常用于地基软弱的多层砌体结构、框架结构、剪力墙结构等以及上部结构荷载较大且不均匀的情况。筏形基础按布置形式分平板式、梁板式两种，如图3-11所示。

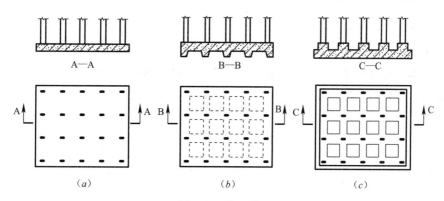

$(a)$                    $(b)$                    $(c)$

**图3-11 筏形基础**
$(a)$ 平板式；$(b)$、$(c)$ 梁板式

（4）箱形基础：由钢筋混凝土底板、顶板和若干纵横墙体组成，是一个整体的空心箱体结构，如图3-12所示。箱形基础的整体空间刚度大，整体性强，能抵抗地基的不均匀沉降，同时有较好的地下空间可以利用（基础的中空部分可用作地下室或停车库），能承受很大的弯矩。多用于高层建筑或在软弱地基上建造的重型建筑物。

（5）桩基础：当建造比较大的工业与民用建筑时，若地基的软弱土层较厚，采用浅埋基础不能满足地基强度和变形要求，常采用桩基。桩基的作用是将荷载通过桩传给埋藏较深的坚硬土层，或通过桩周围的摩擦力传给地基。按照施工方法可分为钢筋混凝土预制桩和灌注桩，如图 3-13 所示。

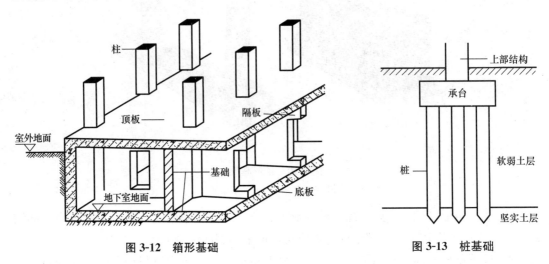

图 3-12　箱形基础　　　　　　　　　　图 3-13　桩基础

## 知识拓展

钢筋混凝土预制桩：这种桩在施工现场或构件场预制，用打桩机打入土中，然后再在桩顶浇筑钢筋混凝土承台。其承载力大，不受地下水位变化的影响，耐久性好。但自重大，运输和吊装比较困难。打桩时振动较大，对周围房屋有一定影响。

钢筋混凝土灌注桩：分为套管成孔灌注桩、钻孔灌注桩、爆扩成孔灌注桩三类。

## 课堂活动

分组讨论并汇报基础选型。

分组要求：5～6 人为一组，选一名组长。

活动要求：由教师给出 4～5 种地质条件以及所对应的建筑物概况，学生根据基础的类型及特点，组内讨论决定最佳基础形式，并由组长负责汇报。

## 能力测试

### 一、选择题

1. 下面属于柔性基础的是（　　　）。

A. 钢筋混凝土基础　　　　　　　　　B. 毛石基础

C. 素混凝土基础　　　　　　　　　　D. 砖基础

2. 对"基础"的描述，哪些是正确的（　　　）。

A. 位于建筑物地面以下的承重构件　　B. 承受建筑物总荷载的土层

C. 建筑物的全部荷载通过基础传给地基　D. 应具有足够的强度和耐久性

3. 柔性基础与刚性基础受力的主要区别是（　　　）。

A. 柔性基础比刚性基础能承受更大的荷载

B. 柔性基础只能承受压力，刚性基础既能承受拉力，又能承受压力

C. 柔性基础既能承受压力，又能承受拉力，刚性基础只能承受压力

D. 刚性基础比柔性基础能承受更大的拉力

4. 地基软弱的多层砌体结构，当上部荷载较大且不均匀时，一般采用（　　　）。

A. 柱下条基　　　　　B. 柱下独立基础　　　C. 筏形基础　　　　　D. 箱形基础

**二、填空题**

1. 基础按其埋置深度大小分为_____和_____。基础埋深不超过 5m 时称为_____。

2. 桩基础按照施工方法可分为_____桩和_____桩。

3. 基础按构造形式分为_____、_____、_____、_____、_____。

4. 基础指_____，它的作用是_____。

# 任务 3.2　独立基础平法施工图的识读

## 任务描述

建筑工程中常用的基础形式有筏形基础、条形基础、桩基础、箱形基础以及独立基础等。在满足承载力及地质条件的情况下，独立基础土方量少、用钢量少，且整体性好。因此独立基础在多层建筑中广泛应用。基础形式如图 3-14 所示。

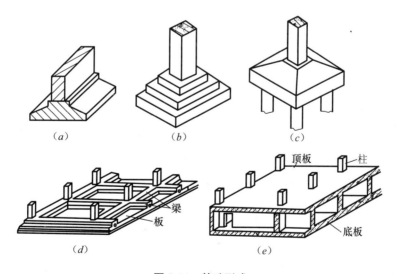

**图 3-14　基础形式**

（a）条形基础；（b）独立基础；（c）桩基础；（d）筏形基础；（e）箱形基础

通过本工作任务，学生能够：根据独立基础的平法施工图制图规则，正确识读独立基础平法施工图。如图 3-15 所示。

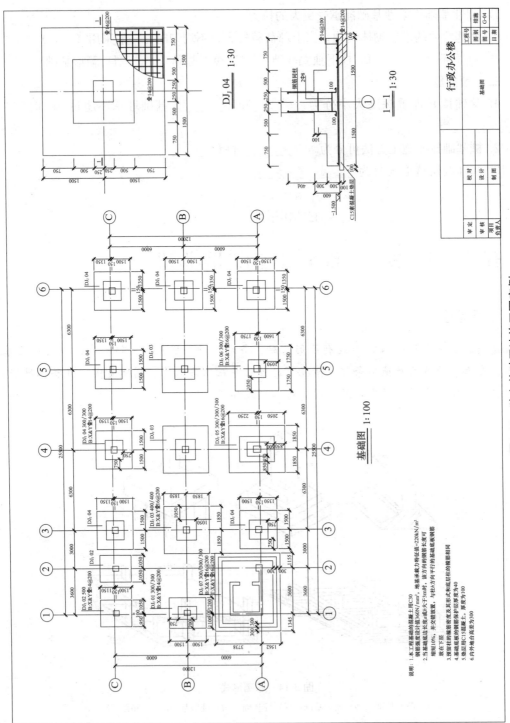

图3-15　独立基础平法施工图实例

知识构成

## 3.2.1　独立基础平法施工图制图规则

独立基础平法施工图有平面注写和截面注写两种表达方式，平面注写方式分集中标注和原位标注两部分内容。

集中标注是在基础平面图上集中引注，必注项：基础编号、截面竖向尺寸、配筋三项必注内容，选注项：基础底面标高和必要的文字注解两项选注内容。原位标注的内容为：基础的平面尺寸。图 3-16 所示为独立基础平面注写方式示意图。

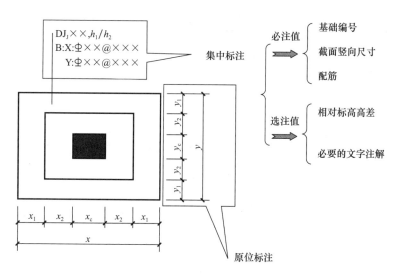

**图 3-16　独立基础平面注写方式示意图**

**1. 平面注写——集中标注（必注项）**

（1）独立基础编号

各种独立基础编号见表 3-1 所列。

独立基础编号　　　　　　　　　　　　　　　　　　　　表 3-1

| 类型 | 基础底板截面形状 | 代号 | 序号 | 截面示意 |
|---|---|---|---|---|
| 普通独立基础 | 阶形 | $DJ_J$ | ×× | |
| | 坡形 | $DJ_P$ | ×× | |

| 类型 | 基础底板截面形状 | 代号 | 序号 | 截面示意 |
|---|---|---|---|---|
| 杯口独立基础 | 阶形 | BJ$_J$ | ×× | |
| | 坡形 | BJ$_P$ | ×× | |

（2）独立基础截面竖向尺寸

1）普通独立基础截面竖向尺寸（图 3-17）

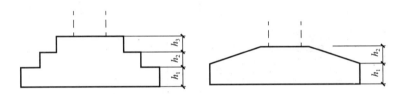

图 3-17　普通独立基础截面竖向尺寸示意

由一组用"/"隔开的数字表示，比如：阶形截面注写为 $h_1/h_2/\cdots\cdots$；坡形截面注写为 $h_1/h_2$，分别表示自下而上的各阶高度。

【示例】　DJ$_J$1，400/300/300：表示 1 号阶形普通独立基础，自下而上的各阶高度 $h_1=400\text{mm}$，$h_2=300\text{mm}$，$h_3=300\text{mm}$，基础底板总厚度为 1000mm。

DJ$_P$2，350/300：表示 2 号坡形普通独立基础，自下而上的高度 $h_1=350\text{mm}$，$h_2=300\text{mm}$，基础底板总厚度为 650mm。

2）杯口独立基础截面竖向尺寸（图 3-18）

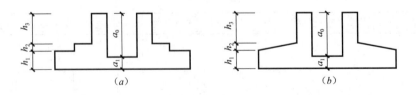

图 3-18　杯口独立基础截面竖向尺寸示意

（a）阶形截面杯口独立基础竖向尺寸（一）；（b）坡形截面杯口独立基础竖向尺寸

由两组数据表示，前一组表示杯口内竖向尺寸（$a_0/a_1$），后一组表示杯口外竖向尺寸（$h_1/h_2/h_3$），$h_1/h_2/h_3$ 表示自下而上标注，$a_0/a_1$ 表示自上而下标注。当基础为坡形截面时，竖向尺寸注写为：$a_0/a_1$，$h_1/h_2/h_3$。

【示例】 $BJ_j2$，$200/400$，$200/200/300$，表示阶形杯口独立基础，杯口内自上而下的高度是 200mm、400mm，杯口外自下而上各阶的高度为 200mm、200mm、300mm。

### 知识拓展

截面竖向尺寸的识读要求：通过识图，要做到，看到独立基础的平法施工图，就要能够想象出该基础的剖面形状尺寸。如图 3-19 所示。

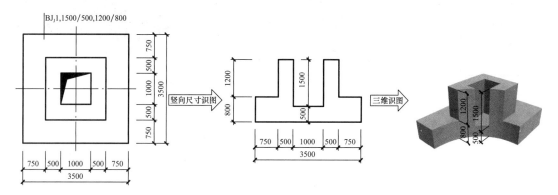

**图 3-19　独立基础竖向尺寸识读**

### 课堂活动

绘制如图 3-20 所示基础在 X 向或 Y 向的剖面图，并标注各部位形状尺寸。

绘制要求：图幅 A4；比例 1∶100。

活动要求：学生在绘制过程中，如果有不懂的地方先相互讨论解决，学生之间不能解决的问题则做好记录，并反馈给教师。

（3）独立基础配筋

独立基础的配筋有四种情况，详见表 3-2 所列。

1）普通独立基础

注写普通独立基础底板的底部配筋：以 B 代表独立基础底板的底部配筋，X 向配筋以 X 开头、Y 向配筋以 Y 开头注写；两向配筋相同时，则以 X&Y 开头注写。如图 3-21、图 3-22 所示。

【示例】 独立基础底板配筋标注为：B：X⊈14@200，Y⊈16@150。表示基础底板底部钢筋配置 HRB400 级钢筋，X 向钢筋直径为⊈14，分布间距 200mm；Y 向钢筋直径为⊈16，分布间距 150mm。如图 3-21 所示。

圆形独立基础可采用双向正交配筋或放射状配筋。当采用双向正交配筋时，以 X&Y 开头注写。

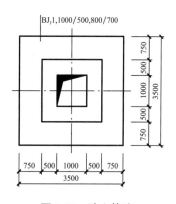

**图 3-20　独立基础**

独立基础的钢筋种类 表3-2

| 独立基础的钢筋种类 | ① 独立基础底板底部钢筋 B |
|---|---|
| | ② 杯口独立基础顶部焊接钢筋网 Sn |
| | ③ 高杯口独立基础侧壁外侧和短柱配筋 O |
| | ④ 多柱独立基础底板顶部钢筋 T |

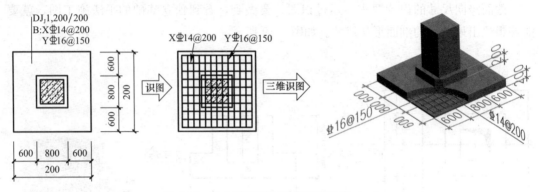

**图 3-21　独立基础底板配筋识读示意（一）**

两向配筋不同，X 表示横向钢筋，Y 表示纵向钢筋

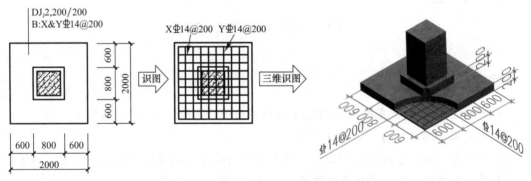

**图 3-22　独立基础底板配筋识读示意（二）**

两向配筋相同，X 表示横向钢筋，Y 表示纵向钢筋

【示例】　如图 3-23 所示。

当采用放射状配筋时以 Rs 打头，先注写径向受力钢筋（间距以径向排列钢筋的最外端度量），并在"/"后注写环向配筋。

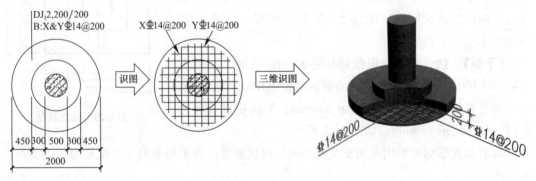

**图 3-23　圆形独立基础双向正交配筋**

【示例】 如图 3-24 所示。

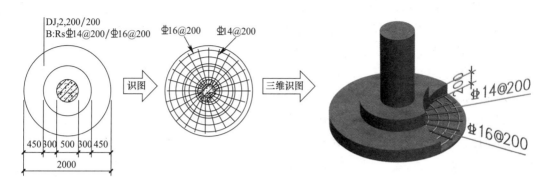

**图 3-24 圆形独立基础放射状配筋**

当矩形独立基础底板底部的短向钢筋采用两种配筋值时，先注写较大钢筋，在"/"后注写较小钢筋。配置较大的短向钢筋布置在长边中部，布置长度＝短边尺寸；配置较小的短向钢筋布置在长边两端，布置范围＝(长边尺寸－短边尺寸)/2。

【示例】 如图 3-25 所示。

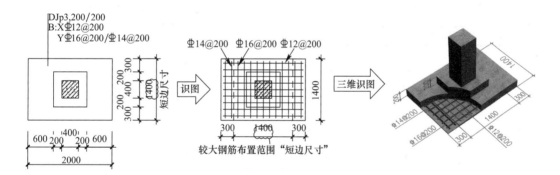

**图 3-25 矩形独立基础底板底部的两种短向钢筋布置示意图**

注写普通独立深基础短柱竖向尺寸及配筋。当独立基础埋深较大，设置短柱时，短柱配筋应写在独立基础上。如图 3-26 所示。具体注写规定如下：

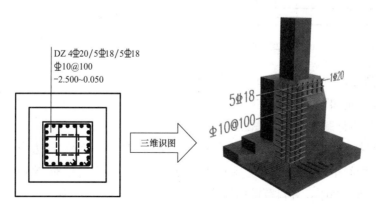

**图 3-26 普通独立深基础短柱示意**

① 以 DZ 代表普通独立深基础短柱。

② 先注写短柱纵筋，再注写箍筋，最后注写短柱标高范围。注写为：角筋/长边中部筋/短边中部筋，箍筋，短柱标高范围；当短柱水平截面为正方形时，注写为：角筋/X 边中部筋/Y 边中部筋，箍筋，短柱标高范围。

2）杯口独立基础

注写杯口独立基础底板的底部配筋（同普通独立基础）。

注写杯口独立基础顶部焊接钢筋网（以 Sn 打头标注）。

【示例】 如图 3-27、图 3-28 所示。

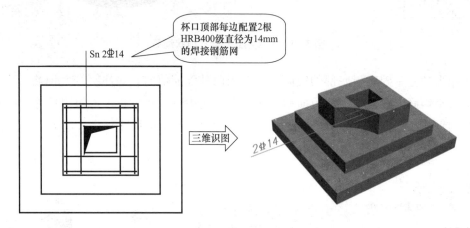

图 3-27 单杯口独立基础顶部焊接钢筋网示意

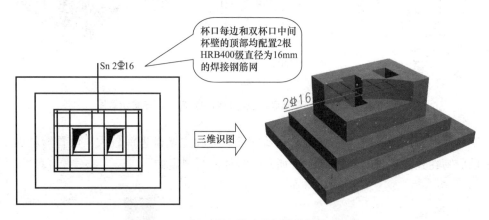

图 3-28 双杯口独立基础顶部焊接钢筋网示意

3）注写高杯口独立基础杯壁外侧和短柱的配筋

具体注写规定如下：

① 以 O 代表杯壁外侧和短柱配筋。

② 先注写杯壁外侧和短柱纵筋，再注写箍筋。注写为：角筋/长边中部筋/短边中部筋，箍筋（两种间距）；当杯壁水平截面为正方形时，注写为：角筋/X 边中部筋/Y 边中部筋，箍筋（两种间距，杯口范围内箍筋间距/短柱范围内箍筋间距）。

【示例】 如图 3-29 所示。

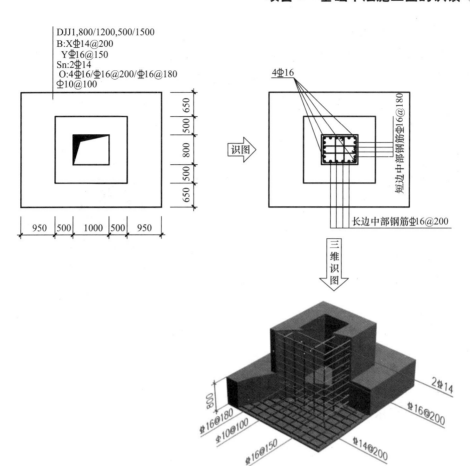

**图 3-29　高杯口独立基础侧壁外侧及短柱配筋识图**

③ 对于双高杯口独立基础的杯壁外侧配筋，注写形式与单杯口相同，施工区别在于环壁外侧配筋为同时环住两个杯口的外壁配筋。如图 3-30 所示。

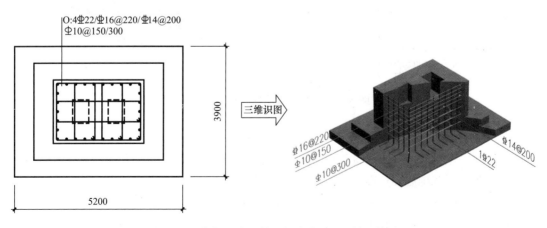

**图 3-30　双高杯口独立基础侧壁外侧及短柱配筋识图**

4）多柱独立基础底板顶部配筋

独立基础通常为单柱独立基础，也可以为多柱独立基础。多柱独立基础底板顶部一般要配置顶部钢筋。多柱独立基础底板顶部配筋情况如下：

① 双柱独立基础柱间配置顶部钢筋，配筋注写规则：先注写受力筋，再注写分布筋。

【示例】 如图 3-31 所示。

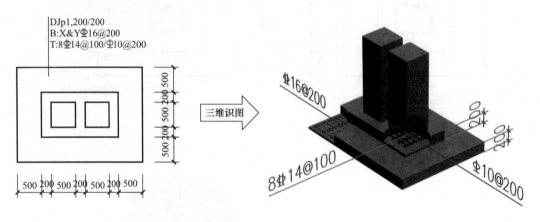

**图 3-31 双柱独立基础底板顶部钢筋**

② 四柱独立基础底板顶部基础梁间配筋，配筋注写规则：先注写受力筋，再注写分布筋。如图 3-32 所示。

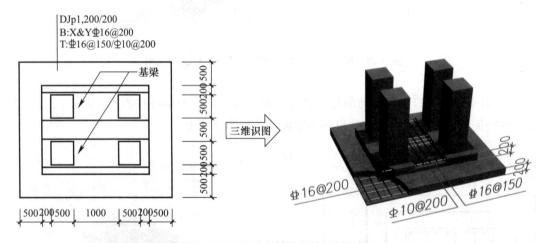

**图 3-32 四柱独立基础底板顶部配筋**

**2. 平面注写——集中标注（选注项）**

（1）注写基础底面标高（选注内容）。当独立基础的底面标高与基础底面基准标高不同时，应将独立基础底面标高直接注写在"（）"内。

（2）必要的文字注解（选注内容）。当独立基础的设计有特殊要求时，宜增加必要的文字注解。例如，基础底板配筋长度是否采用减短方式等，可在该项内注明。

**3. 平面注写——原位标注**

原位标注是在基础平面图上标注独立基础的平面尺寸。

【示例】 如图 3-33（a）所示：$x$、$y$ 为普通独立基础两向边长，$x_c$、$y_c$ 为柱截面尺寸（或圆柱直径 $d_c$），$x_i$、$y_i$ 为阶宽或坡形平面尺寸（当设置短柱时，尚应标注短柱的截面尺寸）。

如图 3-33（b）所示：$x_u$、$y_u$ 为杯口上口尺寸，$t_i$ 为杯壁厚度，$x_i$、$y_i$ 为阶宽或坡形平面尺寸。杯口上口尺寸 $x_u$、$y_u$ 按柱截面边长两侧双向各加 75mm；杯口下口尺寸按标准构造详图（为插入杯口的相应柱截面边长尺寸，每边各加 50mm），设计不注。

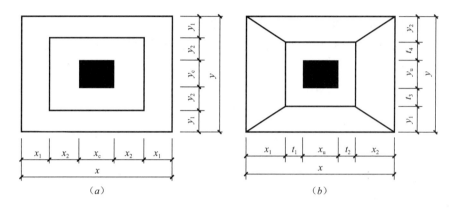

**图 3-33　原位标注示意**

（a）普通独立基础原位标注；（b）杯口独立基础原位标注

## 3.2.2　基础平法施工图识读步骤

（1）看图名、比例和纵横定位轴线编号，了解有多少道基础，基础间定位轴线尺寸。

（2）看基础墙、柱及基础底面的形状、尺寸大小及其与轴线的关系。注意轴线的中分和偏分。

（3）看基础平面图中剖切线及其编号，了解基础断面图的种类、数量及其分布位置，以便与断面图对照阅读。

（4）看施工说明，从中了解施工时对基础材料及其强度等的要求，以便准确施工。

（5）基础布置图阅读时要注意基础的标高和定位轴线的数值，了解基础的形式和区别，注意其他工种在基础上的预埋件和预留洞。

**课堂活动**

根据基础平法施工图识读步骤，识读图 3-15，完成该图的图纸抄绘。

抄绘要求：图幅 A2；比例 1∶100；线型、文字等按照《房屋建筑制图统一标准》GB/T 50001—2017 及《建筑结构制图标准》GB/T 50105—2010。

活动要求：学生在抄绘施工图过程中，如果有不懂的地方先相互讨论解决，学生之间不能解决的问题则做好记录，并反馈给教师。

## 能力测试

### 填空题

1. 独立基础平法施工图包括_____和_____两种注写方式。其中第一种注写方式又包括_____和_____两种标注方法。

2. 坡形普通独立基础的代号是_____，阶形杯口独立基础的代号是_____。

3. 独立基础平法施工图中，集中标注的内容必注项包括_____、_____和_____三项。

4. 独立基础平法施工图中，原位标注的内容是_____。

5. 当坡形截面普通独立基础 $BJ_P\times\times$ 的竖向尺寸注写为 400/300 时，表示 $h_1 = $ _____，$h_2 = $ _____，基础底板总厚度为_____。

6. 独立基础的配筋 B：$X\&Y\Phi12@200$ 表示_____。

7. 独立基础的配筋 B&T：$X\&Y\Phi12@150$ 表示_____。

8. 图 3-34 代表了独立基础平面注写的_____，标注方法，主要标注了独立基础的_____。

9. 独立基础的截面注写方式，又分为_____和_____两种表达方式。

10. 下图是独立基础集中标注与原位标注综合表达，试解释分析图 3-35 中的集中标注内容：_____。

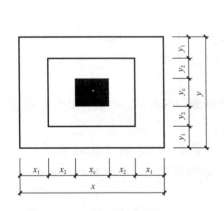

图 3-34 对称阶形截面普通独立基础

BJJ02 550/350,400/300/200
B:X:$\Phi$16@150,Y:$\Phi$14@150
O:4$\Phi$25/$\Phi$16@300/$\Phi$14@300
$\Phi$10@150/300
Sn:4$\Phi$16

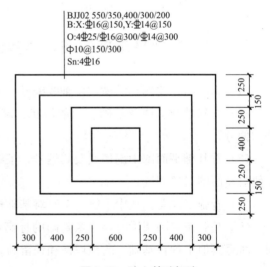

图 3-35 独立基础标注

## 技能拓展

1. 组织参观施工现场，对照结构施工图，观察不同类型的基础及其特点。

2. 组织学生结合某工程的结构施工图，进行基础部分图纸会审工作。会审的要点包括：基础说明是否完整准确，如基础顶或底面标高、埋深等；基础定位是否个别缺漏或者有误；基础平法图是否完整准确等。

# 任务 3.3 独立基础标准构造详图的识读

## 任务描述

基础的标准构造详图分析了不同类型基础的钢筋配置与细部构造，有助于更好地学习和理解基础的平法制图规则及基础平法施工图的识读。本任务是此项目学习的重点和难点，涉及建筑力学及建筑结构的相关知识，掌握基础的标准构造详图的识读方法是建筑施工与工程造价等专业必备的专业技能。

通过本任务的学习，学生能够：了解独立基础的钢筋构造要求；学会使用规范进行标准图查阅，正确识读基础标准构件详图；熟练识读独立基础的标准构造详图，能够进行简单的基础工程量计算。

基础配筋示例，如图 3-36 所示。

图 3-36 基础配筋示例

(a) 独立基础钢筋；(b) 双柱普通独立基础钢筋；(c) 筏板基础钢筋；(d) 地梁钢筋

## 知识构成

## 3.3.1 独立基础的底板钢筋配置与构造

**1. 独立基础底板配筋构造**

（1）底板受力钢筋的最小直径不宜小于 10mm；间距不宜大于 200mm，也不宜小于 100mm。

（2）钢筋保护层厚度不宜小于 40mm（有垫层），不小于 70mm（无垫层）。

（3）基础底板混凝土强度等级不小于 C20。

（4）当柱下钢筋混凝土独立基础的边长不小于 2.5m 时，底板受力筋的长度可取基础边长或宽度的 0.9，并间隔交错布置。

如图 3-37 所示。

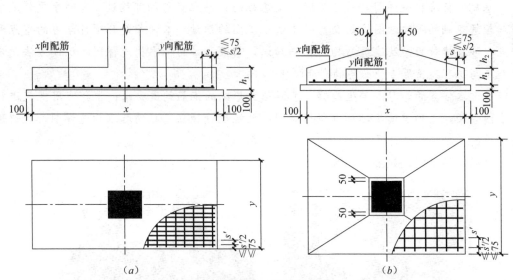

注：1. 独立基础底板配筋构造适用于普通独立基础和杯口独立基础。
　　2. 几何尺寸和配筋按具体结构设计和本图构造确定。
　　3. 独立基础底板双向交叉钢筋长向设置在下，短向设置在上。

**图 3-37　独立基础底板配筋构造**

(a) 阶形；(b) 坡形

**2. 独立基础底板钢筋工程量计算**

钢筋长度＝基础长度－2×保护层

钢筋根数＝[边长－2×min（75，s/2）]/s＋1

**【示例】** DJ$_J$1 平法施工图如图 3-38 所示，已知：基础底板混凝土保护层厚度 40mm，请计算底板钢筋长度与数量。

**【解】**

（1）X 向钢筋

钢筋长度＝基础长度－2×保护层

$\qquad$ ＝2.200－2×0.040

$\qquad$ ＝2.120m

钢筋根数＝[y－2×min(75，s/2)]/s＋1

$\qquad$ ＝[2200－2×min(75，200/2)]/200＋1

$\qquad$ ＝12 根

（2）Y 向钢筋

钢筋长度＝基础长度－2×保护层

$\qquad$ ＝2.200－2×0.040

$\qquad$ ＝2.120m

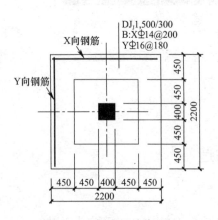

**图 3-38　DJ$_J$1 平法施工图**

钢筋根数＝$[x-2\times\min(75, s/2)]/s+1$

　　　　　＝$[2200-2\times\min(75, 180/2)]/180+1$

　　　　　＝13 根

## 3.3.2　独立基础顶板钢筋配置与构造（双柱）

**1. 双柱普通独立基础配筋构造**

（1）双柱普通独立基础底板的截面形状，可为阶形截面 $DJ_J$ 或坡形截面 $DJ_P$。

（2）双柱普通独立基础底部双向交叉钢筋，根据基础两个方向从柱外缘至基础外缘伸出长度的大小，较大者方向的钢筋设置在下，较小者方向的钢筋设置在上。

如图 3-39、图 3-40 所示。

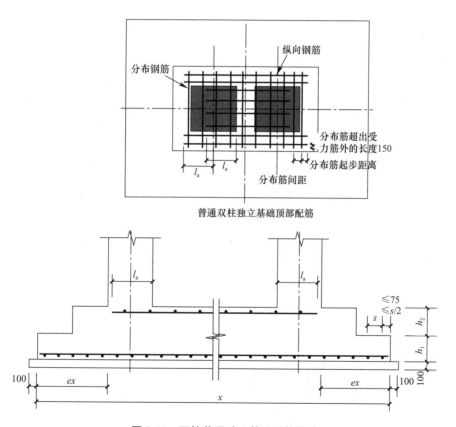

图 3-39　双柱普通独立基础配筋构造

**2. 双柱普通独立基础钢筋工程量计算**

受力筋长度＝柱内侧间距＋$2l_a$

根数由设计标注。

分布筋长度＝受力筋布置范围长度＋$2\times150$

根数为在受力筋长度范围内布置，起步距离取分布筋间距/2。

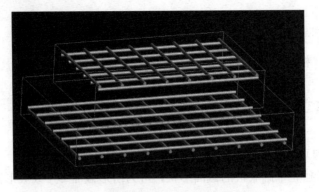

图 3-40 双柱普通独立基础配筋构造模型

### 3.3.3 杯口独立基础的钢筋配置与构造要求

**1. 杯口独立基础的钢筋配置**

如图 3-41、图 3-42 所示。

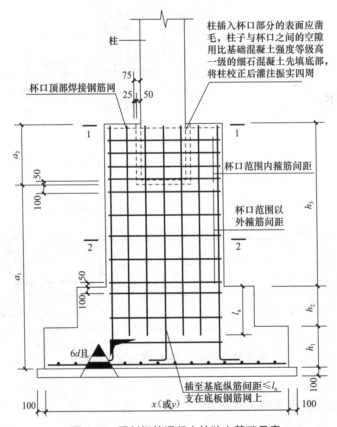

图 3-41 预制钢筋混凝土柱独立基础示意

**2. 杯口独立基础的钢筋工程量计算**

（1）杯口钢筋网    X 向＝$x_u + t_1 + t_2$    Y 向＝$y_u + t_3 + t_4$

（2）高杯口独立基础    纵筋长度＝$h_3 + l_a$－保护层

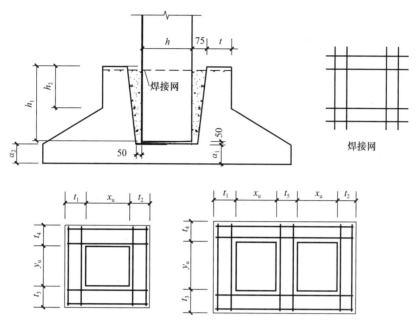

图 3-42　杯口顶部焊接钢筋网

## 3.3.4　独立柱基础配筋配筋长度缩减 10％的构造

如图 3-43 所示。

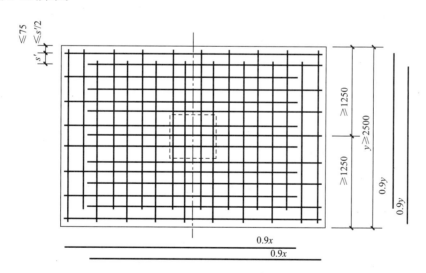

图 3-43　对称独立基础底板长度缩短 10％构造

**1. 独立柱基础配筋配筋长度缩减 10％的钢筋构造**

当底板长度不小于 2500mm 时，该向最外侧钢筋长度不变，中部钢筋长度缩减 10％。

**2. 独立柱基础配筋配筋长度缩减 10％的钢筋工程量计算**

（1）外侧钢筋长度＝基础边长－$2c$＝$x-2c$（螺纹钢）　　　　　　　　2 根

　　　　　　　　　　＝$x-2c+6.25d\times2$（圆钢）　　2 根

（2）其余钢筋长度＝基础边长×0.9（螺纹钢）

$$＝基础边长×0.9＋6.25d×2（圆钢）$$

（3）（布置范围－两端起步距离)/间距＋1＝[$y-2\min(75，s/2)$]/$s-1$

## 课堂活动

识读图 3-15，计算 $DJ_J03$ 的钢筋工程量。

活动要求：学生在计算过程中，如果有不懂的地方先相互讨论解决，学生之间不能解决的问题则做好记录，并反馈给教师。

## 技能拓展

组织参观施工现场，对照结构施工图，观察独立基础钢筋的绑扎方法。

# 项目 4
## 柱平法施工图的识读

## 项目概述

> 通过本项目的学习，学生能够：按柱平法施工图的识读步骤，正确识读柱平法施工图（截面法、列表法）；通过对实际工程的结构施工图进行部分图纸会审工作，进而巩固柱平法施工图的识读；掌握柱纵向钢筋连接、箍筋加密、箍筋复合方式构造及标准图查阅。

## 任务 4.1　柱平法施工图的识读

### 任务描述

钢筋混凝土柱是采用钢筋和混凝土材料制成的柱，是房屋、桥梁、水工等各种工程结构中最基本的承重构件，常用作楼盖的支柱、桥墩、基础柱、塔架和桁架的压杆，如图 4-1 所示。

图 4-1　钢筋混凝土柱的应用

柱作为建筑物中最重要的竖向承重构件，一旦受到损害，将产生严重的后果，以至于影响建筑物的整体稳定性。图 4-2 为在实际民用建筑工程中，柱的不同位置发生破坏形态，其中图（a）为柱头位置发生破坏，图（b）为柱中位置发生破坏。

(*a*)　　　　　　　　　　　　　　　(*b*)

**图 4-2　柱不同位置的破坏形态**

(*a*) 柱头破坏；(*b*) 柱中破坏

通过本工作任务的学习，学生能够：说出钢筋混凝土柱的类型；按柱平法施工图识读步骤，分清柱平法施工图的截面法和列表法两种表示方式（图 4-3*a*、*b*），正确识读柱平法施工图。

## 知识构成

## 4.1.1　钢筋混凝土柱的类型

钢筋混凝土柱是采用混凝土和钢筋制成的柱。柱中的钢筋主要有纵向受力钢筋和箍筋，如图 4-4 所示。

### 知识拓展

柱内纵向受力钢筋主要用来协助混凝土承受压力，以减小截面尺寸，承受可能的弯矩，以及混凝土收缩和温度变形引起的拉应力；防止构件突然的脆性破坏。纵向受力钢筋应根据计算确定，同时应符合相关规范要求。

受压构件中箍筋的作用是：保证纵向钢筋的位置正确，防止纵向钢筋压屈，从而提高柱的承载能力。

箍筋的形式有单肢箍、双肢箍和复合箍，如图 4-5 所示。其中复合箍的复合形式多种（图 4-15）。

钢筋混凝土柱的分类主要有以下几种形式：

（1）按照制造和施工方法分为现浇柱和预制柱。现浇钢筋混凝土柱整体性好，但支模工作量大。预制钢筋混凝土柱施工比较方便，但要保证节点连接质量。现浇柱、预制柱与梁的连接如图 4-6 所示。

（2）按照配筋方式分为普通钢箍柱、螺旋形钢箍柱和劲性钢筋柱。

1）普通钢箍柱适用于各种截面形状的柱，是基本的、主要的类型，普通钢箍用以约束纵向钢筋的横向变位，如图 4-7 (*a*) 所示。

| 层号 | 标高（m）楼面层标高 | 层高（m） |
|---|---|---|
| 屋面 | 26.400 | 3.300 |
| 8 | 23.100 | 3.300 |
| 7 | 19.800 | 3.300 |
| 6 | 16.500 | 3.300 |
| 5 | 13.200 | 3.300 |
| 4 | 9.900 | 3.300 |
| 3 | 6.600 | 3.300 |
| 2 | 3.300 | 3.300 |
| 首层 | -0.030 | 3.330 |
| 层号 | 标高（m）层面层标高 | 层高 |
| 结构 | 结　构 | |

上部结构嵌固部位：-0.030

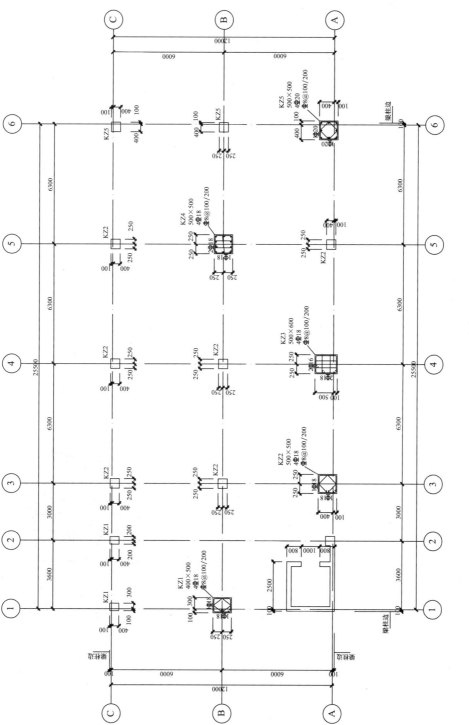

（a）

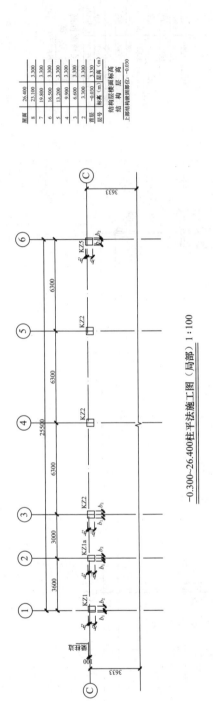

-0.300~26.400柱平法施工图（局部）1:100

| 层号 | 标高(m) | 层高(m) |
|---|---|---|
| 8 | 26.400 | 3.300 |
| 7 | 23.100 | 3.300 |
| 6 | 19.800 | 3.300 |
| 5 | 16.500 | 3.300 |
| 4 | 13.200 | 3.300 |
| 3 | 9.900 | 3.300 |
| 2 | 6.600 | 3.300 |
| 首层 | 3.300 | 3.330 |
| | -0.030 | |

结构层楼面标高　结构层高

上部结构嵌固部位：-0.030

**柱表**

| 柱号 | 标高 | b×h(圆柱直径) | $b_1$ | $b_2$ | $h_1$ | $h_2$ | 全部纵筋 | 角筋 | b边一侧中部筋 | h边一侧中部筋 | 箍筋类型号 | 箍筋 | 备注 |
|---|---|---|---|---|---|---|---|---|---|---|---|---|---|
| KZ1 | -0.300~13.200 | 400×500 | 100 | 300 | 400 | 100 | 8Φ18 | | | | 3 | Φ8@100/200 | |
| | 13.200~26.400 | 400×400 | 100 | 300 | 300 | 100 | 8Φ18 | | | | 3 | Φ8@100/200 | |
| KZ1a | -0.300~13.200 | 400×500 | 200 | 200 | 400 | 100 | 8Φ18 | | | | 3 | Φ8@100/200 | |
| | 13.200~26.400 | 400×400 | 200 | 200 | 300 | 100 | 8Φ18 | | | | 3 | Φ8@100/200 | |
| KZ2 | -0.300~13.200 | 500×500 | 250 | 250 | 400 | 100 | 8Φ18 | | | | 3 | Φ8@100/200 | |
| | 13.200~26.400 | 500×500 | 250 | 250 | 400 | 100 | 8Φ18 | | | | 3 | Φ8@100/200 | |
| KZ5 | -0.300~13.200 | 500×500 | 250 | 250 | 400 | 200 | 8Φ20 | | | | 3 | Φ8@100/200 | |
| | 13.200~26.400 | 400×400 | 200 | 200 | 300 | 200 | 8Φ20 | | | | 3 | Φ8@100/200 | |

(b)

**图4-3　柱平法施工图示例**

(a) 截面法；(b) 列表法

箍筋类型1 ($m×n$)

箍筋类型2

箍筋类型3

箍筋类型4

箍筋类型5 ($m×n+y$)　圆形箍

箍筋类型6

箍筋类型7

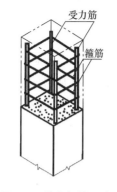

图 4-4　柱中钢筋示意图

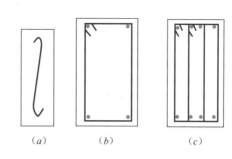

图 4-5　箍筋的类型

（a）单肢箍；（b）双肢箍；（c）复合箍

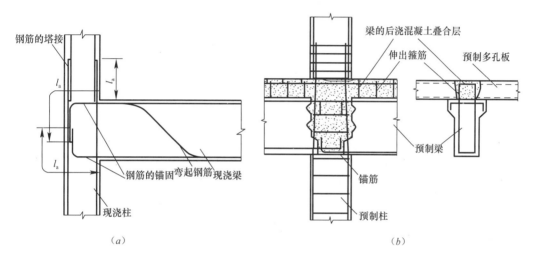

图 4-6　梁柱连接节点

（a）现浇梁和柱的连接；（b）装配整体式梁和柱的连接

图 4-7　按配筋方式分类的柱

（a）普通钢箍柱；（b）螺旋形钢箍柱；（c）劲性钢筋混凝土柱

2）螺旋形钢箍柱可以提高构件的承载能力，柱截面一般是圆形或多边形，如图 4-7
（b）所示。

3）劲性钢筋混凝土柱在柱的内部或外部配置型钢，型钢分担很大一部分荷载，用钢量大，但可减小柱的断面和提高柱的刚度；在未浇灌混凝土前，柱的型钢骨架可以承受施工荷载和减少模板支撑用材。用钢管作外壳，内浇混凝土的钢管混凝土柱，是劲性钢筋柱的另一种形式，如图4-7（c）所示。

（3）按照轴向力作用点与截面形心的相对位置，可分为轴心受压柱和偏心受压柱，后者是受压兼受弯构件。工程中的柱绝大多数都是偏心受压柱，如图4-8所示。

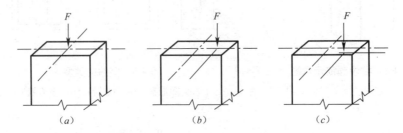

**图4-8 轴心受压柱与偏心受压柱**

（a）轴心；（b）单向偏心；（c）双向偏心

## 4.1.2 钢筋混凝土柱平法施工图制图规则

柱平法施工图系在柱平面布置图上采用列表注写和截面注写方式表达柱的配筋，并注明各结构层的楼面标高、结构层高及相应的结构层号，尚应注明上部结构嵌固部位位置。

**1. 柱的编号**

柱的编号由柱类型、代号和序号组成，见表4-1。

柱编号 表4-1

| 柱编号 | | | | | |
|---|---|---|---|---|---|
| 柱类别 | 代号 | 序号 | 柱类别 | 代号 | 序号 |
| 框架柱 | KZ | ×× | 梁上柱 | LZ | ×× |
| 框支柱 | KZZ | ×× | 剪力墙上柱 | QZ | ×× |
| 芯柱 | XZ | ×× | | | |

### 知识拓展

框架柱（KZ）：在框架结构中承受梁和板传来的荷载，并将荷载传给基础，是主要的竖向受力构件。

框支柱（KZZ）：因为建筑功能要求，下部大空间，上部部分竖向构件不能直接连续贯通落地，而通过水平转换结构与下部竖向构件连接。当布置的转换梁支撑上部的剪力墙的时候，转换梁叫框支梁，支撑框支梁的柱子就叫做框支柱，如图4-9所示。

芯柱（XZ）：在框架柱截面中三分之一左右的核心部位配置附加纵向钢筋及箍筋而形成的内部加强区域，如图4-10所示。

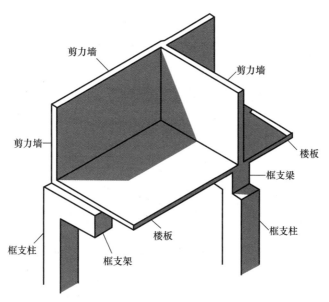

图 4-9  框支剪力墙结构示意图

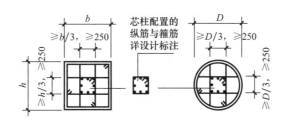

注：纵筋的连接及根部锚固同框架
柱，往上直通至芯柱柱顶标高。

图 4-10  芯柱 XZ 配筋构造

梁上柱（LZ）：由于某些原因，建筑物的底部没有柱子，到了某一层后又需要设置柱子，那么柱子只能从下一层的梁上生根了，这就是梁上柱。上部结构的荷载通过柱子传到下面它生根的梁上，然后梁再通过支撑它的柱子传至基础。

剪力墙上柱（QZ）：指生根于剪力墙上的柱，与框架柱不同之处在于，受力后将力通过剪力墙传递给基础。

**2. 柱平法施工图常见的标注方式**

柱平法施工图常见的标注方式有列表注写方式和截面注写方式两种。

（1）列表注写方式

列表注写方式系在柱平面布置图上，先对柱进行编号，然后分别在同一编号的柱中选择一个（当柱断面与轴线关系不同时，需选几个）断面注写几何尺寸、参数代号（$b_1$、$b_2$、$h_1$、$h_2$）；在柱表中注写柱号、柱段的起止标高、几何尺寸（含柱断面对轴线的情况）与配筋具体数值，并配以各种柱断面形状及其箍筋类型图的方式，来表达柱平面整体配筋。柱平法施工图列表注写方式示例如图 4-3（b）所示。

柱表注写内容规定如下：

1）注写柱编号。柱编号由类型代号和序号组成，应符合表 4-1 的规定。

**【示例】** 如图 4-11 所示。

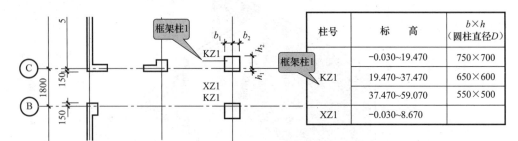

图 4-11　柱编号表示方法

2）注写各段柱的起止标高。自柱根部往上以变截面位置或截面未变但配筋改变处为界分段注写。

框架柱和框支柱的根部标高为基础顶面标高；芯柱的根部标高为根据结构实际需要而定的起始位置标高；梁上柱的根部标高为梁顶面标高；剪力墙上柱的根部标高分为两种：当柱纵筋锚固在墙顶部时，其根部标高为墙顶面标高；当柱与剪力墙重叠一层时，其根部标高为墙顶面往下一层的结构层楼面标高。

**【示例】** 如图 4-12 所示。

表中第二行"−0.030～19.470"表示："结构标高由−0.030 至 19.470m"。

| 柱号 | 标　高 | $b \times h$（圆柱直径$D$） |
|---|---|---|
| KZ1 | −0.030～19.470 | 750×700 |
|  | 19.470～37.470 | 650×600 |
|  | 37.470～59.070 | 550×500 |

图 4-12　柱标高表示方法

### 知识拓展

表中的标高为结构标高，是指将建筑图中的各层楼（地）面标高值扣除建筑面层及垫层做法厚度（一般为 30～50mm）后的标高。

3）矩形柱截面尺寸 $b \times h$ 及与轴线关系的几何参数代号的具体数值，需对应于各段柱分别注写。对于圆柱，则用圆柱直径 $D$ 表示。圆柱截面与轴线的关系也用上述方法表示。

注写柱截面尺寸 $b \times h$ 及与轴线关系的几何参数代号 $b_1$、$b_2$、$h_1$、$h_2$ 的具体数值，需对应于各段柱分别注写。其中 $b = b_1 + b_2$；$h = h_1 + h_2$。

**【示例】** 如图 4-13 所示。

| 柱号 | 标　高 | $b \times h$（圆柱直径$D$） | $b_1$ | $b_2$ | $h_1$ | $h_2$ |
|---|---|---|---|---|---|---|
|  |  | 柱尺寸 |  | 与轴线关系的几何参数代号 |  |  |
| KZ1 | −0.030～19.470 | 750×700 | 375 | 375 | 150 | 550 |
|  | 19.470～37.470 | 650×600 | 325 | 325 | 150 | 450 |
|  | 37.470～59.070 | 550×500 | 275 | 275 | 150 | 350 |
| XZ1 | −0.030～8.670 |  |  |  |  |  |

图 4-13　柱尺寸及几何参数

4）柱纵筋，包括角筋、截面 $b$ 边中部筋和 $h$ 边中部筋三项，对于对称配筋的矩形截面柱，可仅注写一侧中部筋，对称边省略不注；当柱纵筋直径相同，各边根数也相同时（包括矩形柱、圆柱和芯柱），将纵筋注写在"全部纵筋"一栏中。

【示例】 如图 4-14 所示。

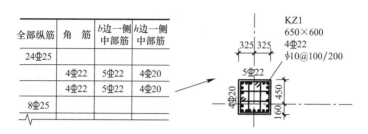

| 全部纵筋 | 角 筋 | $b$ 边一侧中部筋 | $h$ 边一侧中部筋 |
|---|---|---|---|
| 24$\Phi$25 | | | |
| | 4$\Phi$22 | 5$\Phi$22 | 4$\Phi$20 |
| | 4$\Phi$22 | 5$\Phi$22 | 4$\Phi$20 |
| 8$\Phi$25 | | | |

图 4-14 柱纵筋表示方法

5）注写箍筋类型号和箍筋肢数，常见的箍筋的复合方式如图 4-15 所示。

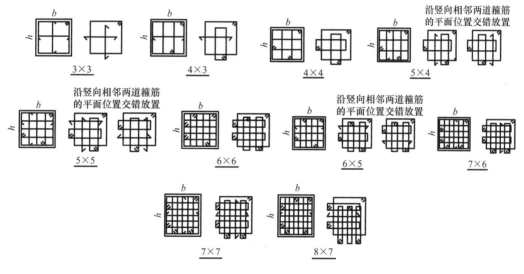

图 4-15 箍筋复合方式

【示例】 如图 4-16 所示。

6）注写柱箍筋，包括钢筋级别、直径与间距、用斜线"/"区分柱端箍筋加密区与柱身非加密区长度范围内箍筋的不同间距。

"/"左边表示加密区间距，右边表示非加密区间距，如 $\Phi$10@100/200，表示箍筋是 HPB300 级钢筋，直径是 10mm，加密区间距为 100mm，非加密区间距为 200mm。

当箍筋沿柱全高为一种间距时，不使用"/"线，如 $\Phi$10@100，表示箍筋是 HPB300 级钢筋，直径是 10mm，间距为 100mm，沿柱全高加密。

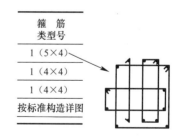

图 4-16 箍筋表示方法

当圆柱采用螺旋箍筋时，需在箍筋前加"L"，如 L$\Phi$10@100/200，表示采用螺旋箍筋，HPB300 级钢筋，直径是 10mm，加密区间距为 100mm，非加密区间距为 200mm。

### 知识拓展

箍筋加密区是对于抗震结构来说的。一般来说，对于钢筋混凝土框架的柱子的端部和每层梁的两端都要进行加密。柱子加密区长度应取柱截面长边尺寸（或圆形截面直径）、柱净高的 1/6 和 500mm 中的最大值。但最底层（一层）柱子的根部应取不小于 1/3 的该层柱净高。当有刚性地面时，除柱端箍筋加密区外尚应在刚性地面上、下各 500mm 的高度范围内加密。

图 4-17 所示的建筑在 2008 年汶川大地震中，底层框架柱中的纵筋被压弯、外鼓，箍筋有的被断，钢筋和混凝土发生了分离，框架柱破坏，而框架梁完好。该种震害产生的主要原因是：柱箍筋间距过大，被外凸撑断，其对纵筋的约束较小，对混凝土的握裹不够，框架柱被破坏。

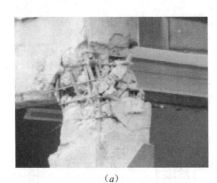

(a)  (b)

**图 4-17 框架结构柱震害图**

### 课堂活动

识读附图 1 中 G-5，完成该图的图纸抄绘。

抄绘要求：图幅 A2；比例 1：100；线型、文字等按照《房屋建筑制图统一标准》GB/T 50001—2017 及《建筑结构制图标准》GB/T 50105—2010。

活动要求：学生在抄绘施工图过程中，如果有不懂的地方先相互讨论解决，学生之间不能解决的问题则做好记录，并反馈给教师。

（2）截面注写方式

截面注写方式，系在分标准层绘制的柱平面布置图的柱截面上，分别在同一编号的柱中选择一个截面，以直接注写截面尺寸和配筋具体数值的方式来表达柱平法施工图。如图 4-18 所示。

在各层柱平面布置图上，分别从相同的编号的柱中选择一个截面，按另一种比例原位放大绘制截面配筋图，在各配筋图上注写截面尺寸 $b \times h$、角筋或全部纵筋（当纵筋采用一种直径时）、箍筋的具体数值，并在柱截面配筋图上标注柱截面与轴线关系 $b_1$、$b_2$ 和 $h_1$、$h_2$ 的具体数值。当纵筋采用两种直径时，需再注写截面各边中部筋的具体数值。

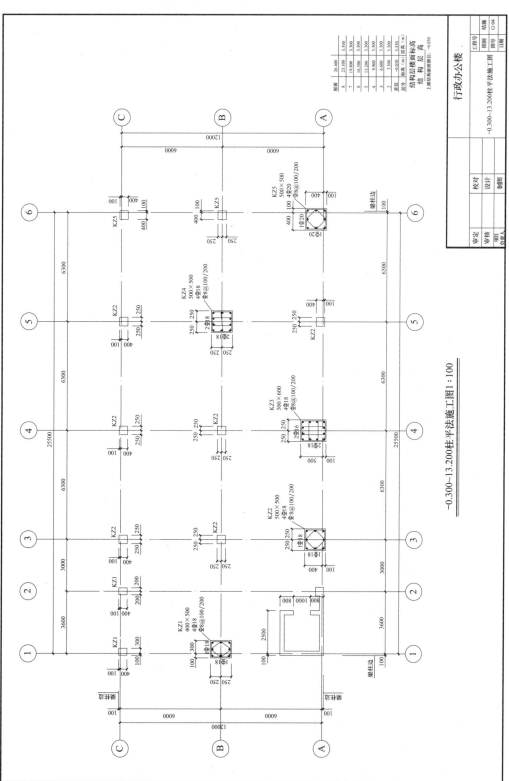

-0.300~13.200柱平法施工图1:100

图4-18　柱平法施工图截面注写方式示例

【示例】 如图 4-19 所示。

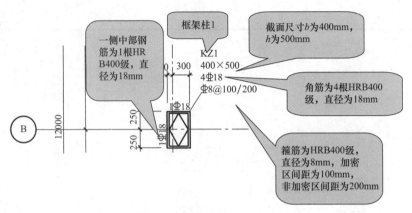

图 4-19 截面注写方式（一）

【示例】 如图 4-20 所示。

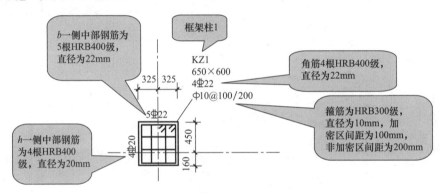

图 4-20 截面注写方式（二）

## 4.1.3 钢筋混凝土柱平法施工图的识读步骤

柱平法施工图识读的基本原则：先校对平面，后校对构件；先阅读各构件，再查阅节点与连接。

柱平法施工图的识读要点分别是：

（1）阅读结构设计说明中的有关内容。

（2）检查各柱的平面布置与定位尺寸。

（3）从图中及表中逐一检查柱的编号、起止标高、截面尺寸、纵筋、箍筋、混凝土强度等级。

（4）柱纵筋的搭接位置、搭接方法、搭接长度以及搭接长度范围的箍筋要求。

（5）柱与填充墙拉接。

下面以图 4-18 行政办公楼结施 G-04 为例，识读步骤如下。

识读步骤 1：标题栏（图 4-21）

主要内容包括，工程名称：行政办公楼；图号：结施 G-04；图名：－0.300～13.200 柱平法施工图。

| | | | 行政办公楼 | | |
|---|---|---|---|---|---|
| 审定 | | 校对 | | 工程号 | |
| 审核 | | 设计 | −0.300~13.200柱平法施工图 | 图别 | 结施 |
| | | | | 图号 | G-04 |
| 项目负责人 | | 制图 | | 日期 | |

**图 4-21　标题栏**

识读步骤 2：结构层楼面标高、结构层高（图 4-22）

主要内容包括，结构层楼面标高指楼面现浇板顶面标高；结构层高指相邻结构层现浇板顶面标高之差。3.300~23.100柱平法施工图适用图示工程 2、3、4、5、6、7、8 楼层现浇楼面板。例如，5 楼结构层楼面标高为 13.200m；5 楼结构层高为 3.3m。

识读步骤 3：定位轴线及其编号、间距尺寸

主要内容包括，横向定位轴线从左到右：①~⑥，①与②轴线间距为 3.6m，②与③轴线间距为 3.0m，其余轴线间距为 6.3m，水平方向轴线总间距为 25.5m。纵向定位轴线从下往上：Ⓐ~Ⓒ，轴线间距为 6m，纵向轴线总间距为 12m。

识读步骤 4：柱平法标注（截面法，图 4-23）

| 屋面 | 26.400 | |
|---|---|---|
| 8 | 23.100 | 3.300 |
| 7 | 19.800 | 3.300 |
| 6 | 16.500 | 3.300 |
| 5 | 13.200 | 3.300 |
| 4 | 9.900 | 3.300 |
| 3 | 6.600 | 3.300 |
| 2 | 3.300 | 3.300 |
| 首层 | −0.030 | 3.330 |
| 层号 | 标高（m） | 层高（m） |

结构层楼面标高
结 构 层 高

上部结构嵌固部位：−0.030

**图 4-22　标高、层高标注**

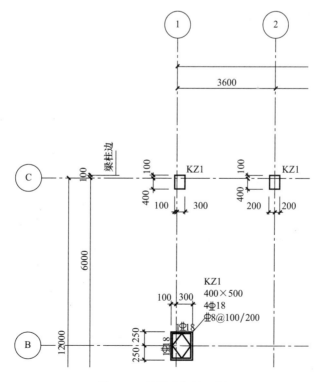

**图 4-23　柱平法标注示例**

73

主要内容包括，柱的编号、定位、截面尺寸、配筋。图示柱编号从 KZ1～KZ5 共 5 种柱。如 1 号框架柱位于①轴和⑧轴，标注为框架柱 1，矩形截面尺寸 $b$ 为 400mm，$h$ 为 500mm；柱截面 $b$ 一侧柱左侧离①轴距离为 100mm，柱右侧离①轴距离为 300mm，$h$ 一侧柱上边缘和下边缘离⑧轴距离为 250mm；柱的角筋为 4 ⨎ 18 的钢筋；柱中箍筋为 HRB400 级，直径为 8mm，箍筋加密区间距为 100mm，非加密区间距为 200mm；沿着 $b$ 一侧的中部钢筋为 1 ⨎ 18，$h$ 一侧的中部钢筋为 1 ⨎ 18。

## 课堂活动

识读图 4-18 行政办公楼结施 G-04，完成该图的图纸抄绘。

抄绘要求：图幅 A2；比例 1：100；线型、文字等按照《房屋建筑制图统一标准》GB/T 50001—2017 及《建筑结构制图标准》GB/T 50105—2010。

活动要求：学生在抄绘施工图过程中，如果有不懂的地方先相互讨论解决，学生之间不能解决的问题则做好记录，并反馈给教师。

## 能力测试

### 一、单选题

1. 现浇柱编号为"LZ"表示（    ）。

A. 框架柱　　　　　　　B. 框支柱　　　　　　　C. 梁上柱　　　　　　　D. 芯柱

2. 下列关于柱平法施工图制图规则论述中错误的是（    ）。

A. 柱平法施工图系在柱平面布置图上采用列表注写方式或截面注写方式

B. 柱平法施工图中应按规定注明各结构层的楼面标高、结构层高及相应的结构层号

C. 柱编号由类型代号和序号组成

D. 注写各段柱的起止标高，自柱根部往上以变截面位置为界分段注写，截面未变但配筋改变处无需分界

3. 平法表示中，柱中箍筋表示为Φ8@100/200，则表示（    ）。

A. 箍筋间距为 100mm

B. 箍筋加密区间距为 100mm，非加密区间距为 200mm

C. 箍筋加密区间距为 200mm，非加密区间距为 100mm

D. 箍筋间距为 200mm

### 二、识图题

某现浇柱平法施工图（局部）如图 4-24 所示，识读该图，并填空：

KZ4 截面尺寸为_____，其中 $b_1$ 为_____，$b_2$ 为_____，$h_1$ 为_____，$h_2$ 为_____；角筋为_____，$b$ 一侧中部钢筋为_____，$h$ 一侧中部钢筋为_____；柱中箍筋为_____，其中加密区间距为_____，非加密区间距为_____，箍筋的类型为_____。

### 三、简答题

1. 柱平法施工图中对编号有哪些规定？

2. 柱表注写规定有哪些必注内容？

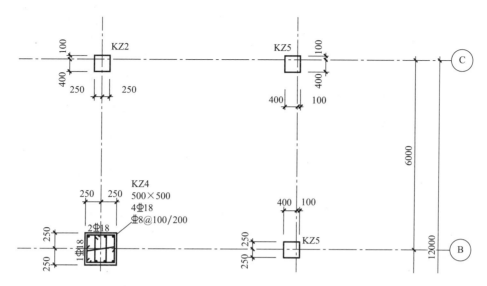

**图 4-24　现浇柱平法施工图**

3. 请结合图 4-18，说明 KZ2 截面及配筋。

## 技能拓展

组织学生结合某工程实例，识读柱平法施工图，进行柱子部分图纸会审工作。会审的要点包括：柱布置及定位尺寸标注是否有误，特别注意上下层变截面柱的定位；柱详图是否个别缺漏或者有误等。

# 任务 4.2　柱标准构造详图的识读

## 任务描述

通过本工作任务的学习，学生能够：了解柱平法施工图的基本构造要求，并重点掌握纵向钢筋连接、箍筋加密和箍筋复合方式构造；学会使用规范进行标准图查阅，正确识读柱标准构件详图。

## 知识构成

柱平法施工图构造要求有柱纵向钢筋构造和箍筋构造。

## 4.2.1　钢筋混凝土柱纵向钢筋连接

**1. 现浇框架柱纵向钢筋连接构造**

现浇框架柱纵向钢筋连接构造如图 4-25 所示。

（1）一、二级抗震等级框架底层柱根部弯矩增大后的配筋，按图示分两个截面截断。

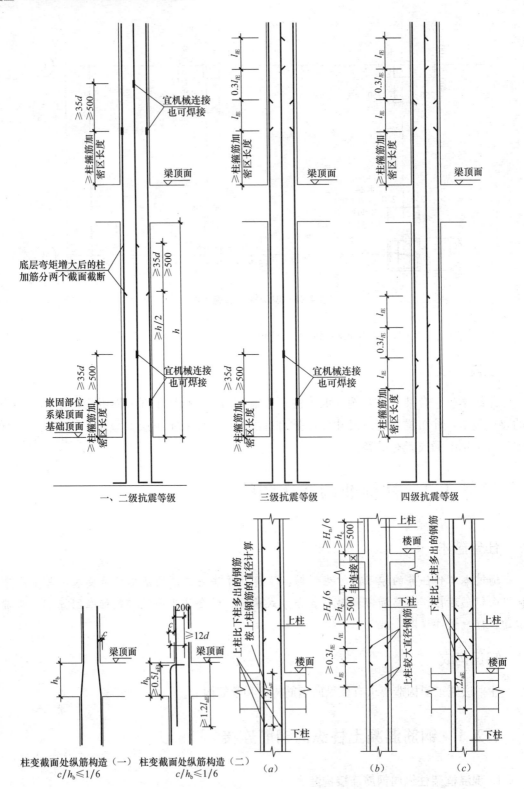

一、二级抗震等级　　　　　三级抗震等级　　　　　四级抗震等级

柱变截面处纵筋构造（一）　柱变截面处纵筋构造（二）　（a）　　　　　（b）　　　　　（c）
$c/h_b \leqslant 1/6$　　　　　$c/h_b \leqslant 1/6$

**图 4-25　现浇框架柱纵向钢筋连接构造**

（2）柱纵向钢筋连接接头的位置应错开，同一截面内钢筋接头不宜超过全截面钢筋总根数的 50%，当柱钢筋总根数不多于 8 根时可在同一截面连接。

（3）当受拉钢筋的直径 $d>28$mm 时，不宜采用绑扎搭接接头。

（4）偏心受拉柱不得采用绑扎搭接接头。

（5）柱纵向受力钢筋搭接长度范围内箍筋应加密，其直径不应小于搭接钢筋较大直径的 1/4。当钢筋受拉时，箍筋间距不应大于搭接钢筋较小直径的 5 倍，且不应大于 100mm；当钢筋受压时，箍筋间距不应大于搭接钢筋较小直径的 10 倍，且不应大于 200mm。当受压钢筋直径 $d>25$mm 时，应在搭接接头两个端面外 100mm 范围内各设置两道箍筋。

（6）纵向受力钢筋接头的位置宜避开梁端、柱端箍筋加密区；当无法避免时，应采用满足等强度要求的高质量机械连接接头。

（7）上柱钢筋比下柱多时如图 4-25（a）所示，上柱钢筋直径比下柱钢筋直径大时如图 4-25（b）所示，下柱钢筋比上柱多时如图 4-25（c）所示。

**2. 不同位置柱钢筋节点构造**

柱所在位置不同，钢筋节点构造也不同，如图 4-26 所示。

柱中钢筋节点根据不同位置其构造要求也不同，其中与基础的连接称为基础插筋；柱中间层钢筋的连接主要注意连接形式；而顶层的钢筋锚固要根据柱子所在位置不同区分柱子类型（边、角、中柱），图 4-27（a）、（b）、（c）分别为边、角、中柱中钢筋三维示意图。

（1）柱插筋在基础中锚固构造：当基础底面至基础顶面的高度 $h_j>l_{aE}$ 时，纵向钢筋水平弯折为 6d 且不小于 150mm；当基础底面至基础顶面的高度 $h_j\leqslant l_{aE}$ 时，纵向钢筋水平弯折为 15d，如图 4-28 所示。

图 4-26　不同钢筋节点示意图

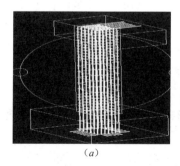

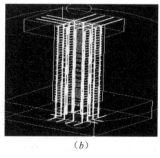

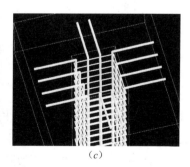

图 4-27　不同位置柱的三维示意图

(a) 边柱；(b) 角柱；(c) 中柱

地下一层柱纵筋长度＝地下一层层高—地下一层非连接区 $H_n/3$＋首层非连接区 $H_n/3$＋搭接长度 $l_{lE}$（如果出现多层地下室，只有基础层顶面和首层顶面是 $H_n/3$，其余均为 max $[1/6H_n，500$mm，$h_c]$），如图 4-29（a）所示。

首层柱纵筋长度＝首层层高—首层非连接区 $H_n/3$＋max $[H_n/6，h_c，500$mm$]$＋搭接长度 $l_{lE}$，如图 4-29（b）所示。

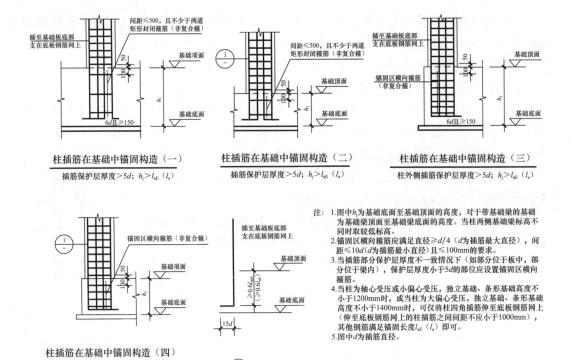

图 4-28 柱插筋在基础中的锚固

中间层柱纵筋长度＝中间层层高－当前层非连接区＋（当前层＋1）非连接区＋搭接长度 $l_{lE}$ ［非连接区＝max（$H_n/6$，500mm，$h_c$）］，如图 4-29（c）所示。

（2）顶层柱纵筋计算，边柱和角柱柱顶纵向钢筋构造如图 4-30 所示，中柱纵向钢筋连接构造如图 4-31 所示。

1）外侧钢筋长度＝顶层层高－max ［本层楼层净高 $H_n/6$，500mm，柱截面长边尺寸（圆柱直径）］－梁高＋1.5$l_{aE}$

2）内侧纵筋长度＝顶层层高－max ［本层楼层净高 $H_n/6$，500mm，柱截面长边尺寸（圆柱直径）］－梁高＋锚固

其中，锚固长度取值为：

当柱纵筋伸入梁内的直段长小于 $l_{aE}$ 时，则使用弯锚形式，柱纵筋伸至柱顶后弯折 $12d$；锚固长度＝梁高－保护层＋$12d$。

当柱纵筋伸入梁内的直段长不小于 $l_{aE}$ 时，则为直锚，柱纵筋伸至柱顶后截断。

另外，中柱顶层节点纵筋长度＝顶层层高－顶层非连接区－梁高＋（梁高－保护层＋$12d$），非连接区＝max（$H_n/6$，500mm，$h_c$）。

## 4.2.2 钢筋混凝土柱箍筋加密、箍筋复合方式构造

### 1. 柱箍筋构造

柱箍筋构造如图 4-32 所示。

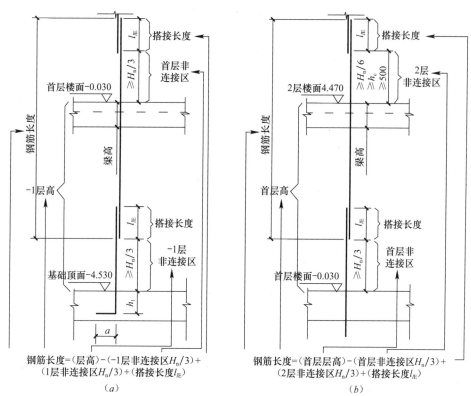

钢筋长度=(层高)-(-1层非连接区$H_n/3$)+
(1层非连接区$H_n/3$)+(搭接长度$l_{lE}$)

(a)

钢筋长度=(首层层高)-(首层非连接区$H_n/3$)+
(2层非连接区$H_n/3$)+(搭接长度$l_{lE}$)

(b)

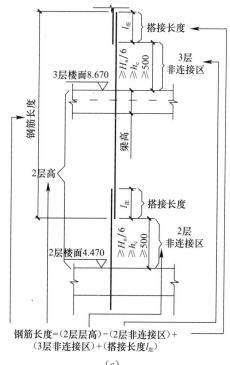

钢筋长度=(2层层高)-(2层非连接区)+
(3层非连接区)+(搭接长度$l_{lE}$)

(c)

**图 4-29　柱纵筋计算简图**

(a) 地下一层柱；(b) 首层柱子；(c) 中间层柱子

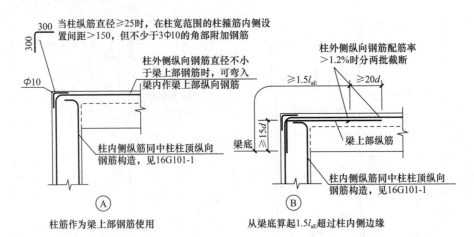

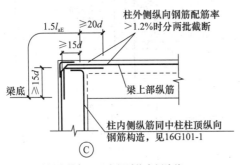

从梁底算起1.5$l_{aE}$未超过柱内侧边缘

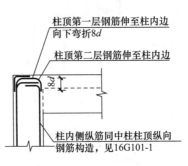

（用于Ⓑ或Ⓒ节点未伸入梁内的柱外侧钢筋锚固）

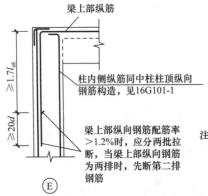

梁、柱纵向钢筋搭接接头沿节点外侧直线布置

节点纵向钢筋弯折要求

当现浇板厚度不小于100时，也可按Ⓑ节点方式伸入板内锚固，且伸入板内长度不宜小于15$d$

$d \leqslant 15$  $r = 6d$
$d > 15$  $r = 8d$

注：1. 节点Ⓐ、Ⓑ、Ⓒ、Ⓓ应配合使用，节点Ⓓ不应单独使用（仅用于未伸入梁内的柱外侧筋锚固），伸入梁内的柱外侧纵筋不宜少于柱外侧全部纵筋面积的65%。可选择Ⓑ+Ⓓ或Ⓒ+Ⓓ或Ⓐ+Ⓑ+Ⓓ或Ⓐ+Ⓒ+Ⓓ的做法。

2. 节点Ⓔ用于梁、柱纵向钢筋接头沿节点柱顶外侧直线布置的情况，可与节点Ⓐ组合使用。

**图 4-30　边柱和角柱柱顶纵向钢筋构造**

（1）当柱截面短边尺寸大于 400mm 且各边纵筋多于 3 根时，或当柱截面短边尺寸不大于 400mm 但各边纵筋多于 4 根时，应设置复合箍筋。

（2）对圆柱中的箍筋，搭接长度不应小于相应的锚固长度，且末端应做成 135°弯钩；弯钩末端平直段长度不应小于箍筋直径的 10 倍。

（3）箍筋采用 HRB335、HRB400 或 HPB300 级钢筋。

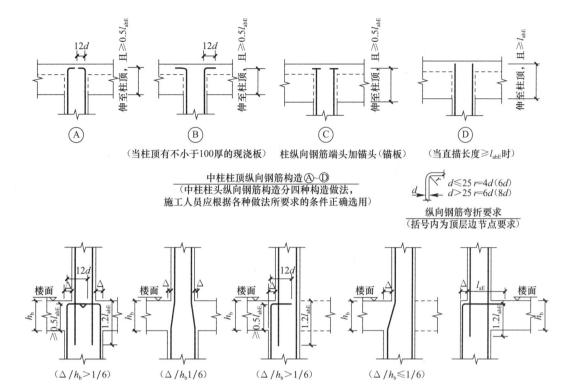

图 4-31　中柱纵向钢筋构造

（4）有下列情况之一时，柱箍筋应加密，箍筋间距应不大于 150mm 且不大于 $8d$。

1）角柱及剪跨比不大于 2 的柱沿全高加密。

2）带加强层高层建筑结构：加强层上、下相邻一层的框架柱沿全柱段加密。

3）错层结构：错层处的框架柱应全柱段加密。

4）多塔结构：塔楼中与裙房相连的外围柱，柱箍筋宜在裙楼屋面上、下层的范围内全高加密。

（5）柱箍筋加密区箍筋直径应不小于 8mm。

**2. 箍筋根数计算**

（1）基础箍筋根数计算简图，如图 4-33 所示。

基础箍筋根数＝（基础高度－基础保护层－100)/间距－1

（2）地下一层箍筋根数计算简图，如图 4-34 所示，按绑扎计算箍筋根数。

（3）首层箍筋根数计算简图，如图 4-35 所示，按焊接计算箍筋根数。

根部根数＝（加密区长度－50)/加密间距＋1

梁下根数＝加密区长度/加密间距＋1

梁高范围根数＝梁高/加密间距

非加密区根数＝非加密区长度/非加密间距－1

（4）中间层箍筋根数计算简图，如图 4-36 所示，按焊接计算箍筋根数。

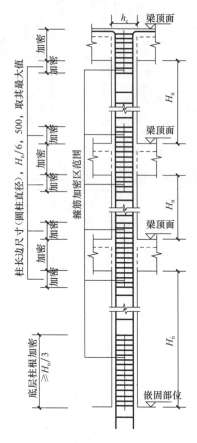

图 4-32 抗震 KZ 箍筋加密区范围

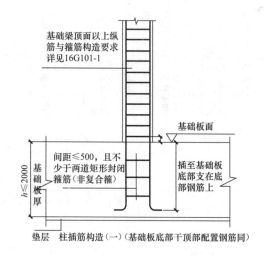

图 4-33 基础箍筋根数计算简图

根部根数＝(加密区长度－50)/加密间距＋1

梁下根数＝加密区长度/加密间距＋1

梁高范围根数＝梁高/加密间距

非加密区根数＝非加密区长度/非加密间距－1

（5）顶层箍筋根数计算简图，如图 4-37 所示，按焊接计算箍筋根数。

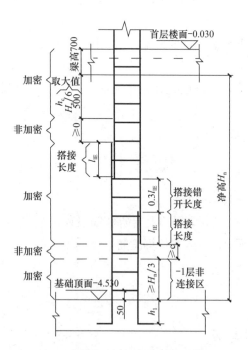

图 4-34 地下一层箍筋根数计算简图

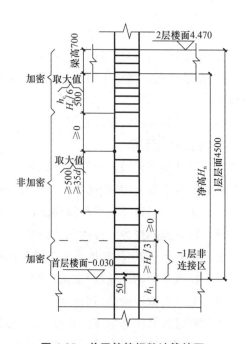

图 4-35 首层箍筋根数计算简图

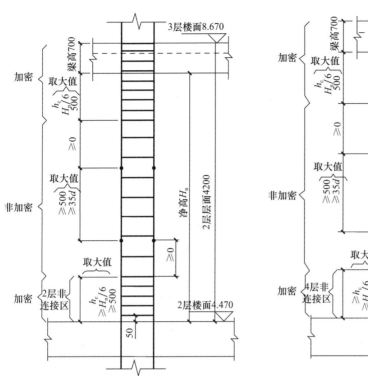

图 4-36　中间层箍筋根数计算简图　　　　图 4-37　顶层箍筋根数计算简图

根部根数＝(加密区长度－50)/加密间距＋1

梁下根数＝加密区长度/加密间距＋1

梁高范围根数＝梁高/加密间距

非加密区根数＝非加密区长度/非加密间距－1

**3. 箍筋长度计算**

如图 4-38 所示，箍筋计算长度可采用以下公式进行计算。

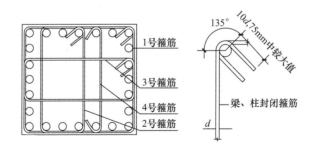

图 4-38　箍筋长度计算简图

例如：1 号箍筋长度＝$(b+h)\times 2$－保护层$\times 8+1.9d\times 2+\max(10d,75\text{mm})\times 2$

**课堂活动**

识读图 4-18 行政办公楼结施 G-04，完成 KZ1 钢筋构造大样的绘制。

抄绘要求：图幅 A2；比例 1：30；线型、文字等按照《房屋建筑制图统一标准》GB/T 50001—2017 及《建筑结构制图标准》GB/T 50105—2010。

活动要求：学生在抄绘施工图过程中，如果有不懂的地方先相互讨论解决，学生之间不能解决的问题则做好记录，并反馈给教师。

### 4.2.3 标准图查阅

钢筋混凝土柱的标准构造详图可查阅《混凝土结构施工图平面整体表示方法制图规则和构造详图》16G101—1。

在学会对柱平法施工图的识读的基础上，在实际工程中最为基本的应用就是对柱中钢筋工程量的计算，其中柱纵向钢筋长度计算总结如下：

(1) 基础插筋长度＝弯折长度＋竖直长度＋非连接区 $H_n/3$＋搭接长度 $l_{lE}$

(2) 首层柱子纵筋长度＝首层层高－首层非连接区 $H_n/3$＋max（$H_n/6$，$h_c$，500）＋搭接长度 $l_{lE}$

(3) 中间层柱子纵筋长度＝中间层层高－当前层非连接区＋（当前层＋1）非连接区＋搭接长度 $l_{lE}$

非连接区＝max［$H_n/6$，500mm、$H_c$］

(4) 顶层柱纵筋计算：

1) 外侧钢筋长度＝顶层层高－max［本层楼层净高 $H_n/6$，500mm，柱截面长边尺寸（圆柱直径）］－梁高＋$1.5l_{aE}$

2) 内侧纵筋长度＝顶层层高－max［本层楼层净高 $H_n/6$，500mm，柱截面长边尺寸（圆柱直径）］－梁高＋锚固

其中，锚固长度取值为：

当柱纵筋伸入梁内的直段长小于 $l_{aE}$ 时，则使用弯锚形式，柱纵筋伸至柱顶后弯折 $12d$；锚固长度＝梁高－保护层＋$12d$。

当柱纵筋伸入梁内的直段长不小于 $l_{aE}$ 时，则为直锚，柱纵筋伸至柱顶后截断。

同时，柱中箍筋计算如下：

箍筋长度＝$(b+h)×2$－保护层$×8$＋$1.9d×2$＋max（$10d$，75mm）$×2$

箍筋根部根数＝（加密区长度－50）/加密间距＋1

梁下根数＝加密区长度/加密间距＋1

梁高范围根数＝梁高/加密间距

非加密区根数＝非加密区长度/非加密间距－1

【示例】 已知：三层柱 KZ1 为中柱，如图 4-39 所示，梁高 500mm，基础埋深 500mm，基础高度 400mm，C30 混凝土，二级抗震，采用焊接连接，主筋在基础内水平弯折 200mm，基础箍筋为两道，箍筋加密位置及长度按 16G101—1，计算 KZ1 的钢筋工程量。

【解】 钢筋长度计算

纵筋长度 $l_1$（4$\Phi$20）＝基础插筋＋首层钢筋长度＋二层钢筋长度＋三层钢筋长度

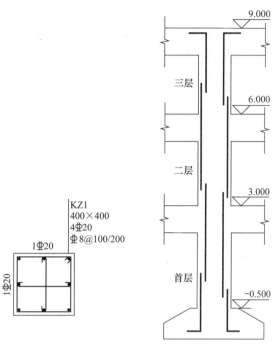

**图 4-39　KZ1**

$$l_1 = (200+400-40+3000/3) + [3500-1000+\max(500, H_n/6, h_c)] + 3000$$
$$+ [3000-\max(500, H_n/6, h_c)-25+15d]$$
$$= 1560+3000+3000+2775 = 10335\text{mm}$$

纵筋长度 $l_2$（4Φ20）＝基础插筋＋首层钢筋长度＋二层钢筋长度＋三层钢筋长度

$$l_2 = [200+400-40+3000/3+\max(500, 35d)] + 3000+3000$$
$$+ [3000-\max(500, H_n/6, h_c)-25+15d-\max(500, 35d)]$$
$$= 1560+3000+3000+2575 = 10335\text{mm}$$

箍筋长度（1Φ8）＝ $(400+400)\times2-25\times8+1.9d\times2+\max(10d, 75)\times2$
$$= 1600-200+30.4+160 = 1590.4\text{mm}$$

拉筋长度（1Φ8）＝ $400-2\times25+2\times1.9d+2\times\max(10d, 75)$
$$= 400-50+30.4+160 = 540.4\text{mm}$$

箍筋根数＝基础箍筋根数＋根部根数＋梁下根数＋梁高范围根数＋非加密区根数
$$= 2+(3000/3-50)/100+1+[\max(500, H_n/6, h_c)/100+1]$$
$$\times3+(500/100)\times3+1500/200-1+2\times(1500/200-1)$$
$$= 2+11+18+15+21 = 67 \text{ 根}$$

## 课堂活动

识读图 4-18 行政办公楼结施 G-04，计算 KZ1 的钢筋工程量。

活动要求：学生在计算过程中，如果有不懂的地方先相互讨论解决，学生之间不能解决的问题则做好记录，并反馈给教师。

## 能力测试

**单选题**

1. 对于底层柱来说，柱根箍筋加密区范围为（    ）。

A. $\geqslant H_n/2$        B. $\geqslant H_n/3$        C. $\geqslant H_n/4$        D. $\geqslant H_n/5$

2. 当基础底面至基础顶面的高度 $h_j > l_{aE}$ 时，纵向钢筋水平弯折为（    ）。

A. $6d$ 且 $\geqslant 150mm$             B. $15d$ 且 $\geqslant 150mm$

C. $6d$ 且 $\leqslant 150mm$             D. $15d$ 且 $\leqslant 150mm$

3. 对于有错层的建筑物，柱箍筋应加密，箍筋间距应为（    ）。

A. $\leqslant 100mm$ 且 $\leqslant 8d$          B. $\leqslant 150mm$ 且 $\leqslant 8d$

C. $\leqslant 150mm$ 且 $\leqslant 12d$         D. $\leqslant 100mm$ 且 $\leqslant 12d$

4. 当梁端纵向钢筋配筋率大于 2% 时，梁箍筋加密区箍筋直径应为（    ）。

A. 6mm        B. 8mm        C. 10mm        D. 12mm

5. 对于中柱而言，柱顶钢筋的水平锚固长度为（    ）。

A. $10d$        B. $12d$        C. $15d$        D. $20d$

## 技能拓展

组织参观钢筋混凝土结构房屋施工现场，在教师指导下，对照结构施工图分组学习现场柱钢筋的绑扎施工。

## 项目概述

通过本项目的学习，要求学生掌握梁的分类、配筋构造及平法制图规则的含义，了解梁配筋的基本情况，熟悉箍筋的复合方式，掌握纵筋连接构造，掌握梁箍筋加密区的范围，掌握梁支座处负筋的截断位置等，从而为顺利地识读混凝土结构梁平法施工图奠定基础。

# 任务 5.1 梁平法施工图的识读

## 任务描述

梁，是指在建筑工程中，一般承受的外力以横向力和剪力为主、变形以弯曲为主的构件，也是框架结构必不可少的构件之一。钢筋混凝土梁既可做成独立梁，也可与钢筋混凝土板组成整体的梁-板式楼盖，或与钢筋混凝土柱组成整体的单层或多层框架。钢筋混凝土梁形式多种多样，是房屋建筑、桥梁建筑等工程结构中最基本的承重构件，应用范围极广。如图 5-1 所示。

**图 5-1 梁示意图**

通过本工作任务的学习：了解梁平法施工图识读步骤；掌握梁平法施工图的表示方法，并正确识读梁平法施工图。如图 5-2 所示。

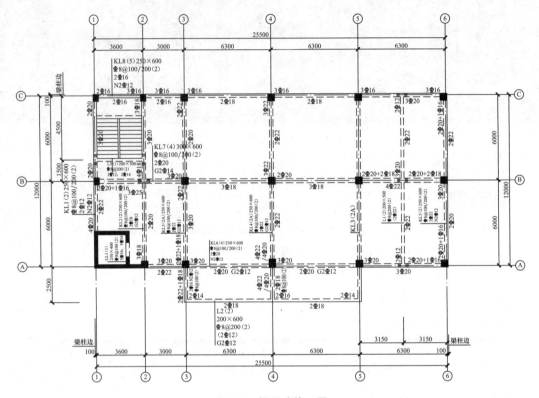

图 5-2　梁平法施工图

知识构成

## 5.1.1　钢筋混凝土梁的类型

钢筋混凝土梁是采用混凝土和钢筋制成的梁。梁中的钢筋主要有纵向受力钢筋、弯起钢筋、架立钢筋和箍筋，如图 5-3 所示。

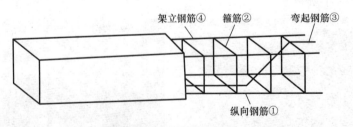

图 5-3　梁中钢筋示意图

知识拓展

（1）梁内纵向受力钢筋主要是用来承受由弯矩在梁内产生的拉力，所以应放在梁的受拉一侧。

（2）箍筋：主要是用来承受由剪力和弯矩在梁内引起的主拉应力，同时，箍筋通过绑扎或焊接把其他钢筋联系在一起，形成钢筋骨架。

（3）弯起钢筋：在跨中是纵向受力钢筋的一部分，承受弯矩引起的拉力；在靠近支座的弯起段用来承受弯矩和剪力共同产生的主拉应力，即作为抗剪钢筋的一部分。

（4）架立钢筋：主要是用来固定箍筋位置，与纵向受力钢筋形成梁的钢筋骨架，并承受因温度变化和混凝土收缩而产生的应力，防止发生裂缝。它一般设置在梁的受压区外缘两侧，并平行于纵向受力钢筋。当受压区配置有纵向受压钢筋时，可兼作架立钢筋。

（5）侧向构造钢筋：为了增强钢筋骨架的刚度，增强梁的抗扭能力以及承受梁侧面发生的温度和收缩应力，当梁腹板高度 $h_w \geqslant 450mm$ 时，在梁的两个侧面应沿高度配置纵向构造钢筋（称为梁侧构造钢筋或腰筋），并用拉筋固定（图5-4）。

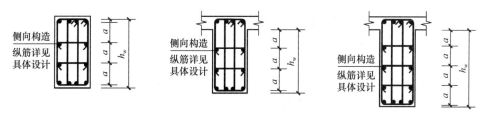

**图 5-4 梁的侧向构造钢筋**

（6）附加箍筋和吊筋：在主、次梁相交处，由于主梁承受由次梁传来的集中荷载，其腹部可能出现斜裂缝，并引起局部破坏。因此，应在集中荷载 $F$ 附近，长度为 $s=3b+2h_1$ 的范围内设置附加的箍筋或吊筋，以便将全部集中荷载传至梁的上部，如图5-5所示。

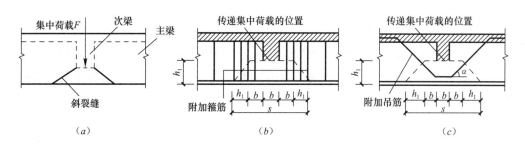

**图 5-5 集中荷载作用下主、次梁相交处局部破坏情况**
（a）斜裂缝情况；（b）附加箍筋设置；（c）吊筋设置

钢筋混凝土梁按其截面形式，可分为矩形梁、T形梁、工字梁、槽形梁和箱形梁。按其施工方法，可分为现浇梁、预制梁和预制现浇叠合梁。按其配筋类型，可分为钢筋混凝土梁和预应力混凝土梁。按其结构简图，可分为简支梁、连续梁、悬臂梁、主梁和次梁等。

## 5.1.2 钢筋混凝土梁平法施工图制图规则

**1. 梁的施工图表示方法**

梁的平法施工图，可用平面注写或截面注写两种方式表达。梁平面布置图，应分别按梁的不同结构层（标准层），将与其相关联的柱、墙、板一起采用适当的比例绘制。

在梁平法施工图中，应注明结构层的顶面标高及相应的结构层号。对于轴线未居中的梁，应标注其偏心定位尺寸。

在实际工程中，梁的平法施工图大多数采用平面注写方式，本项目主要介绍平面注写方式的内容。

**2. 梁的平面注写方式**

梁的平面注写方式是在梁的分层平面布置图上，分别在不同编号的梁中各选一根梁，在其上注写截面尺寸和配筋具体数值来表达梁平法施工图。包括"集中标注"和"原位标注"。其中，集中标注表达梁的通用数值，原位标注表达梁的特殊数值。施工时，原位标注的取值优先，如图 5-6 所示。

（1）梁的集中标注

梁集中标注的内容包括五项必注值和一项选注值，必注值是梁编号（包括跨数）、截面尺寸、梁箍筋、梁上部通长钢筋或架立筋、梁侧纵向构造钢筋或受扭钢筋，选注值是梁顶面标高与楼层基准标高的高差。

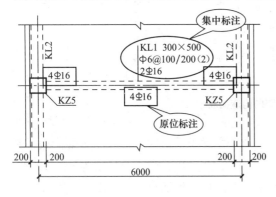

图 5-6 平面注写方式示例

1）平法梁的编号

平法施工图将梁分为六类并加以固定编号，分别为楼层框架梁、屋面框架梁、框支梁、非框架梁、悬挑梁和井字梁。梁编号由梁类型代号、序号、跨数及有无悬挑代号几项组成，见表 5-1 所列。

梁 编 号 表 5-1

| 梁类型 | 代号 | 序号 | 跨数及是否带有悬臂 |
|---|---|---|---|
| 楼层框架梁 | KL | ×× | (××)、(××A) 或 (××B) |
| 屋面框架梁 | WKL | ×× | (××)、(××A) 或 (××B) |
| 框支梁 | KZL | ×× | (××)、(××A) 或 (××B) |
| 非框架梁 | L | ×× | (××)、(××A) 或 (××B) |
| 悬挑梁 | XL | ×× | |
| 井字梁 | JZL | ×× | (××)、(××A) 或 (××B) |

注：(××A) 为一端有悬挑，(××B) 为两端有悬挑，悬挑不计入跨数。

**知识拓展**

楼层框架梁（KL）：是指两端与框架柱相连的梁，或者两端与剪力墙相连但跨高比不小于 5 的梁。

屋面框架梁（WKL）：屋面框架梁指的是框架结构屋面最高处的框架梁。

框支梁（KZL）：因为建筑功能要求，下部大空间，上部部分竖向构件不能直接连续贯通落地，而通过水平转换结构与下部竖向构件连接。当布置的转换梁支撑上部的剪力墙的时候，转换梁叫框支梁，支撑框支梁的柱子就叫做框支柱。

非框架梁（L）：在主梁的上部，主要起传递荷载的作用。

悬挑梁（XL）：梁的一端为不产生轴向、垂直位移和转动的固定支座，另一端为自由端（可以产生平行于轴向和垂直于轴向的力）。如图 5-7 所示。

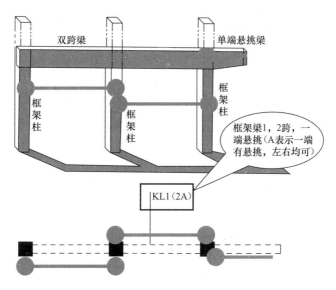

图 5-7　悬挑梁示意

井字梁（JZL）：井式梁就是不分主次，高度相当的梁，同位相交，呈井字形。一般用在楼板是正方形或者长宽比小于 1.5 的矩形楼板，大厅比较多见，梁间距 3m 左右，是由同一平面内相互正交或斜交的梁所组成的结构构件，又称交叉梁或格形梁。如图 5-8 所示。

【示例】　KL5（3A）表示第 5 号框架梁，3 跨，一端有悬挑；

L7（5B）表示第 7 号非框架梁，5 跨，两端有悬挑。

2）梁的截面尺寸

等截面矩形梁：用"梁宽 $b$×梁高 $h$"；不等高悬挑梁用："梁宽 $b$×梁根部高度 $h_1$/梁端部高度 $h_2$"表示，如图 5-9 所示。

图 5-8　井字梁示意

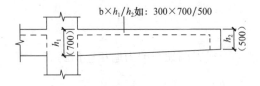

$b \times h_1/h_2$ 如：$300 \times 700/500$

**图 5-9 悬挑梁不等高截面标注**

3）梁箍筋

包括钢筋级别、直径、加密区与非加密区间距及肢数，该项为必注值。箍筋加密区与非加密区的不同间距及肢数需用斜线"/"分隔；当梁箍筋为同一种间距及肢数时，则不需用斜线；当加密区与非加密区的箍筋肢数相同时，则将肢数注写一次；箍筋肢数应写在括号内。

【示例】 $\Phi 6@100/200$（4），表示箍筋为 HPB300 级钢筋，直径为 6mm，加密区间距为 100mm，非加密区间距为 200mm，均为四肢箍。

$\Phi 8@100$（4）/150（2），表示箍筋为 HRB335 级钢筋，直径为 8mm，加密区间距为 100mm，四肢箍，非加密区间距为 150mm，两肢箍。

4）通长筋或架立筋

当上部同排纵筋中既有通长筋又有架立筋时，用"角部通长纵筋＋（架立筋）"注写；当梁上部、下部通长纵筋全跨相同，或多数跨相同时，可用"上部通长纵筋、下部通长纵筋"注写。

5）梁侧构造钢筋或受扭钢筋

当梁腹板高度 $h_w \geq 450$mm 时，需要配置纵向构造钢筋，所注规格与根数应符合规范规定。由代号（梁侧纵向构造钢筋以大写字母 G 打头，受扭钢筋以大写字母 N 打头）、梁两侧的总配筋值（梁侧对称配筋）、钢筋级别、直径组成。

6）梁顶面标高高差

该项为选注值，梁顶面相对于结构层楼面标高的高差值，有高差时需要将其写入括号内，无高差时不注写。

【示例】 如图 5-10 所示。

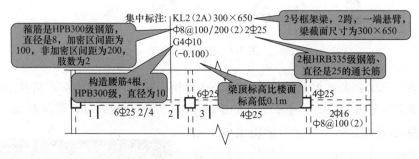

**图 5-10 梁集中标注示意**

（2）梁的原位标注

梁的原位标注包括梁支座上部纵筋、梁下部纵筋、附加箍筋或吊筋以及梁集中标注内容不适用于某跨时的原位标注。

1）梁支座上部纵筋

梁支座上部纵筋是指该位置的所有上部纵筋，包括该位置集中标注的上部通长钢筋。

当该支座上部纵筋多于一排时，用"/"将纵筋自上而下分开；当同一排纵筋采用两种直径的钢筋时，用"＋"将两种直径的钢筋相连且将放在角部的钢筋写在加号的前面。

项目 5　梁平法施工图的识读

梁中间支座两边的上部钢筋配筋相同时，仅在支座的一边注写配筋值，另一边省去不注；当支座两边的上部钢筋配筋不同时，需在支座两边分别注写。

【示例】　梁上部纵筋注写为 6$\Phi$25 4/2，则表示上一排纵筋为 4$\Phi$25，下一排纵筋为 2$\Phi$25。

　2）梁下部纵向钢筋

梁下部纵向钢筋多于一排时，用"/"将纵筋自上而下分开；当同一排纵筋采用两种直径的钢筋时，用"＋"将两种直径的钢筋相连且将放在角部的钢筋写在加号的前面。

当梁下部纵向钢筋不是全部伸入支座时，将梁下部不伸入支座的钢筋数量写在括号内。

【示例】　如图 5-11 所示。

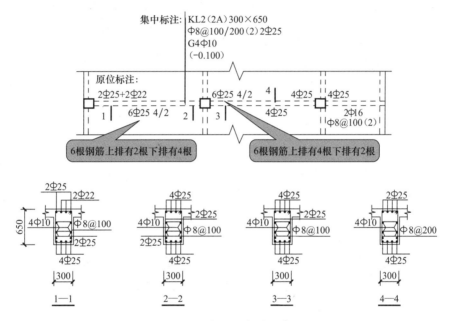

图 5-11　梁原位标注示意

　3）附加钢筋或吊筋

主次梁相交处，次梁支承在主梁上，应在主梁上配置附加箍筋或吊筋。附加箍筋和吊筋直接在梁平面图上引注，且注写总配筋值。当多数附加箍筋或吊筋相同时，可在梁平法施工图上统一注明，少数与统一注明值不同时，再原位标注，如图 5-12 所示。

【示例】

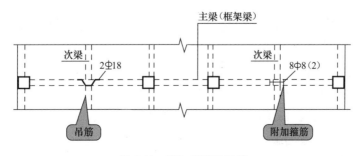

图 5-12　附加箍筋及吊筋

93

### 3. 梁的截面注写方式

截面注写方式，系在分标准层绘制的梁平面布置图上，分别在不同编号的梁中各选择一根梁用剖面号引出配筋图，并在其上注写截面尺寸和配筋具体数值的方式来表达梁平法施工图。如图 5-13 所示。在实际工程中，梁构件的截面注写方式应用很少，故在此只做简单介绍。

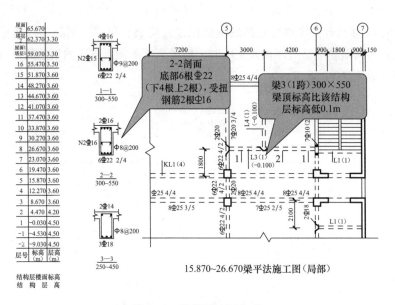

**图 5-13　梁截面注写方式**

对所有梁进行编号，从相同编号的梁中选择一根梁，先将"单边截面号"画在该梁上，再将截面配筋详图画在本图或其他图上。当某梁的顶面标高与结构层的楼面标高不同时，尚应继其梁编号后注写梁顶面标高高差（注写规定与平面注写方式相同）。

在截面配筋图上注写截面尺寸 $b \times h$、上部筋、下部筋、侧面构造钢筋或受扭以及箍筋的具体数值时，其表达方式与平面注写方式相同。

截面注写方式既可以单独使用，也可以与平面注写方式结合使用。

## 5.1.3　钢筋混凝土梁平法施工图的识读步骤

钢筋混凝土梁平法施工图识读的基本原则是：按一定的方法和步骤对以下五点的内容逐一识读。

（1）图号、图名和比例。

（2）结构层楼面标高、结构层高与层号。

（3）定位轴线及其编号、间距尺寸。

（4）梁平法标注：梁的编号、尺寸、配筋和梁面标高高差。

（5）必要的设计详图和说明。

## 课堂活动

识读图 5-2，完成该图的图纸抄绘。

抄绘要求：图幅 A2；比例 1∶100；线型、文字等按照《房屋建筑制图统一标准》GB 50001—2017 及《建筑结构制图标准》GB/T 50105—2010。

活动要求：学生在抄绘施工图过程中，如果有不懂的地方先相互讨论解决，学生之间不能解决的问题则做好记录，并反馈给教师。

## 能力测试

### 一、单选题

1. 梁的集中标注中的选注项是（　　）。

A. 梁的截面尺寸　　　B. 梁编号　　　　　　C. 梁箍筋　　　　　　D. 梁顶面标高高差

2. 梁编号"WKL"表示（　　）。

A. 屋面梁　　　　　　B. 框架梁　　　　　　C. 屋面框架梁　　　　D. 悬挑梁

3. 下面说法错误的是（　　）。

A. KL3（6）表示框架梁，第 3 号，6 跨，无悬挑

B. XL2 表示现浇梁 2 号

C. WKL1（3A）表示屋面框架梁，1 号，3 跨，一端有悬挑

D. L 表示非框架梁

4. 施工图中若某梁编号为 KL2（3B），则 3B 表示＿＿＿。

A. 3 跨无悬挑　　　B. 3 跨一端有悬挑　　　C. 3 跨两端有悬挑　　　D. 3 跨边框梁

5. 平法表示中，若某梁箍筋为 φ 8@100/200（4），则括号中 4 表示＿＿＿。

A. 有 4 根箍筋间距 200

B. 箍筋肢数为 4 肢

C. 有 4 根箍筋加密

6. 梁平法配筋图集中标注中，G2φ14 表示＿＿＿。

A. 梁侧面构造钢筋每边 2 根　　　　　　B. 梁侧面构造钢筋每边 1 根

C. 梁侧面抗扭钢筋每边 2 根　　　　　　D. 梁侧面抗扭钢筋每边 1 根

### 二、填空题

1. 在主梁与次梁的相交处应设置附加横向钢筋，附加横向钢筋包括＿＿＿＿和＿＿＿＿。

2. φ10@100/200（2），表示＿＿＿＿＿＿＿＿＿＿＿＿＿＿＿＿＿＿＿＿＿＿＿＿＿。

### 三、简答题

1. 梁平法施工图中对编号有哪些规定？

2. 梁平面注写方式中集中标注有哪些必注内容？

3. 梁原位标注中"/""＋"各表达了什么信息？

## 技能拓展

组织学生结合某工程实例，识读梁平法施工图，进行梁部分图纸会审工作。会审的

要点包括：梁轴线定位尺寸是否齐全、正确，梁号及梁钢筋是否个别缺漏或者有误等。

# 任务 5.2　梁标准构造详图的识读

## 任务描述

通过本工作任务的学习，学生能够：掌握框架梁纵向钢筋边中支座、箍筋及箍筋加密、附加箍筋及吊筋、侧面纵向构造钢筋或受扭钢筋及拉筋、悬挑梁钢筋等构造及标准图查阅方法，熟练识读钢筋混凝土梁钢筋标准构造详图，为后续的专业课程"钢筋算量"项目奠定基础。

## 知识构成

框架结构中梁构件的钢筋种类有：

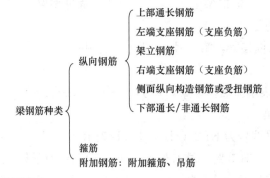

如图 5-14、图 5-15 所示。

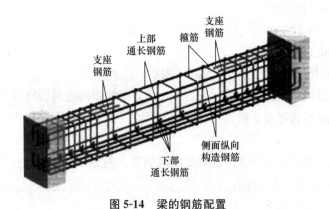

图 5-14　梁的钢筋配置

## 5.2.1　框架梁纵向钢筋边、中支座构造

### 1. 梁上部钢筋构造

（1）梁支座钢筋的长度

梁支座钢筋长度规定，如图 5-16 所示。

图 5-15　框架梁钢筋绑扎

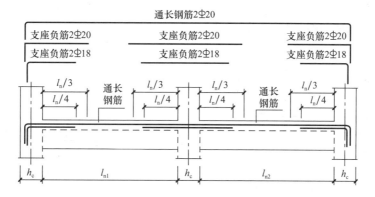

图 5-16　梁支座钢筋长度规定

1）支座负筋的延伸长度从支座边算起。

2）第一排支座负筋的延伸长度为净跨的 1/3。

3）第二排支座负筋的延伸长度为净跨的 1/4。

4）净跨 $l_n$：对于边跨，$l_n$ 为本跨；对于中间跨，$l_n$ 为相邻两跨净长的较大值。

（2）梁上部架立钢筋构造

当梁上部支座钢筋和跨中非贯通钢筋连接，且梁上部跨中非贯通钢筋仅用作架立钢筋（在梁平法标注时，在通长钢筋后面加括号表示的梁上部钢筋）时，其连接构造如图 5-17 所示。

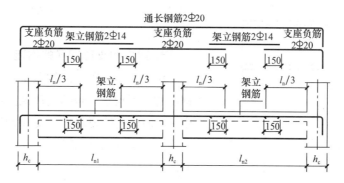

图 5-17　梁上部架立钢筋连接构造

架立钢筋与支座负筋的搭接长度为 150mm。

**2. 梁边支座钢筋构造**

梁边支座钢筋的构造主要是指梁边部钢筋锚入柱子的节点构造，包括上部的支座负筋、通长钢筋以及下部通长钢筋。

（1）边支座弯锚

连支座弯锚构造如图 5-18 所示。

1）支座宽度不够直锚时，采用弯锚，上部通长钢筋、支座负筋及下部纵向钢筋均为相同构造。

2）弯锚钢筋长度＝平直段长度（$h_c-c$）+弯钩段长度（15$d$）

其中：$h_c$ 为支座宽度；$c$ 为保护层厚度；$d$ 为钢筋直径；$l_{abE}$ 为抗震基本锚固长度。

（2）边支座直锚

边支座直锚构造如图 5-19 所示。

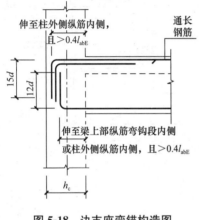

图 5-18　边支座弯锚构造图

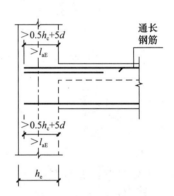

图 5-19　边支座直锚构造图

1）支座宽度够直锚时，采用直锚，上部通长钢筋、支座负筋及下部纵向钢筋均为相同构造。

2）直锚钢筋长度＝max（$l_{aE}$，0.5$h_c$+5$d$）

其中：$l_{aE}$ 为抗震锚固长度；$h_c$ 为支座宽度；$d$ 为钢筋直径。

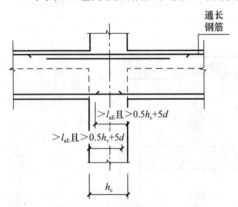

图 5-20　支座两边梁截面高度、宽度一样时

（注：$l_{abE}$ 为抗震基本锚固长度，$l_{aE}$ 为抗震锚固长度；非抗震梁端支座锚固构造中，用 $l_{ab}$、$l_a$ 代替 $l_{abE}$、$l_{aE}$ 即可）。

**3. 梁中间支座钢筋的构造**

梁中间支座钢筋的构造主要是指梁中间节点钢筋的节点构造，包括支座两边梁截面高度、宽度一样时的构造要求以及支座两边梁变截面、梁宽度不一样时的构造要求。如图 5-20～图 5-22 所示。

（1）支座两边梁截面高度、宽度一样时钢

筋锚固构造图

构造要求解读：

1）上部通长钢筋、支座负筋贯通穿过中间支座。

2）下部纵向钢筋在中间支座的锚固长度满足 $\max(l_{aE}, 0.5h_c+5d)$。

其中：$l_{aE}$ 为抗震锚固长度；$h_c$ 为支座宽度；$d$ 为钢筋直径。

（2）支座两边梁截面不同时钢筋锚固构造图

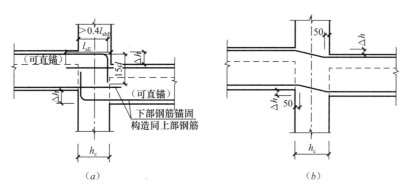

图 5-21　支座两边梁截面不同时

（a）$\Delta h/(h_c-50)>1/6$；（b）$\Delta h/(h_c-50)\leqslant 1/6$

构造要求解读：

1）梁顶高差 $\Delta h/(h_c-50)>1/6$ 时，上部通长筋断开，高位钢筋锚固与边节点锚固相同，低位钢筋锚固为伸入一个抗震锚固长度 $l_{aE}$。

2）下部钢筋锚固构造同上部钢筋。

3）梁顶高差 $\Delta h/(h_c-50)\leqslant 1/6$ 时，上下钢筋斜弯通过，不需要断开。

（3）支座两边梁宽不同时钢筋锚固构造图

构造要求解读：

1）当支座两边梁宽不同或梁错开布置时，将无法直通的纵筋弯锚入柱。

2）弯锚构造同边节点锚固。

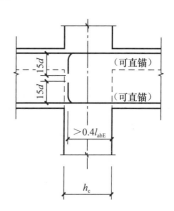

图 5-22　支座两边梁宽不同时

## 5.2.2　箍筋及钢筋加密构造

KL 箍筋加密区范围如图 5-23、图 5-24 所示。

构造要求解读：

（1）抗震等级为一级时，箍筋加密区长度不小于 $2.0h_b$ 且不小于 500mm（$h_b$ 为梁截面宽度）。

（2）抗震等级为二～四级时，箍筋加密区长度不小于 $1.5h_b$ 且不小于 500mm。

（3）第一个箍筋在距支座边缘 50mm 处开始设置。

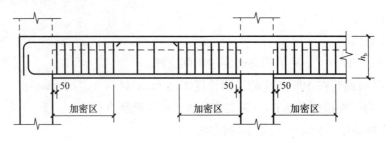

图 5-23　箍筋加密区范围

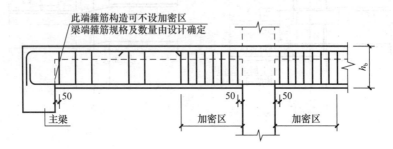

图 5-24　尽端为梁时箍筋加密区范围

（4）箍筋为复合箍时，应采用大箍套小箍的形式。

（5）尽端为梁时，可不设加密区，梁端箍筋规格及数量由设计确定。

## 5.2.3　附加箍筋及吊筋、侧面纵向构造钢筋或受扭钢筋及拉筋、悬挑梁钢筋等构造

**1. 附加箍筋及吊筋**

附加箍筋是主梁箍筋在正常布置的基础上另外附加的箍筋，在附加箍筋布置范围内的主梁正常箍筋或加密区箍筋照设；附加箍筋均匀布置在次梁两侧 $s$ 宽度范围内。如图 5-25 所示。

附加吊筋的高度按主梁高计算；梁高不大于 800mm 时吊筋弯起 45°，梁高大于 800mm 时吊筋弯起 60°；吊筋水平直段长度为 20$d$。如图 5-26 所示。

**2. 侧面纵向构造钢筋或受扭钢筋及拉筋**

梁侧面构造纵筋，即腰筋或受扭纵筋和拉筋在梁内的配置情况，如图 5-27 所示。

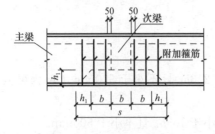

图 5-25　附加箍筋构造图

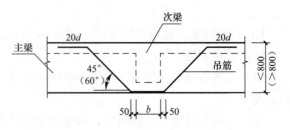

图 5-26　附加吊筋构造

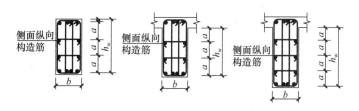

**图 5-27 梁侧面纵向构造钢筋和拉筋**

图中梁截面的腹板高度 $h_w$ 的取值规定：对于矩形截面，取有效高度；对于 T 形截面，取有效高度减去翼缘高度；对于工形截面，取腹板净高。

当 $h_w \geq 450\text{mm}$ 时，在梁的两个侧面应沿高度配置纵向构造钢筋；纵向构造钢筋间距 $a \leq 200\text{mm}$。当梁侧面配有直径不小于构造纵筋的受扭纵筋时，受扭钢筋可以代替构造钢筋。梁侧面构造纵筋的搭接与锚固长度可取 $15d$；梁侧面受扭纵筋的搭接长度为 $l_{lE}$ 或 $l_l$，其锚固长度为 $l_{aE}$ 或 $l_a$，锚固方式与框架梁下部纵筋相同。当梁宽不大于 350mm 时，拉筋直径为 6mm；梁宽大于 350mm 时，拉筋直径为 8mm。拉筋间距为非加密区箍筋间距的 2 倍，当设有多排拉筋时，上下两排拉筋竖向错开设置。

**3. 悬挑梁钢筋**

悬挑梁钢筋构造包括上部钢筋以及下部钢筋的构造，如图 5-28 所示。

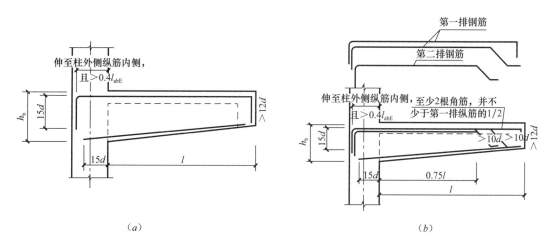

**图 5-28 悬挑梁钢筋构造**

(a) $l < 4h_b$；(b) $l \geq 4h_b$

悬挑端净长 $l < 4h_b$ 时，上部钢筋一端伸至悬挑尽端拐直角弯至梁底且大于 $12d$；另一端在柱子里的锚固与梁边支座钢筋锚固构造相同。下部钢筋一端伸至悬挑尽端，另一端锚入柱子 $15d$。

悬挑端净长 $l \geq 4h_b$ 时，上部第一排钢筋至少 2 根角筋且不少于纵向钢筋 1/2 伸至悬挑尽端拐直角弯至梁底且大于 $12d$，其余钢筋 45°下弯，平直段长度为 $10d$，第二排钢筋在离开支座 $0.75l$ 处 45°下弯，平直段长度为 $10d$；另一端在柱子里的锚固与梁边支座锚固构造相同。下部钢筋一端伸至悬挑尽端，另一端锚入柱子 $15d$。

**课堂活动**

识读图 5-2，完成该图 KL5（2）钢筋构造大样的绘制。

绘制要求：图幅 A2；比例 1：30；线型、文字等按照《房屋建筑制图统一标准》GB/T 50001—2017 及《建筑结构制图标准》GB/T 50105—2010。

活动要求：学生在绘制施工图过程中，如果有不懂的地方先相互讨论解决，学生之间不能解决的问题则做好记录，并反馈给教师。

## 5.2.4 标准图查阅

钢筋混凝土梁的标准构造详图可查阅《混凝土结构施工图平面整体表示方法制图规则和构造详图》16G101—1。

在学会对梁平法施工图识读的基础上，在实际工程中最为基本的应用就是对梁中钢筋工程量的计算，其中梁纵向钢筋长度计算总结如下。

**1. 上部钢筋计算**

（1）上部通长钢筋计算

上部通长钢筋长度＝净跨长＋左支座锚固＋右支座锚固

左、右支座锚固长度的取值判断：

当 $h_c$－保护层（直锚长度）$\geqslant l_{aE}$ 时，取 max（$l_{aE}$，$0.5h_c+5d$）

当 $h_c$－保护层（直锚长度）$< l_{aE}$ 时，必须弯锚，取 $h_c$－保护层＋$15d$

（2）支座负筋计算

支座负筋按照部位分为两类。

1）端支座负筋

第一排长度＝左或右支座锚固＋净跨长/3

第二排长度＝左或右支座锚固＋净跨长/4

2）中间支座负筋

上排长度＝2×max（第一跨，第二跨）净跨长/3＋支座宽

下排长度＝2×max（第一跨，第二跨）净跨长/4＋支座宽

（3）架立筋的计算

架立筋与支座负筋的搭接长度为 150mm。

**2. 侧面纵向钢筋的计算**

（1）侧面纵向构造筋计算

侧面纵向构造筋长度＝净跨长＋2×$15d$

（2）侧面纵向抗扭筋计算

侧面纵向抗扭筋长度＝净跨长＋2×锚固长度（同框架梁下部纵筋）

（3）拉筋计算

拉筋直径取值：梁宽不大于 350mm，取 6mm；梁宽大于 350mm 取 8mm。

拉筋长度＝梁宽－2×$c$＋2×$1.9d$＋2×max（$10d$，75）＋$2d$

拉筋根数＝[（净跨长－50×2）/非加密间距×2+1）]×排数

**3. 下部钢筋计算**

下部通长钢筋长度＝净跨长＋左支座锚固＋右支座锚固（左、右支座锚固同上）

下部不伸入支座钢筋长度＝净跨长－0.1×2×净跨长

**4. 吊筋的计算**

吊筋夹角取值：梁高不大于 800mm，取 45°；梁高大于 800mm，取 60°。

吊筋长度＝次梁宽＋2×50＋2×（梁高－2×保护层）/sin45°（60°）＋2×20d

**5. 箍筋计算**

（1）长度计算

长度＝（梁宽 b－保护层×2+2d）×2+（梁高 h－保护层×2+2d）×2+2×1.9d+max（10d，75）×2

（2）根数计算

根数＝[（左加密区长度－50）/加密间距+1]+（非加密区长度/非加密间距－1）+[（右加密区长度－50）/加密间距+1]

**6. 非框架梁端支座锚固长度的计算**

上部钢筋伸至对边弯折 15d。

下部钢筋锚固取 12d（$l_a$ 用于弧形梁）。

**7. 非框架梁端支座负筋长度计算**

端支座负筋长度＝左支座锚固＋净跨长/5

【示例】 梁钢筋构件实例计算。

上面讲解了梁构件的钢筋构造，本项目就这些钢筋构造情况结合工程实例进行钢筋计算。下面以图 5-29 梁平法施工图中 KL5 框架梁为例进行计算。计算条件及参数见表 5-2 所列。

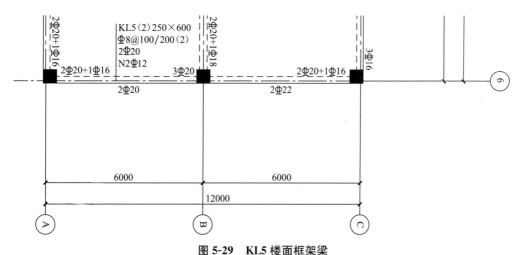

**图 5-29 KL5 楼面框架梁**

（1）上部钢筋计算

框架梁上部钢筋计算见表 5-3 所列。

计算条件及参数　　　　　　　　　表 5-2

| 钢筋计算条件 | 计算参数 |
|---|---|
| （1）混凝土强度等级；<br>（2）抗震等级三级；<br>（3）纵筋连接方式：对焊；<br>（4）钢筋定尺长度：9000mm；<br>（5）$h_c$ 为柱宽，$h_b$ 为梁高 | （1）柱保护层厚度 $c=25$mm；<br>（2）梁保护层厚度 $c=25$mm；<br>（3）抗震锚固长度 $l_{aE}=44d$；<br>（4）双肢箍外皮长度计算公式：<br>$(b+h)\times2-8c+\max(10d,75)\times2+1.9d\times2$；<br>（5）箍筋起步距离为 50mm |

框架梁上部钢筋计算　　　　　　　　　表 5-3

| 钢筋名称 | 计算过程 | 说　明 |
|---|---|---|
| 上部通长钢筋 2$\Phi$20 | 计算公式：<br>$l=$净跨 $l_n+$左端[平直段长度（$h_c-c$）$+$弯钩段长度（$15d$）]$+$右端[平直段长度（$h_c-c$）$+$弯钩段长度（$15d$）]<br><br>上部通长钢筋长度$=12000-400-400+$（$500-25+15\times20$）$+$（$500-25+15\times20$）$=$12750mm | 判断两端支座的锚固方式：<br>左端支座 $500<l_{aE}$，左端支座弯锚；<br>右端支座 $500<l_{aE}$，右端支座弯锚<br><br>简图：<br>12150<br>300　　　　300 |
| 支座 $A$ 处负筋 1$\Phi$16 | 计算公式：<br>$l=$净跨 $l_n/3+$平直段长度（$h_c-c$）$+$弯钩段长度（$15d$）<br><br>支座负筋长度$=$（$6000-400-250$）$/3+$（$500-25+15\times16$）$=2498$mm | 左端支座锚固同上部通长钢筋（弯锚）；跨内延伸长度 $l_n/3$。<br>$l_n$：对于端跨，为本跨净长；对于中间跨，为相邻两跨净长的较大值<br><br>简图：<br>2258<br>240 |
| 支座 $B$ 处负筋 1$\Phi$20 | 计算公式：<br>$l=h_c+2\times$净跨 $l_n/3$<br><br>支座负筋长度$=500+2\times$（$6000-400-250$）$/3=4067$mm | 中间支座两端伸出支座长度均为 $l_n/3$<br><br>简图：<br>4067 |
| | 支座 $C$ 处负筋计算同支座 $A$ | |

（2）下部钢筋计算

框架梁下部钢筋计算见表 5-4 所列。

框架梁下部钢筋计算　　　　　　　　　表 5-4

| 钢筋名称 | 计算过程 | 说　明 |
|---|---|---|
| $AB$ 跨下部钢筋 2$\Phi$20 | 计算公式：<br>$l=$净跨 $l_n+A$ 支座锚固长度（弯锚）$+B$ 支座锚固长度（直锚）<br><br>钢筋长度$=6000-400-250+$（$500-25+15\times20$）$+\max$（$44\times20$，$0.5\times500+5\times20$）$=7005$mm | $A$ 支座弯锚与上部钢筋相同；$B$ 支座直锚取 $\max$（$44d$，$0.5h_c+5d$）<br><br>简图：<br>300<br>6705 |

续表

| 钢筋名称 | 计算过程 | 说　明 |
|---|---|---|
| *BC* 跨下部钢筋 2⏀20 | 计算公式：<br>同上 | *B* 支座为直锚；*C* 支座为弯锚<br>取值同上 |
| | 钢筋长度＝6000－400－250＋(500－25<br>＋15×22)＋max (44×22，0.5×500＋5×<br>22)＝7123mm | 简图：<br>6793　330 |

（3）梁侧面纵向受扭钢筋计算

梁侧面纵向受扭钢筋计算见表 5-5 所列。

梁侧面纵向受扭钢筋计算

表 5-5

| 钢筋名称 | 计算过程 | 说明 |
|---|---|---|
| 梁侧面纵向受<br>扭钢筋 N2⏀12 | 计算公式：<br>$l$＝净跨 $l_n$＋锚固长度 15$d$×2 | 梁侧面纵向受扭钢筋的搭接与锚固长度取<br>15$d$ |
| | 梁侧面纵向受扭钢筋长度＝12000－400<br>－400＋15×12×2＝11560mm | 简图：<br>11560 |

（4）箍筋计算

框架梁箍筋计算见表 5-6 所列。

框架梁箍筋计算

表 5-6

| 钢筋名称 | 计算过程 | 说明 |
|---|---|---|
| 箍筋长度 | 双肢箍外皮长度计算公式：<br>($b$＋$h$)×2－8$c$＋max (10$d$，75) ×2＋<br>1.9$d$×2 | 按外皮计算长度 |
| | 箍筋长度＝ (250＋600)×2－8×25＋10<br>×8×2＋1.9×8×2＝1690mm | 简图：<br>200<br>80<br>550　　550<br>200 |
| 箍筋根数 | 箍筋加密区长度＝1.5×600＝900mm | |
| | 单跨加密区根数＝2×[ (900－50)/100＋<br>1]＝20 根<br>单跨非加密区根数＝(6000－400－250－<br>1800)/200－1＝18 根<br>箍筋总根数：20×2＋18×2＝76 根 | 三级抗震箍筋加密区长度：<br>≥1.5$h_b$ 且≥500mm |

**课堂活动**

识读图 5-2，计算 KL2 的钢筋工程量。

活动要求：学生在计算过程中，如果有不懂的地方先相互讨论解决，学生之间不能解决的问题则做好记录，并反馈给教师。

## 能力测试

**单选题**

1. 下列钢筋不属于梁中配筋的是（　　　）。

A. 箍筋　　　　　　　　　　　　　　　B. 角筋

C. 侧面纵向构造钢筋　　　　　　　　　D. 架立钢筋

2. 梁上部第一排支座负筋的延伸长度为净跨的（　　　）。

A. 1/2　　　　　B. 1/3　　　　　C. 1/4　　　　　D. 1/5

3. 梁端支座钢筋采用弯锚时，弯锚钢筋长度为平直段长度加弯钩段长度，弯钩段长度为（　　　）。

A. $20d$　　　　　B. $15d$　　　　　C. $10d$　　　　　D. $5d$

4. 梁侧面构造钢筋锚入支座的长度为（　　　）。

A. $15d$　　　　　B. $12d$　　　　　C. 150mm　　　　　D. $l_{aE}$

5. 一级抗震框架梁箍筋加密区判断条件是（　　　）。

A. $1.5h_b$（梁高）、500mm 取大值　　　　B. $2h_b$（梁高），500mm 取大值

C. 1200mm　　　　　　　　　　　　　　　D. 1500mm

6. 梁的上部钢筋第一排全部为 4 根通长筋，第二排为 2 根支座负筋，支座负筋长度为（　　　）。

A. $1/5l_n$＋锚固　　　B. $1/4l_n$＋锚固　　　C. $1/3l_n$＋锚固　　　D. 其他值

7. 当梁的腹板高度 $h_w$ 大于多少时必须配置构造钢筋，其间距不得大于多少（　　　）。

A. 450mm，250mm　　　　　　　　　B. 800mm，250mm

C. 450mm，200mm　　　　　　　　　D. 800mm，200mm

## 技能拓展

组织参观钢筋混凝土结构房屋施工现场，在教师指导下，对照结构施工图分组学习现场梁钢筋的绑扎施工。

# 项目 6
## 剪力墙平法施工图的识读

### 项目概述

通过本项目的学习，学生能够：按剪力墙平法施工图的识读步骤，正确识读剪力墙平法施工图；通过对实际工程的结构施工图部分图纸的认识，进而巩固剪力墙平法施工图的识读；掌握相应的抗震构造及标准图查阅。

## 任务 6.1  剪力墙平法施工图的识读

### 任务描述

剪力墙又称抗风墙或抗震墙、结构墙，是房屋或构筑物中主要承受风荷载或地震作用引起的水平荷载和竖向荷载（重力）的墙体。防止结构剪切破坏。

剪力墙分平面剪力墙和筒体剪力墙。平面剪力墙用于钢筋混凝土框架结构、升板结构、无梁楼盖体系中，为增加结构的刚度、强度及抗倒塌能力，在某些部位可现浇或预制装配钢筋混凝土剪力墙，现浇剪力墙与周边梁、柱同时浇筑，整体性好。筒体剪力墙用于高层建筑、高耸结构和悬吊结构中，由电梯间、楼梯间、设备及辅助用房的间隔墙围成，筒壁均为现浇钢筋混凝土墙体，其刚度和强度较平面剪力墙高，可承受较大的水平荷载。如图 6-1 所示。

**图 6-1  剪力墙的应用**

通过本工作任务的学习，学生能够：说出钢筋混凝土剪力墙的特点；能够掌握平法施工图识读步骤；分清剪力墙平法施工图的列表法和截面法两种表示方法（图 6-2、图 6-3），正确识读剪力墙平法施工图。

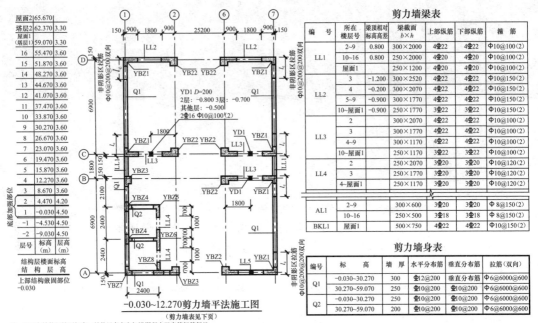

**剪力墙梁表**

| 编号 | 所在楼层号 | 梁顶相对标高高差 | 梁截面 b×h | 上部纵筋 | 下部纵筋 | 箍筋 |
|---|---|---|---|---|---|---|
| LL1 | 2~9 | 0.800 | 300×2000 | 4Φ22 | 4Φ22 | Φ10@100(2) |
| | 10~16 | 0.800 | 250×2000 | 4Φ22 | 4Φ22 | Φ10@100(2) |
| | 屋面1 | | 250×1200 | 4Φ20 | 4Φ20 | Φ10@100(2) |
| LL2 | 3 | -1.200 | 300×2520 | 4Φ22 | 4Φ22 | Φ10@150(2) |
| | 4 | | 300×2070 | 4Φ22 | 4Φ22 | Φ10@150(2) |
| | 5~9 | -0.900 | 300×1770 | 4Φ22 | 4Φ22 | Φ10@150(2) |
| | 10~屋面1 | -0.900 | 250×1770 | 3Φ22 | 3Φ22 | Φ10@150(2) |
| LL3 | 2 | | 300×2070 | 4Φ22 | 4Φ22 | Φ10@100(2) |
| | 3 | | 300×1770 | 4Φ22 | 4Φ22 | Φ10@100(2) |
| | 4~9 | | 300×1170 | 4Φ22 | 4Φ22 | Φ10@100(2) |
| | 10~屋面 | | 250×1170 | 3Φ22 | 3Φ22 | Φ10@100(2) |
| LL4 | 2 | | 250×2070 | 3Φ20 | 3Φ20 | Φ10@120(2) |
| | 3 | | 250×1770 | 3Φ20 | 3Φ20 | Φ10@120(2) |
| | 4~屋面 | | 250×1170 | 3Φ20 | 3Φ20 | Φ10@120(2) |
| AL1 | 2~9 | | 300×600 | 3Φ20 | 3Φ20 | Φ8@150(2) |
| | 10~16 | | 250×500 | 3Φ18 | 3Φ18 | Φ8@150(2) |
| BKL1 | 屋面1 | | 500×750 | 4Φ22 | 4Φ22 | Φ10@150(2) |

**剪力墙身表**

| 编号 | 标高 | 墙厚 | 水平分布筋 | 垂直分布筋 | 拉筋(双向) |
|---|---|---|---|---|---|
| Q1 | -0.030~30.270 | 300 | Φ12@200 | 垂直分布筋 | Φ6@600@600 |
| | 30.270~59.070 | 250 | Φ10@200 | Φ10@200 | Φ6@600@600 |
| Q2 | -0.030~30.270 | 250 | Φ10@200 | Φ10@200 | Φ6@600@600 |
| | 30.270~59.070 | 200 | Φ10@200 | Φ10@200 | Φ6@600@600 |

-0.030~12.270剪力墙平法施工图
（剪力墙表见下页）

注：1. 可在结构层楼面标高、结构层高表中加设混凝土强度等级等栏目。
2. 本示例中 $l_c$ 为约束边缘构件沿墙肢的伸出长度（实际工程中应注明具体值），约束边缘构件非阴影区拉筋（除图中有标注外）：竖向与水平钢筋交点处均设置，直径Φ8。

**图 6-2 列表注写示例**

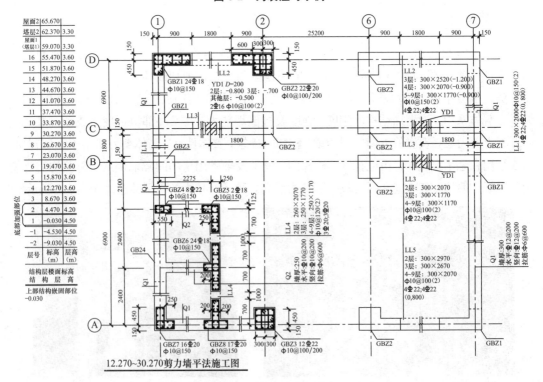

12.270~30.270剪力墙平法施工图

**图 6-3 截面注写示例**

知识构成

## 6.1.1  剪力墙的类型

按照剪力墙上洞口的大小、多少及排列方式，将剪力墙分为以下几种类型（见图 6-4）。

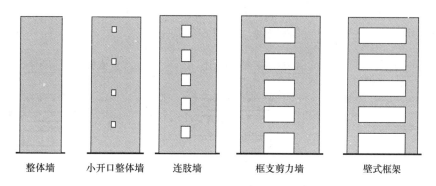

整体墙　　小开口整体墙　　连肢墙　　框支剪力墙　　壁式框架

**图 6-4  剪力墙类型**

**1. 整体墙**

剪力墙无洞口，或者虽然有洞口，墙面洞口面积不大于墙面总面积的 16%，且洞口间的净距及洞口至墙边的距离均大于洞口长边尺寸。

受力特点：可视为上端自由、下端固定的竖向悬臂构件。

**2. 小开口整体墙**

洞口稍大一些，且洞口沿竖向成列布置，洞口面积超过墙面总面积的 16%，但洞口对剪力墙的受力影响仍较小。

受力特点：在水平荷载下，其截面应力可认为由墙体的整体弯曲和局部弯曲二者叠加组成，截面变形仍接近于整体剪力墙。

**3. 连肢墙**

沿竖向开有一列或多列较大的洞口，可以简化为若干个单肢剪力墙或墙肢与一系列连梁连接起来组成。

受力特点：连梁对墙肢有一定的约束作用，墙肢局部弯矩较大，整个截面正应力已不再呈直线分布。

**4. 框支剪力墙**

当底层需要大空间时，采用框架结构支撑上部剪力墙，就形成框支剪力墙。墙体上、下刚度形成突变，对抗震极为不利。故在地震区，不容许采用纯粹的框支剪力墙结构。

**5. 壁式框架**

在连肢墙中，如果洞口再大一些，使得墙肢刚度较弱、连梁刚度相对较强时，剪力墙的受力特性已接近框架。由于剪力墙的厚度较框架结构梁柱的宽度要小一些，故称壁式框架。

受力特点：与框架结构相类似。

### 6.1.2 剪力墙的构件

剪力墙结构包含"一墙、二柱、三梁",也就是说包含一种墙身、两种墙柱、三种墙梁。

**1. 一种墙身**

剪力墙的墙身就是一道混凝土墙,常见厚度在200mm以上,一般配置两排钢筋网。更厚的墙也可以配置三排以上的钢筋网,如图6-5所示。

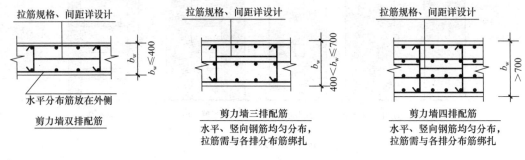

图6-5 剪力墙墙身钢筋

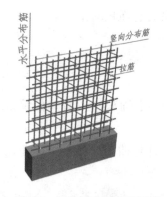

图6-6 剪力墙身钢筋网示意

剪力墙墙身钢筋网由水平分布筋(外侧)、竖向分布筋(内侧)、拉筋组成。如图6-6所示。水平分布筋必须伸到墙肢的尽端,即伸入到边缘构件(暗柱或端柱)的内侧,而不能只伸入暗柱一个锚固长度。

### 知识拓展

剪力墙墙身钢筋的作用:

(1)竖向分布钢筋。在剪力墙内主要起抗弯作用,限制水平裂缝的产生,也可限制斜裂缝的产生。

(2)水平分布钢筋。在剪力墙内主要起抗剪作用,限制斜裂缝的产生,防止剪力墙脆性破坏。

(3)拉筋。主要是辅助钢筋直立时排与排钢筋之间的固定,起连接内外钢筋网的作用。

水平分布钢筋应位于竖向分布钢筋的外侧,这样有利于抵抗温度应力的作用,可防止混凝土表面出现温度裂缝。

**2. 两种墙柱**

剪力墙柱分为两大类:暗柱和端柱。暗柱的宽度等于墙的厚度,所以暗柱隐藏在墙内看不见,端柱的宽度比墙厚度要大,16G101-1图集中把暗柱和端柱统称为边缘构件,这是因为这些构件被设置在墙肢的边缘部位。边缘构件又分为两大类:构造边缘构件和约束边缘构件。如图6-7所示。约束边缘构件要比构造边缘构件强一些,约束边缘构件应用在抗震等级较高的建筑,而构造边缘构件应用在抗震等级较低的建筑。

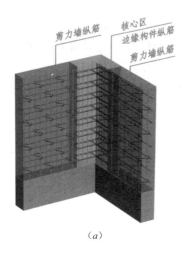

(a)　　　　　　　　　　(b)

**图 6-7　边缘构件钢筋示意**

(a) 构造边缘构件；(b) 约束边缘构件

## 知识拓展

暗柱（或明柱）：柱内竖向钢筋起抗弯作用，在保证剪力墙有足够抗弯分布钢筋的前提下，尽量将大部分抗弯钢筋布置在墙截面的端部，并满足构造要求；同时，为加强对剪力墙混凝土的约束及保证墙体的稳定，提高延性，增大受弯承载力，对墙两端的竖向钢筋按构造配置了箍筋，形成暗柱（或明柱）。

**3. 三种墙梁**

连梁（LL）、暗梁（AL）和边框梁（BKL）。

连梁——连梁其实是一种特殊的墙身，它是上下楼层窗（门）洞口之间的那部分水平的窗间墙。

暗梁——暗梁与暗柱有些共同性，因为它们都是隐藏在墙身内部看不见的构件。它们都是墙身的一个组成部分。事实上，剪力墙的暗梁和砖混结构的圈梁有共同之处，它们都是墙身的一个水平性"加强带"，一般设置在楼板之下。

边框梁——边框梁与暗梁有很多共同之处，边框梁也是一般设置在楼板以下部位，但边框梁的截面宽度比暗梁宽。也就是说，边框梁的截面宽度大于墙身厚度，因而形成了凸出剪力墙面的一个边框。

如图 6-8 所示。

**图 6-8　墙梁示意图**

## 知识拓展

墙梁的作用：

（1）暗梁（或横梁）。设置在各层的楼板下，从构造上它有两个作用：一是若楼板中有次梁压在其上可起梁垫作用，二是与暗柱（或明柱）一起对剪力墙混凝土起套箍作用，共同约束剪力墙混凝土，限制裂缝产生。

暗梁纵向钢筋锚固于其两端的暗柱内，并位于暗柱纵向钢筋的内侧。

（2）连梁。当剪力墙上开有较大洞口时，其上设计有连梁，此时连梁承受弯矩、剪力和轴力的共同作用。

连梁的纵向钢筋应置于其两端剪力墙竖向分布钢筋之内。

## 6.1.3　剪力墙平法施工图

剪力墙平法施工图指在剪力墙布置图上采用列表注写法或截面注写法表示。

剪力墙平面布置图可采用适当比例单独绘制，也可与柱或梁平面布置图合并绘制。当剪力墙较复杂或采用截面注写方式时，应按标准层分别绘制剪力墙平面布置图。对于轴线未居中的剪力墙（包括端柱），应标注其偏心定位尺寸。

剪力墙由剪力墙柱、剪力墙身和剪力墙梁三类构件构成。

### 1. 列表注写方式

指分别在剪力墙柱表、剪力墙身表和剪力墙梁表中，对应于剪力墙平面布置图上的编号，用绘制截面配筋图并注写几何尺寸与配筋具体数值的方式，来表示剪力墙平法施工图。

（1）剪力墙柱表内容

1）墙柱编号以及截面配筋图

编号由墙柱类型代号和序号组成，常见构件编号见表 6-1 所列。

墙 柱 编 号　　　　　　　　　　　表 6-1

| 墙柱类型 | 代号 | 序号 | 平面图示 |
|---|---|---|---|
| 约束边缘构件 | YBZ | ×× | 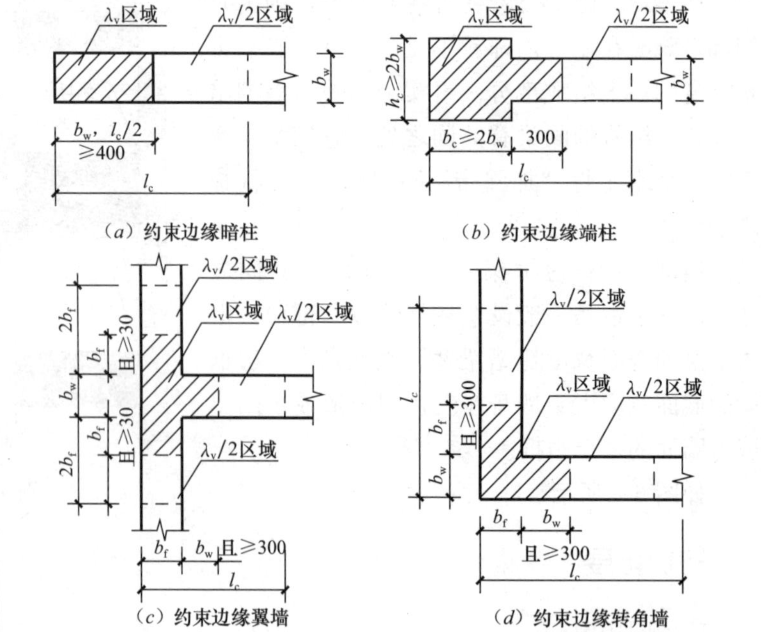 <br>（a）约束边缘暗柱　（b）约束边缘端柱<br>（c）约束边缘翼墙　（d）约束边缘转角墙 |

续表

| 墙柱类型 | 代号 | 序号 | 平面图示 |
|---|---|---|---|
| 构造边缘构件 | GBZ | ×× | (a) 构造边缘暗柱　　(b) 构造边缘端柱　　(c) 构造边缘翼墙　　(d) 构造边缘转角墙 |
| 非边缘暗柱 | AZ | ×× | — |
| 扶壁柱 | FBZ | ×× | — |

【示例】 YBZ4：表示 4 号约束边缘构件。

## 知识拓展

非边缘暗柱：在剪力墙的中间，不在剪力墙边缘。

扶壁柱：是指为了增加墙的强度或刚度，紧靠墙体并与墙体同时施工的柱。扶壁柱是概念意义上的柱。当水平构件，通常是梁，支撑在单片墙（可以是钢筋混凝土墙或砌体结构墙）上时，梁没有拉通，且此处在梁的延伸方向上没有墙与受力墙相连，如果梁的荷载和配筋都比较小，可以不设置扶壁柱；但是，当荷载或配筋比较大时，为了保证墙体在梁方向的稳定性和局部受压等因素，一般会设置扶壁柱，也有设置楼面暗梁的（梁和墙重叠，可能比墙厚），此时扶壁柱和墙一起协同工作，此时扶壁柱需单独设计计算。

2）注写各段墙柱的起止标高

自墙柱根部往上以变截面位置或截面未变但配筋改变处为界分段注写。墙柱根部标高：指基础顶面标高（如为框支剪力墙结构则为框支梁顶面标高）。

3）注写各段墙柱的纵向钢筋和箍筋

纵向钢筋注写总配筋值，箍筋注写方式与柱箍筋相同。注写值应与表中绘制的截面配筋图对应一致。约束边缘构件除注写阴影部位的箍筋外，尚需在剪力墙平面布置图中注写非阴影区内布置的拉筋（或箍筋）。

【示例】 如图 6-9 所示。

（2）剪力墙身表内容

1）墙身编号

墙身编号由墙身代号、序号以及墙身所配置的水平与竖向分布钢筋的排数组成。其

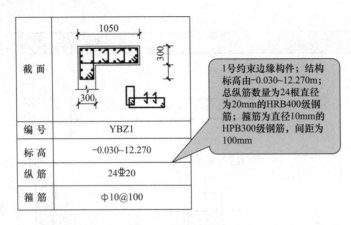

| 截面 | (图) | 1号约束边缘构件；结构标高由-0.030~12.270m；总纵筋数量为24根直径为20mm的HRB400级钢筋；箍筋为直径10mm的HPB300级钢筋，间距为100mm |
|---|---|---|
| 编号 | YBZ1 | |
| 标 高 | -0.030~12.270 | |
| 纵 筋 | 24Φ20 | |
| 箍 筋 | φ10@100 | |

图 6-9　墙柱表示意

中，排数注写在括号内。表达形式为：Q××（×排）。

【示例】Q3（2排）表示3号剪力墙身，配2排钢筋网片。

2）各段墙身起止标高

自墙身根部往上以变截面位置或截面未变但配筋改变处为界分段注写。墙身根部标高：指基础顶面标高（框支剪力墙结构则为框支梁的顶面标高）。

3）水平分布钢筋、竖向分布钢筋和拉筋的具体数值

注：写数值为一排水平分布钢筋和竖向分布钢筋的规格与间距。

【示例】如图 6-10 所示。

剪力墙身表

| 编号 | 标　　高 | 墙　厚 | 水平分布钢筋 | 竖向分布钢筋 | 拉筋（双向） |
|---|---|---|---|---|---|
| Q1 | -0.030~30.270 | 300 | Φ12@200 | Φ12@200 | φ6@600@600 |
| | 30.270~59.070 | 250 | Φ10@200 | Φ10@200 | φ6@600@600 |
| Q2 | -0.030~30.270 | 250 | Φ10@200 | Φ10@200 | φ6@600@600 |
| | 30.270~59.070 | 200 | Φ10@200 | Φ10@200 | φ6@600@600 |

1号墙墙厚300mm；结构标高由-0.030~30.270m；水平分布钢筋为直径12mm的HRB400级钢筋，间距为200mm；竖向分布钢筋为直径12mm的HRB400级钢筋，间距为200mm；拉筋为直径6mm的HPB300级钢筋，间距为双向各600mm

图 6-10　剪力墙身表示意

（3）剪力墙梁表内容

1）梁编号，见表6-2所列。

剪力墙梁编号　　　　　　　　　　　　　　　　　　表 6-2

| 墙梁类型 | 代号 | 序号 | 说　　明 |
|---|---|---|---|
| 连梁（无交叉暗撑及无交叉钢筋） | LL | ×× | 设置在剪力墙洞口上方，宽度与墙厚相同 |
| 连梁（有交叉暗撑） | LL（JC） | ×× | 交叉暗撑可在一、二级抗震墙跨高比≤2且墙厚≥300mm 的连梁中设置 |
| 连梁（有交叉钢筋） | LL（JG） | ×× | 交叉钢筋可在一、二级抗震墙跨高比≤2且墙厚≥200mm 的连梁中设置 |
| 暗梁 | AL | ×× | 设置在剪力墙楼面和屋面位置并嵌入墙身内 |
| 边框梁 | BKL | ×× | 设置在剪力墙楼面和屋面位置且部分凸出墙身 |

2）注写墙梁所在楼层号。

3）注写墙梁顶面标高高差。指相对于墙梁所在结构层楼面标高的高差值，墙梁标高大于楼面标高为正值，反之为负值，当无高差时不注。

4）注写墙梁截面尺寸 $b \times h$、上部纵筋、下部纵筋和箍筋的具体数值。

【示例】 如图 6-11 所示。

**剪力墙梁表**

| 序号 | 所在楼层号 | 梁顶相对标高高差 | 染载面 $b \times h$ | 上部纵筋 | 下部纵筋 | 箍筋 |
|------|-----------|----------------|--------------------|---------|---------|------|
| LL1 | 2～9 | 0.800 | 300×2000 | 4 Φ 22 | 4 Φ 22 | Φ 10@100 (2) |
| | 10～16 | 0.800 | 250×2000 | 4 Φ 20 | 4 Φ 20 | Φ 10@100 (2) |
| | 屋面 1 | | 250×1200 | 4 Φ 20 | 4 Φ 20 | Φ 10@100 (2) |

图 6-11 剪力墙梁表示意

**2. 截面注写方式**

指在分标准层绘制的剪力墙平面布置图上，以直接在墙柱、墙身、墙梁上注写截面尺寸和配筋具体数值的方式来表达剪力墙平法施工图。

其原理是：选用适当比例原位放大绘制剪力墙平面布置图，其中对墙柱绘制配筋截面图；对所有墙柱、墙身、墙梁分别按规定进行编号，并分别在相同编号的墙柱、墙身、墙梁中选择一根墙柱、一道墙身、一根墙梁进行注写。

（1）墙柱

从相同编号的墙柱中选择一个截面，标注全部纵筋及箍筋的具体数值。对墙柱纵筋搭接长度范围的箍筋间距：当为抗震设计时，用斜线"/"区分柱端箍筋加密区与柱身非加密区长度范围内箍筋的不同间距。例：Φ 10@100/200。

【示例】 如图 6-12 所示。

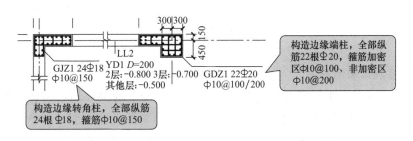

图 6-12 墙柱钢筋示意

（2）墙身

从相同编号的墙身中选择一道墙身，按顺序引注的内容为：墙身编号（应包括注写在括号内墙身所配置的水平与竖向分布钢筋的排数）、墙厚尺寸、水平分布钢筋、竖向分布钢筋和拉筋的具体数值。

【示例】 如图 6-13 所示。

（3）墙梁

1）当连梁无斜向交叉暗梁时，注写：墙梁编号、墙梁截面尺寸、墙梁箍筋、下部纵

Q1（2排）
墙厚：300
水平：Φ12@250
竖向：Φ12@250
拉筋：Φ6@500

墙1（分布钢筋双排），墙厚300mm，水平分布钢筋Φ12@250，竖向分布钢筋Φ12@250，拉筋Φ6@500

图 6-13　墙身钢筋示意

筋和墙梁顶面标高高差的具体数值。

2）当连梁设有斜向交叉暗撑时，还要以 JC 打头附加注写一根暗撑的全部纵筋，并标注×2表明有两根暗撑相互交叉，以及箍筋的具体数值（用斜线分隔斜向交叉暗撑箍筋加密区与非加密区的不同间距）。交叉暗撑的截面尺寸按构造确定，并按标准详图施工，设计不计。

当连梁设有斜向交叉钢筋时，还要以 JG 打头附加注写一道斜向钢筋的配筋值，并标注×2表明有两道斜向钢筋相互交叉。

当墙身水平分布钢筋不能满足连梁、暗梁及边框梁的梁侧面纵向构造钢筋的要求时，应补充注明梁侧面纵筋的具体数值，注写时，以大写字母 G 打头，连续注写直径与间距。

【示例】　如图 6-14 所示。

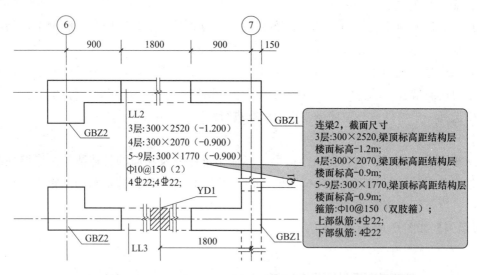

图 6-14　墙梁钢筋示意

### 3. 剪力墙洞口表示方法

无论采用列表注写方式还是截面注写方式，剪力墙上的洞口均可在剪力墙平面布置图上原位表达（采用加阴影线表示）。在剪力墙平面布置图上绘制洞口示意，并标注洞口中心的平面定位尺寸。在洞口中心位置引注：洞口编号、洞口几何尺寸、洞口中心相对标高、洞口每边补强钢筋。具体规定如下：

（1）洞口编号：矩形洞口为 JD××（××为序号），圆形洞口为 YD××（××为序号）。

（2）洞口几何尺寸：矩形洞口为洞宽×洞高，圆形洞口为洞口直径 $D$。

（3）洞口中心相对标高：指相对于结构层楼（地）面标高的洞口中心高度。当其高于结构层楼面时为正值，低于结构层楼面时为负值。

（4）洞口每边补强钢筋。

【示例】　如图 6-15 所示。

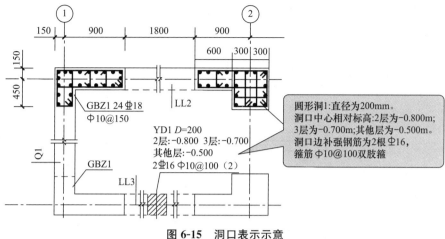

图 6-15 洞口表示示意

## 6.1.4 剪力墙平法施工图的识读要点

识读原则：先校对平面，后校对构件；根据构件类型，分类逐一阅读；先阅读各构件，再查阅节点与连接。

（1）阅读结构设计说明中的有关内容。

（2）检查各构件的平面布置与定位尺寸。

（3）从图中及表中检查剪力墙身、剪力墙柱、剪力墙梁的编号、起止标高、截面尺寸、配筋。

（4）剪力墙柱的构造详图。

（5）剪力墙梁的构造详图。

（6）其余构件与剪力墙的连接。

### 课堂活动

识读附图 1 中 G-7，完成该图的图纸抄绘。

抄绘要求：图幅 A2；比例 1∶100；线型、文字等按照《房屋建筑制图统一标准》GB/T 50001—2017 及《建筑结构制图标准》GB/T 50105—2010。

活动要求：学生在抄绘施工图过程中，如果有不懂的地方先相互讨论解决，学生之间不能解决的问题则做好记录，并反馈给教师。

### 能力测试

**填空题**

1. 剪力墙平法施工图是在剪力墙平面布置图上采用_____注写方式或_____注写方式来表达的施工图。

2. JD2 400×300＋3.100 3Φ14 的含义是：_____

_____。

3. 剪力墙编号规定，将剪力墙按_____、_____、_____三类构件分别编号。

4. 剪力墙洞口的表示方法是在洞口中心位置引注：_____、_____、_____、_____，共四项内容。

5. 图 6-16 中 LL1 各符号的含义是：_____
_____。

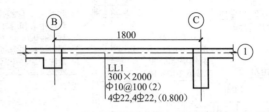

图 6-16　墙梁示意图

## 技能拓展

组织学生结合某工程实例，识读结构施工图，进行剪力墙部分图纸会审工作。会审的要点包括：墙布置及定位尺寸标注是否有误，特别注意上下层变截面墙的定位；墙身、墙边缘构件、连梁配筋标注是否个别缺漏或者有误等。

# 任务 6.2　剪力墙标准构造详图的识读

## 任务描述

通过本工作任务的学习，学生能够：掌握剪力墙的墙身、墙柱、洞口等构造及标准图查阅方法，熟读钢筋混凝土剪力墙钢筋标准构造详图，为后续的专业课程"钢筋算量"项目奠定基础。

## 知识构成

## 6.2.1　剪力墙在基础中的插筋

剪力墙在基础中的插筋，如图 6-17 所示。

图 6-17 中：

（1）$h_j$ 为基础底面至基础顶面的高度，对于带基础梁的基础为基础梁顶面至基础梁底面的高度。

（2）锚固区横向钢筋应满足直径不小于 $d/4$（$d$ 为插筋最大直径），间距不大于 $10d$（$d$ 为插筋最小直径）且不大于 100mm 的要求。

（3）当插筋部分保护层厚度不一致的情况下（如部分位于板中、部分位于梁内），保护层厚度小于 $5d$ 的部位应设置锚固区横向钢筋。

（4）当选用"墙插筋在基础中锚固构造（三）"时，设计人员应在图纸中注明。

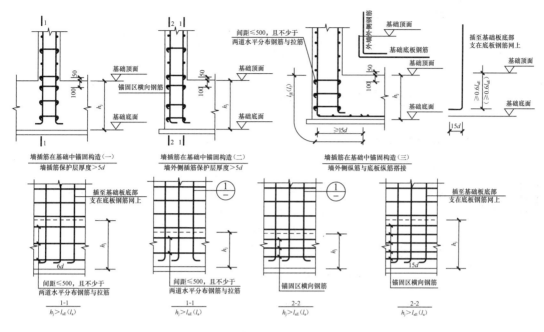

图 6-17　墙插筋在基础中的锚固

（5）图中 $d$ 为插筋直径；括号内数据用于非抗震设计。

（6）插筋下端设弯钩放在基础底板钢筋网上，当弯钩水平短不满足要求时应加长或采取其他措施。

**1. 基础层剪力墙暗柱钢筋计算**

基础插筋长度＝基础插筋外露长度（＋插筋搭接长度 $1.2l_{aE}$）＋锚固长度

（1）基础竖向直锚长度不小于 $l_{aE}$ 时

$$角筋锚固长度 = 弯折长度（6d 且不小于 150mm）＋锚固长度 l_{aE}$$
$$中间筋锚固长度 = 锚固长度 l_{aE}$$

（2）基础竖向直锚长度小于 $l_{aE}$ 时

$$锚固长度＝弯折长度 a＋竖直长度 h_1$$

（注：弯折长度 $a$ 取值同框架柱；$h_1 \geqslant 0.5l_{aE}$。）

基础插筋外露长度：搭接连接取 0，机械连接取 500mm。

基础插筋根数：根据图纸中标注数出即可。

**2. 基础层剪力墙身钢筋计算**

（1）插筋长度计算

竖直长度不小于 $l_{aE}$ 时：

$$插筋长度 = 竖直长度 l_{aE} ＋搭接长度 1.2l_{aE} ＋弯折长度 a$$

［注：弯折长度 $a$ 取值为 $\max（150，6d）$，带弯钩插筋比例由图纸确定，并由此计算带弯钩钢筋和不带弯钩钢筋根数。］

竖直长度小于 $l_{aE}$ 时：

$$插筋长度 = 竖直长度 h_1 ＋搭接长度 1.2l_{aE} ＋弯折长度 a$$

（注：弯折长度 $a$ 取值与边缘构件相同，竖直长度 $h_1$＝基础高度-基础保护层）

（2）插筋根数计算

$$插筋总根数 = \left(\frac{筋力墙身净长 - 插筋间距}{插筋间距} + 1\right) \times 排数$$

## 6.2.2 剪力墙中的约束边缘构件

### 1. 端柱——纵筋与箍筋

端柱、小墙肢的竖向钢筋与箍筋构造与框架柱相同。

**图6-18 截面高度、厚度示意**

小墙肢为截面高度不大于截面厚度4倍的矩形截面独立墙肢。如图6-18所示。

### 2. 其他边缘约束构件——纵筋与箍筋

纵筋连接构造如图6-19所示。箍筋构造与框架柱相同。约束边缘构件截面构造如图6-20所示。

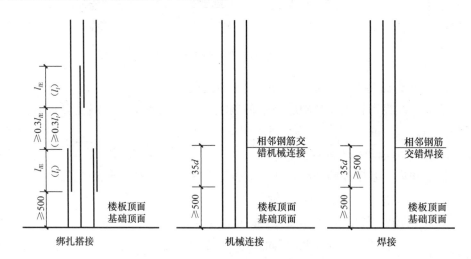

**图6-19 剪力墙边缘构件纵向钢筋连接构造**

（适用于约束边缘构件阴影部分和构造边缘构件的纵向钢筋）

### 3. 纵筋长度计算

（1）中间层纵筋长度计算

1）绑扎连接方式

$$纵筋长度 = 中间层层高 + 1.2 l_a$$

2）机械连接方式

$$纵筋长度 = 中间层层高$$

（注：非连接区长度机械连接为500mm，绑扎连接为0。）

纵筋根数查图纸确定。

（2）顶层纵筋长度计算

1）绑扎连接

$$纵筋长度 = 顶层层高 - 顶层板厚 + 顶层锚固总长度 l_{aE}$$

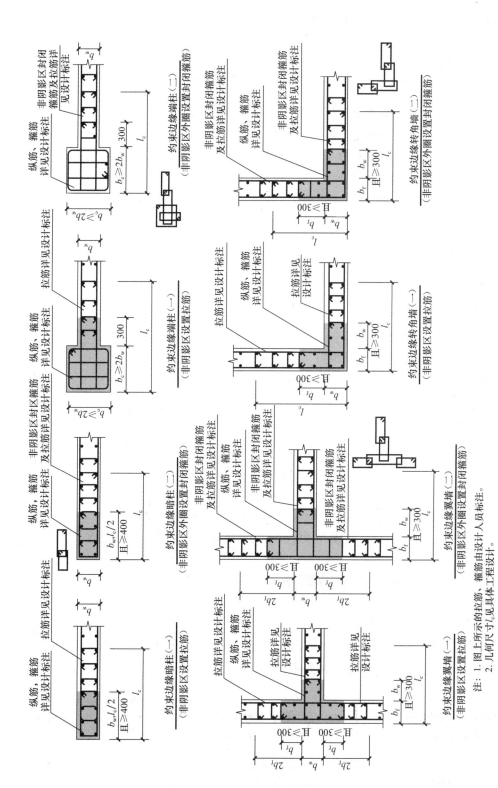

图6-20　剪力墙约束边缘构件截面构造

注：1. 图上所示的拉筋、箍筋由设计人员标注。
　　2. 几何尺寸 $l_c$ 见具体工程设计。

2）机械连接

纵筋长度 ＝ 顶层层高 － 非连接区 500mm － 顶层板厚 ＋ 顶层锚固总长度 $l_{aE}$

顶层纵筋根数查图纸确定。

（3）变截面纵筋长度计算

1）倾斜锚固

$$变截面处纵筋长度 ＝ 层高 ＋ 斜度延伸长度（＋1.2l_{aE}）$$

2）当前锚固

$$当前锚固纵筋长度 ＝ 层高 － 板厚 ＋ 锚固长度 － 非连接区$$

$$变截面上层插筋长度 ＝ 锚固长度 1.5l_{aE}（＋1.2l_{aE}）＋ 非连接区$$

（注：锚固长度＝板厚－保护层＋下柱宽－2×保护层）

（4）墙柱箍筋计算

1）长度计算

与框架柱箍筋计算相同。

2）根数计算

① 基础插筋箍筋根数

（基础高度－基础保护层）/500＋1

② 底层、中间层、顶层箍筋根数

绑扎连接：（2.4$l_{aE}$＋500－50)/加密间距＋（层高－搭接范围）/间距＋1

机械连接：（层高－50)/箍筋间距＋1

（5）拉筋计算

1）长度计算

与框架柱单肢箍筋计算相同。

2）根数计算

基础拉筋根数：[（基础高度－基础保护层)/500＋1]×每排拉筋根数

底层、中间层、顶层拉筋根数：[（层高－50)/间距＋1]×每排拉筋根数

## 6.2.3　剪力墙墙身中的钢筋

### 1. 剪力墙墙身水平钢筋

剪力墙中的水平钢筋，主要位于墙内水平方向。作为分布钢筋时，通常要求直径 $d \geqslant$ 8mm，间距 $s \leqslant 300$mm。作为受力钢筋时，连接构造要求如图 6-21～图 6-24 所示。

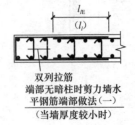

双列拉筋
端部无暗柱时剪力墙水
平钢筋端部做法（一）
（当墙厚度较小时）

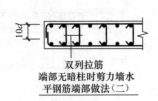

双列拉筋
端部无暗柱时剪力墙水
平钢筋端部做法（二）

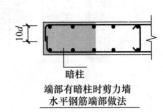

暗柱
端部有暗柱时剪力墙
水平钢筋端部做法

图 6-21　剪力墙身水平钢筋构造（平直墙体处）

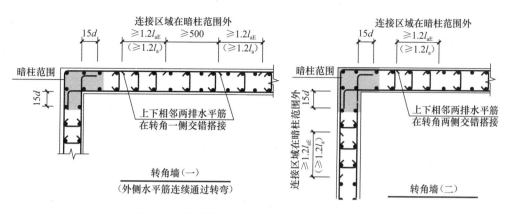

**图 6-22   剪力墙身水平钢筋构造（转角墙体处）**

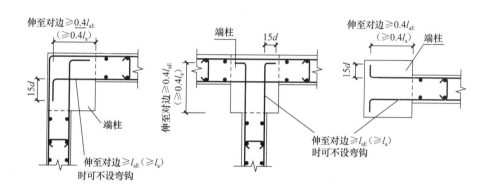

**图 6-23   剪力墙有端柱时水平钢筋锚固构造**

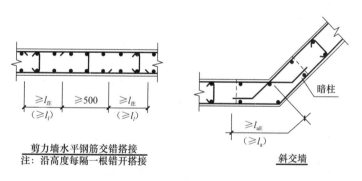

**图 6-24   斜交墙构造和剪力墙身水平钢筋交错搭接构造**

水平钢筋长度计算：

（1）外侧水平钢筋长度

$$外侧水平钢筋长度 = 墙外侧长度 - 2 \times 保护层(+15d)$$

（2）内侧水平钢筋长度

$$内侧水平钢筋长度 = 墙外侧长度 - 2 \times 保护层 - 外侧墙钢筋直径 d \times 2 + 15d \times 2$$

（3）水平钢筋根数计算

$$基础层水平钢筋根数 = \left( \frac{基础高度 - 基础保护层}{间距} + 1 \right) \times 排数$$

（4）拉筋根数计算

$$基础层拉筋根数 = \left(\frac{墙净长 - 剪力墙竖向钢筋间距}{拉筋间距} + 1\right) \times 基础水平钢筋排数$$

**2. 剪力墙墙身竖向钢筋**

剪力墙墙身竖向钢筋构造要求

（1）剪力墙墙身竖向钢筋构造要求如图 6-25～图 6-28 所示。

（2）剪力墙墙身钢筋计算

1）中间层剪力墙墙身钢筋计算

① 竖向钢筋长度与根数计算

$$长度 = 中间层层高 + 1.2 l_{aE}$$

$$根数 = \left(\frac{剪力墙墙身净长 - 竖向钢筋间距}{竖向钢筋间距} + 1\right) \times 排数$$

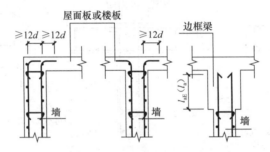

图 6-25 剪力墙竖向钢筋顶部构造

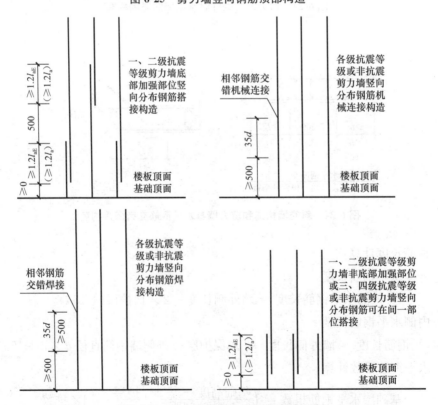

图 6-26 剪力墙竖向分布钢筋连接构造

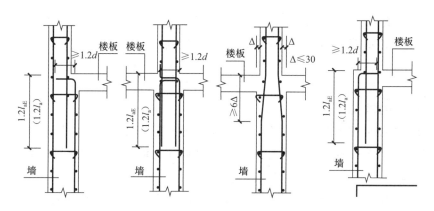

图 6-27 剪力墙变截面处竖向分布钢筋构造

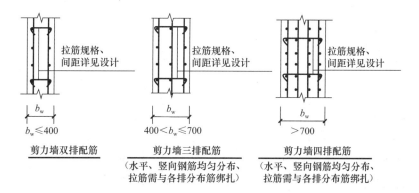

图 6-28 剪力墙竖向分布钢筋排放布置构造

② 水平钢筋长度与根数计算

无洞口时计算方法和基础层相同；有洞口时计算方法为：

$$外侧水平钢筋长度 = 外侧墙长度(减洞口长度后) - 2 \times 保护层$$

$$内侧水平钢筋长度 = 内侧墙长度(减洞口长度后) - 2 \times 保护层 + 15d \times 2$$

$$无洞口时根数 = \frac{布筋范围 - 保护层}{墙身水平钢筋间距} + 1$$

$$有洞口时根数 = \frac{布筋范围 - 保护层}{墙身水平钢筋间距}$$

2）顶层剪力墙墙身钢筋计算

① 竖向钢筋长度与根数计算

$$长度 = 顶层层高 - 板厚 + 锚固长度 \ l_{aE}$$

$$根数 = \left( \frac{剪力墙净长 - 竖向钢筋间距}{竖向钢筋间距} + 1 \right) \times 排数$$

② 水平钢筋、拉筋的长度与根数计算

水平钢筋、拉筋的长度与根数计算同中间层。

3）剪力墙墙身变截面钢筋计算

斜伸入上层和当前锚固两种构造措施的竖向钢筋长度计算：

$$变截面处竖向钢筋长度 = 层高 + 斜度延伸直 + 搭接长度 1.2l_{aE}$$
$$变截面竖向钢筋当前锚固长度 = 层高 - 板厚 + 锚固长度$$

（注：锚固长度＝板厚－板保护层＋墙厚－2×墙保护层）

$$变截面插筋长度 = 锚固长度 1.5l_{aE} + 搭接长度 1.2l_{aE}$$

**3. 剪力墙墙身拉筋**

剪力墙墙身拉筋应设置在竖向分布筋和水平分布筋的交叉处，并同时钩住竖向分布筋与水平分布筋；当墙身分布筋多于两排时，拉筋应与墙身内部的每排竖向和水平分布筋同时牢固绑扎。

拉筋注写为Φ×@×$a$@×$b$ 双向（或梅花双向）。拉筋水平及竖向间距：梅花形排布不大于 600mm，矩形排布不大于 500mm；当设计未注明时，宜采用梅花形排布方案。如图 6-29 所示。

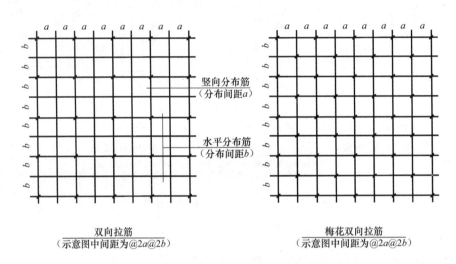

双向拉筋
（示意图中间距为@2$a$@2$b$）

梅花双向拉筋
（示意图中间距为@2$a$@2$b$）

竖向分布筋
（分布间距$a$）

水平分布筋
（分布间距$b$）

图 6-29　墙身拉筋间距示意

## 6.2.4　剪力墙梁配筋构造

**1. 连梁 LL 配筋构造**

剪力墙洞口连梁应沿全长配置箍筋，直径不宜小于 6mm，间距不宜大于 150mm。如图 6-30 所示。

**2. 连梁、暗梁和边框梁侧面构造纵筋和拉筋构造**

构造如图 6-31 所示。

侧面纵筋详见具体工程设计。拉筋直径：当梁宽不大于 350mm 时为 6mm，当梁宽大于 350mm 时为 8mm，拉筋间距为 2 倍箍筋间距，竖向沿侧面水平钢筋隔一拉一。

**3. 连梁斜筋构造**

当洞口连梁截面宽度不小于 250mm 时，可采用交叉斜筋配筋；当连梁截面不小于 400mm 时，可采用集中对角斜筋配筋或对角暗撑配筋，如图 6-32～图 6-34 所示。

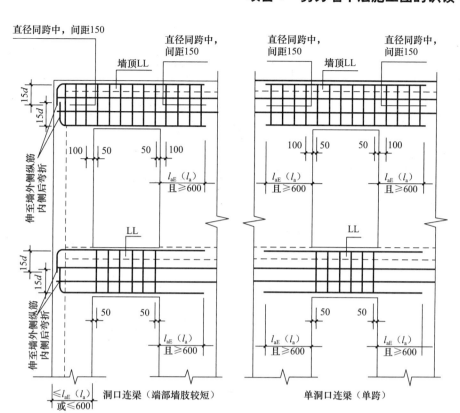

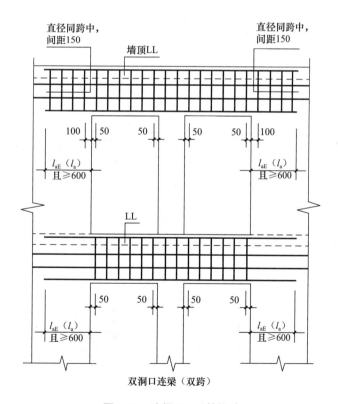

**图 6-30　连梁 LL 配筋构造**

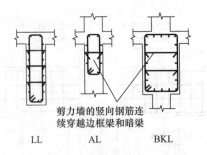

剪力墙的竖向钢筋连
续穿越边框梁和暗梁

LL          AL          BKL

图 6-31　连梁、暗梁和边框梁侧面构造纵筋和拉筋构造

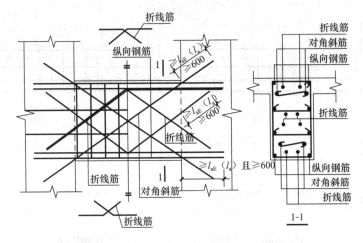

图 6-32　连梁交叉斜筋配筋构造

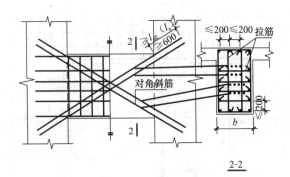

图 6-33　连梁集中对角斜筋配筋构造

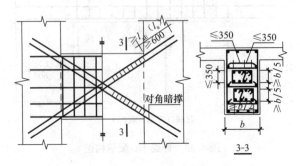

图 6-34　连梁对角暗撑配筋构造

**4. 连梁钢筋量计算**

（1）剪力墙单洞口连梁

1）中间层连梁钢筋

$$连梁纵筋长度 = 左锚固长度 + 洞口宽度 + 右锚固长度$$

$$箍筋根数 = \frac{(洞口宽度 - 2 \times 50)}{间距} + 1$$

2）顶层连梁钢筋

$$连梁纵筋长度 = 左锚固长度 + 洞口宽度 + 右锚固长度$$

$$箍筋根数 = 左锚固箍筋根数 + 洞口上箍筋根数 + 右锚固箍筋根数$$

$$= \frac{左锚固长度 - 100}{150} + 1 + \frac{洞口宽度 - 2 \times 50}{间距} + 1 + \frac{右锚固长度 - 100}{150} + 1$$

锚固长度取值：墙肢长度 $\geqslant$ max（$l_{aE}$，600mm），取 max（$l_{aE}$，600mm）

墙肢长度 $<$ max（$l_{aE}$，600mm），取值为支座宽度 - 保护层 + 15$d$

（2）剪力墙双洞口连梁

1）中间层双洞口连梁钢筋

$$连梁纵筋长度 = 左锚固长度 + 两洞口宽度 + 洞间墙宽度 + 右锚固长度$$

$$箍筋根数 = \frac{洞口1宽度 - 2 \times 50}{间距} + 1 + \frac{洞口2宽度 - 2 \times 50}{间距} + 1$$

2）顶层双洞口连梁钢筋

$$连梁纵筋长度 = 左锚固长度 + 两洞口宽度 + 洞间墙宽度 + 右锚固长度$$

$$箍筋根数 = \frac{左锚固长度 - 100}{150} + 1 + \frac{两洞口宽度 + 洞间墙 - 2 \times 50}{间距} + 1$$

$$+ \frac{右锚固长度 - 100}{150} + 1$$

锚固长度取值：墙肢长度 $\geqslant$ max（$l_{aE}$，600mm），取 max（$l_{aE}$，600mm）

墙肢长度 $<$ max（$l_{aE}$，600mm），取值为支座宽度 - 保护层 + 15$d$

3）连梁拉筋

拉筋根数计算：每排根数 × 排数

$$拉筋根数 = \left( \frac{连梁净宽 - 2 \times 50}{箍筋间距 \times 2} + 1 \right) \times \left( \frac{连梁高度 - 2 \times 保护层}{水平筋间距} + 1 \right) \times \frac{1}{2}$$

竖向：连梁高度范围内，墙身水平分布筋排数的一半，隔一拉一。

横向：横向拉筋间距为连梁箍筋间距的 2 倍。

拉筋直径：梁宽 $\leqslant$ 350mm，拉筋直径为 6mm，梁宽 $>$ 350mm，拉筋直径为 8mm。

# 6.2.5　洞口加强筋的构造

剪力墙开洞位置四周，应按要求配置加强钢筋，具体情况分别是：

（1）当矩形洞口的洞宽、洞高均不大于 800mm 时，此项注写为洞口每边补强纵筋的具体数值，当洞口的宽高两个方向补强钢筋不同时，可分别注写，以"/"分开。洞口每边补强钢筋按构造配置可以不注，可按标准构造详图设置。如图 6-35 所示。

【示例】 "JD2 400×300+3.100 2⊈14"表示矩形 2 号洞口，宽度 400mm，高度 300mm，中心标高距离本结构层标高 3.100m，四周每边加强筋为 2⊈14。

【示例】 "JD4 800×300+2.100 3⊈18/2⊈14"表示矩形 2 号洞口，宽度 800mm，高度 300mm，中心标高距离本结构层标高 2.100m，加强筋为宽度方向每边 3⊈18，高度方向每边 2⊈14。

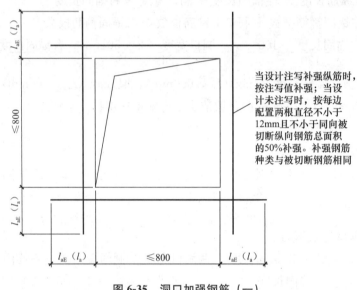

当设计注写补强纵筋时，按注值补强；当设计未注写时，按每边配置两根直径不小于12mm且不小于同向被切断纵向钢筋总面积的50%补强。补强钢筋种类与被切断钢筋相同

图 6-35 洞口加强钢筋（一）

（2）当矩形或圆形洞口的洞宽或直径大于 800mm 时，在洞口的上、下需设置补强暗梁，此项注写为洞口上、下每边暗梁的纵筋与箍筋的具体数值（在标准构造详图中，补强暗梁梁高一律定为 400mm，施工时按标准构造详图取值，设计不注。当设计者采用与该构造详图不同的做法时，应另行注明）；圆形洞口时需注写环向加强钢筋的具体数值。当洞口上、下边为剪力墙连梁时，此项免注；洞口竖向两侧按边缘构件配筋，亦不在此项表达。如图 6-36 所示、图 6-37 所示。

【示例】 "JD5 1800×2100+1.800 6⊈14 ⊈8@150"表示矩形 5 号洞口，宽度 1800mm，高度 2100mm，中心标高距离本结构层标高 1.800m，洞口上、下设补强暗梁，纵向配筋为 6⊈14，箍筋⊈8@150。

【示例】"YD8 1000+1.800 6⊈20 ⊈8@150 2⊈16"表示圆形 8 号洞口，直径 1000mm，中心标高距离本结构层标高 1.800m，洞口上、下设补强暗梁，纵向配筋为 6⊈20，箍筋⊈8@150，环向钢筋 2⊈16。

（3）当圆形洞口设置在连梁中部 1/3 范围（且圆洞直径不应大于 1/3 梁高）时，需注写在圆洞上、下水平设置的每边补强纵筋与箍筋。当圆形洞口设置在墙身或暗梁、边框梁位置，且洞口直径不大于 300mm 时，此项注写洞口上、下、左、右每边布置的补强纵

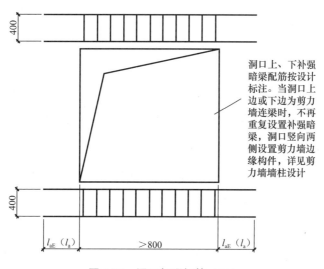

**图 6-36** 洞口加强钢筋（二）

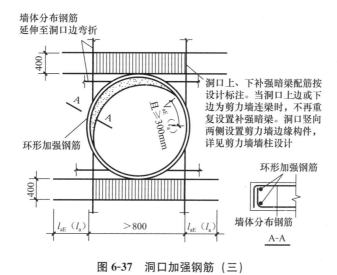

**图 6-37** 洞口加强钢筋（三）

筋的数值。当圆形洞口直径大于 300mm，但不大于 800mm 时，其加强钢筋在标准构造详图中系按照圆外切正六边形的边长分向布置，设计仅需注写六边形中一边补强钢筋的具体数值。如图 6-38、图 6-39 所示。

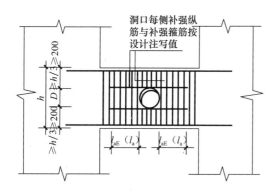

**图 6-38** 洞口加强钢筋（四）

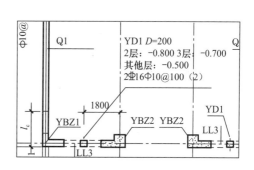

**图 6-39** 洞口加强钢筋原位标注示例

【示例】 补强纵筋的计算。

洞口标注为：JD1 300×300 3.100（混凝土强度等级为 C25，纵向钢筋为 HRB335 级钢筋）

由于缺省标注补强钢筋，则认为洞口每边补强钢筋是 2$\Phi$12。对于洞宽、洞高均不大于 300mm 的洞口不考虑截断墙身水平分布筋和竖向分布筋，因此上述的补强钢筋不需要进行调整。

补强纵筋"2$\Phi$12"是指洞口一侧的补强纵筋，因此补强纵筋的总数量应该是 8$\Phi$12。

水平方向补强纵筋的长度 = 洞口宽度 + 2×$l_{aE}$ = 300 + 2×38×12 = 1212mm

竖直方向补强纵筋的长度 = 洞口宽度 + 2×$l_{aE}$ = 300 + 2×38×12 = 1212mm

## 课堂活动

剪力墙洞口补强纵筋计算。

已知：洞口标注为 JD3 400×300 3.100 3$\Phi$14（混凝土强度等级为 C25，纵向钢筋为 HRB335 级钢筋）。

活动要求：学生熟读剪力墙洞口加强构造，参照实例进行计算。在计算过程中，如果有不懂的地方先相互讨论解决，学生之间不能解决的问题则做好记录，并反馈给教师。

## 技能拓展

组织参观施工现场，对照结构施工图学习剪力墙钢筋的绑扎施工。

## 项目概述

通过本项目的学习，学生能够：了解钢筋混凝土现浇板的类型和构造；理解钢筋混凝土现浇板平法施工图制图规则，会根据国家建筑标准设计图集查阅标准构造详图，识读钢筋混凝土现浇板平法施工图；能按照建筑结构制图标准绘制板平法施工图。

## 任务 7.1　板平法施工图的识读

### 任务描述

在工业与民用建筑中，钢筋混凝土板单独或与梁组合共同形成建筑结构的主要水平承重构件，常用作屋盖、楼盖、楼梯、雨篷、平台、挡土墙、基础、桥梁等，应用范围极广。如图 7-1 所示。

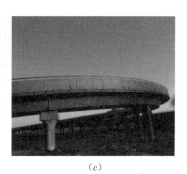

(a)　　　　　　　　　　　　(b)　　　　　　　　　　　　(c)

**图 7-1　钢筋混凝土板的应用**

(a) 钢筋混凝土楼盖；(b) 现浇板式楼梯；(c) 立交桥

通过本工作任务的学习，学生能够：了解板的类型、截面形式与尺寸；识别板内各部分钢筋的名称、位置；掌握楼盖板平法施工图的表示内容、绘制方法；理解板的编号、标高、尺寸、受力钢筋、分布钢筋和构造钢筋的表示方法；正确识读板平法施工图（图 7-2）。

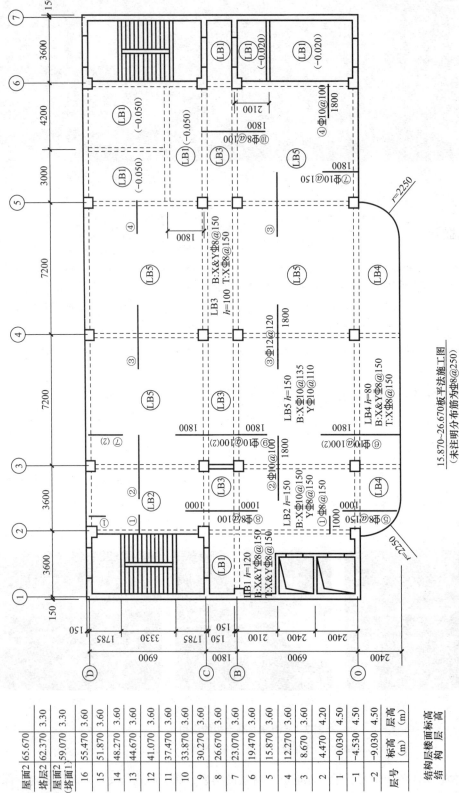

15.870~26.670板平法施工图
（未注明分布筋均为Φ8@250）

图7-2　钢筋混凝土板平法施工图示例

注：可在结构层楼面标高、结构层高表中加设混凝土强度等级等栏目。

| 层号 | 标高 (m) | 层高 (m) |
|---|---|---|
| 屋面2 | 65.670 | |
| 塔层2 | 62.370 | 3.30 |
| 屋面2(塔面1) | 59.070 | 3.30 |
| 16 | 55.470 | 3.60 |
| 15 | 51.870 | 3.60 |
| 14 | 48.270 | 3.60 |
| 13 | 44.670 | 3.60 |
| 12 | 41.070 | 3.60 |
| 11 | 37.470 | 3.60 |
| 10 | 33.870 | 3.60 |
| 9 | 30.270 | 3.60 |
| 8 | 26.670 | 3.60 |
| 7 | 23.070 | 3.60 |
| 6 | 19.470 | 3.60 |
| 5 | 15.870 | 3.60 |
| 4 | 12.270 | 3.60 |
| 3 | 8.670 | 3.60 |
| 2 | 4.470 | 4.20 |
| 1 | -0.030 | 4.50 |
| -1 | -4.530 | 4.50 |
| -2 | -9.030 | 4.50 |
| 层号 | 结构层楼面标高 (m) | 结构层高 (m) |

知识构成

## 7.1.1　钢筋混凝土板的类型

**1. 钢筋混凝土板的分类**

（1）按照制造和施工方法，可分为现浇板和预制板。如图 7-3 所示。

现浇钢筋混凝土板刚度大，整体性好，防水性能好，抗震性能好，开洞方便，但支模工作量大，施工工期长。预制钢筋混凝土板施工速度快，便于工业化生产，但是楼面接缝多，整体性、抗震性能差。目前钢筋混凝土楼盖一般采用现浇板。

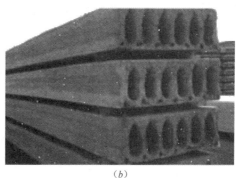

（a）　　　　　　　　　　　　　　　　　　　（b）

**图 7-3　钢筋混凝土现浇板和预制板**

（a）现浇板；（b）预制板

（2）按照支承方式，可分为悬挑板、简支板、多跨连续板。如图 7-4 所示。

（a）　　　　　　　　　　（b）　　　　　　　　　　（c）

**图 7-4　钢筋混凝土板的支承方式**

（a）悬挑板；（b）简支板；（c）多跨连续板

悬挑板（悬臂板）多用于雨篷、阳台、挑檐等，在竖向荷载作用下，板上部受拉，在板的固定端产生最大负弯矩，受力钢筋应配置在板的上部，且在支座处要有足够的锚固长度。简支板是指将预制板或现浇板直接搁置在砖墙等支承构件上，受力特点与简支梁相同。多跨连续板分有梁楼盖板和无梁楼盖板，其受力特点是跨中为正弯矩下侧受拉，支座处为负弯矩上侧受拉。各种板的弯矩图如图7-5所示。

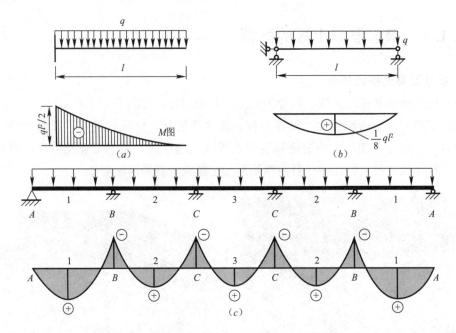

图7-5　钢筋混凝土板的计算简图和弯矩图

(a) 悬挑板弯矩图；(b) 简支板弯矩图；(c) 多跨连续板弯矩图

（3）按照受力和构造形式，可分为单向板和双向板，如图7-6所示。

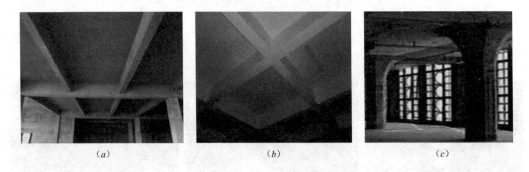

图7-6　钢筋混凝土楼盖

(a) 单向板肋梁楼盖；(b) 双向板肋梁楼盖；(c) 无梁楼盖

　　悬挑板和两对边支承板为单向板。对于四边支承的板，当长边与短边比值不小于3时，可按沿短边方向的单向板计算，但应沿长边方向布置足够数量的构造钢筋；当长边与短边比值介于2与3之间时，亦按双向板计算；当长边与短边比值不大于2时，应按双向板计算。由单向板和梁组成的楼盖称为单向板肋梁楼盖，由双向板和梁组成的楼盖称为双向板肋梁楼盖，由板和柱组成的楼盖称为无梁楼盖。

### 知识拓展

　　单向板肋梁楼盖由板、次梁、主梁组成，可近似认为板上全部荷载沿短跨 $l_1$ 方向传递到支承梁或墙，而忽略长跨 $l_2$ 方向弯矩。荷载传递途径为：板→次梁→主梁→墙或柱。单向板肋梁楼盖构造简单，施工方便，是整体式肋梁楼盖中最常用的一种形式。单向板肋梁楼盖中板、次梁、主梁的计算单元、荷载范围和计算简图如图 7-7 所示。

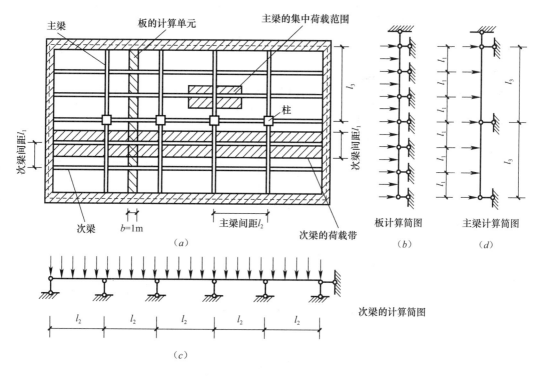

图 7-7　整体式单向板肋梁楼盖的计算简图

双向板肋梁楼盖中板的两个方向同时受力，板上荷载同时沿两个方向传递到支承梁或墙上，其中沿短跨 $l_1$ 方向传递的荷载大于沿长跨 $l_2$ 方向。双向板比单向板受力好，刚度也较大，并能适应较大跨度，但构造和设计计算较复杂。当两个方向跨度相等即 $l_1 = l_2$ 时，板传递给两个方向支承梁的荷载相等，因此两个方向支承梁等高等距，又称为井式楼盖。如图 7-6 (b) 所示。

**2. 板的厚度**

板的厚度应满足强度和刚度要求，同时要考虑经济和施工方便。现浇钢筋混凝土板的厚度不应小于表 7-1 规定的数值。现浇板的厚度一般以 10mm 为模数。

现浇钢筋混凝土板的最小厚度　　　　　　　　　　　　　　表 7-1

| 板的类别 | | 最小厚度（mm） |
|---|---|---|
| 单向板 | 屋面板、民用建筑楼板 | 60 |
| | 工业建筑楼板 | 70 |
| | 行车道下的楼板 | 80 |
| 双向板 | | 80 |
| 密肋楼盖 | 面板 | 50 |
| | 肋高 | 250 |

续表

| 板的类别 | | 最小厚度（mm） |
|---|---|---|
| 悬臂板（根部） | 悬臂长度不大于500mm | 60 |
| | 悬臂长度1200mm | 100 |
| 无梁楼板 | | 150 |
| 现浇空心楼板 | | 200 |

### 3. 板的配筋

板中通常配有受力钢筋、分布钢筋和板面构造钢筋，如图7-8、图7-9所示。

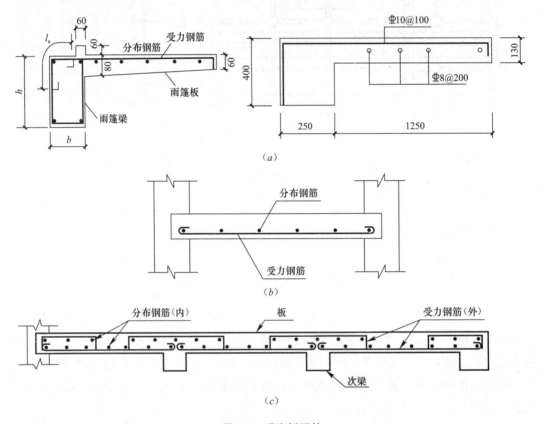

**图 7-8　现浇板配筋**

(a) 悬臂板配筋；(b) 简支板配筋；(c) 多跨连续单向板配筋

（1）受力钢筋沿板的跨度方向配置，位于受拉区，承受由弯矩产生的拉力。受力钢筋的数量由设计计算确定，并满足构造要求。简支板受力钢筋布置在板的下部，悬臂板受力钢筋位于板的上部，多跨连续板受力钢筋则应在板下部和支座处的上部同时配置。常用钢筋直径为6～14mm，同一楼面板不宜多于3种直径，以免施工时混淆。为使板受力均匀和混凝土浇筑密实，钢筋间距不应小于70mm；当板厚不大于150mm时，间距不宜大于200mm；当板厚大于150mm时，间距不宜大于板厚的1.5倍，且不宜大于250mm。

（2）分布钢筋是垂直于受力钢筋方向均匀布置的构造钢筋，位于受力钢筋的内侧及受力钢筋的所有弯折处。《混凝土结构设计规范》规定，当按单向板设计时，应在垂直于受力的方向布置分布钢筋，单位宽度上的配筋不宜小于单位宽度上受力钢筋的15%，且

配筋率不宜小于 $0.15\%$；分布钢筋直径不宜小于 6mm，间距不宜大于 250mm；当集中荷载较大时，分布钢筋的配筋面积尚应增加，且间距不宜大于 200mm。

（3）板面构造钢筋是指按简支边和非受力边设计的现浇板，当与混凝土梁、墙整体浇筑或嵌固在砌体墙内时设置。板面构造钢筋数量应符合下列要求：钢筋直径不宜小于 8mm，间距不宜大于 200mm，且单位宽度内的配筋面积不宜小于跨中相应方向板底钢筋面积的 1/3；钢筋从混凝土梁边、柱边、墙边伸入板内的长度不宜小于 $l_0/4$，砌体墙支座处钢筋伸入板边的长度不宜小于 $l_0/7$；在楼板角部，宜沿两个方向正交、斜向平行或放射状布置附加钢筋；钢筋应在梁内、墙内或柱内可靠锚固。如图 7-9 所示。

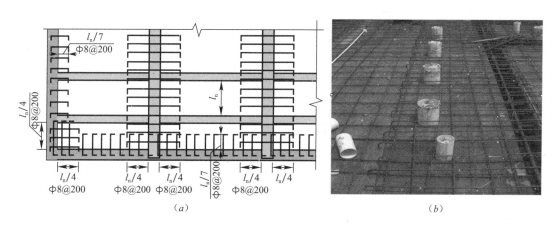

$(a)$　　　　　　　　　　　　　　$(b)$

**图 7-9　板面构造钢筋**

$(a)$ 板面构造钢筋示意图；$(b)$ 板面构造钢筋或支座负筋

### 知识拓展

双向板在荷载作用下，将在纵横两个方向产生弯矩，应沿板两个垂直方向配置受力钢筋。当双向板四边嵌固于支承梁时，在全跨（或支座附近）设置下部贯通钢筋网和上部贯通（或非贯通）钢筋网，形成双层钢筋网，常以马凳筋支撑上部钢筋网，如图 7-10所示。双向板中沿短跨方向受力筋位于外侧，而沿长跨方向受力筋位于内侧。

$(a)$　　　　　　　　　　　　　　$(b)$

**图 7-10　双向板配筋**

$(a)$ 双向板下部受力钢筋；$(b)$ 板的双层钢筋网及马凳筋

**4. 板中混凝土保护层的厚度**

板中钢筋的混凝土保护层厚度见项目 2 表 2-4。

## 7.1.2 有梁楼盖板平法施工图制图规则

有梁楼盖的制图规则适用于以梁为支座的楼面与屋面板平法施工图设计。有梁楼盖板平法施工图，系在楼面板和屋面板布置图上，采用平面注写的方式。板的平面标注主要包括板块集中标注和板支座原位标注。

**1. 结构平面坐标方向规定**

（1）当两向轴网正交时，图面从左至右为 X 向，从下至上为 Y 向。

（2）当轴网转折时，局部坐标方向顺轴网转折角度作相应转折。

（3）当轴网向心布置时，切向为 X 向，径向为 Y 向。

**2. 板块集中标注**

（1）标注内容

板块编号、板厚、贯通纵筋以及当板面标高不同时的标高高差。相同编号的板块可择其一做集中标注，其他仅注写置于圆圈内的板编号以及当板面标高不同时的标高高差。板块集中标注位置一般在配置相同跨的第一跨上。

（2）标注解读

1）板块编号：由板类型代号加序号组成。见表 7-2。

板 的 编 号 表 7-2

| 板类型 | 代号 | 序号 |
| --- | --- | --- |
| 楼面板 | LB | ×× |
| 屋面板 | WB | ×× |
| 悬挑板 | XB | ×× |

2）板厚：注写为 $h=×××$，表示垂直于板面的厚度，单位为 mm。

3）贯通纵筋：按板块的下部和上部分别注写（当板块上部不设贯通纵筋时则不注）。并以 B 代表下部，以 T 代表上部，B&T 代表下部与上部。X 向贯通纵筋以 X 打头，Y 向贯通纵筋以 Y 打头，两向贯通纵筋配置相同时则以 X&Y 打头。当贯通筋采用两种规格钢筋"隔一布一"方式时，表达为 $\phi xx/yy@xxx$，表示直径为 xx 的钢筋和直径为 yy 的钢筋二者之间间距为 xxx，直径 xx 的钢筋间距为 xxx 的 2 倍，直径 yy 的钢筋间距为 xxx 的 2 倍。

### 知识拓展

贯通纵筋标注解读见表 7-3。

4）板面标高高差：指相对于结构层楼面标高的高差，应将其注写在括号内，且有高差则注，无高差则不注。

板中贯通纵筋标注解读　　　　　　　　　　　表 7-3

| 标注形式 | 贯通纵筋标注内容 | 标注解读 |
|---|---|---|
| 形式 1 | B：X⌀10@150<br>Y⌀8@150 | （1）单层配筋，有下部贯通纵筋，无上部贯通纵筋；<br>（2）双向配筋，X 和 Y 向均有下部贯通纵筋 |
| 形式 2 | B：X&Y⌀10@150 | （1）单层配筋，有下部贯通纵筋，无上部贯通纵筋；<br>（2）双向配筋，X 和 Y 向均有下部贯通纵筋，且双向配筋相同 |
| 形式 3 | B：X&Y⌀10@150<br>T：X&Y⌀8@150 | （1）双层配筋，既有下部贯通纵筋，又有上部贯通纵筋；<br>（2）双向配筋，下部和上部均有贯通纵筋，且双向配筋相同 |
| 形式 4 | B：X&Y⌀10@150<br>T：X⌀10@180 | （1）双层配筋，既有下部贯通纵筋，又有上部贯通纵筋；<br>（2）板下部为双向配筋，且双向配筋相同；<br>（3）板上部为单向配筋，即 X 向贯通纵筋，Y 向应设置分布钢筋，数量见图纸注释或说明 |

**【示例】**

有梁楼盖板集中标注解读示例如图 7-11 所示。

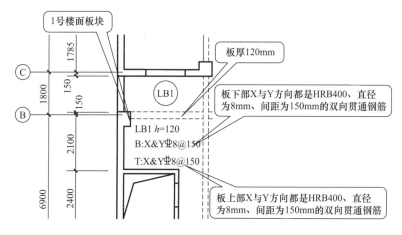

图 7-11　有梁楼盖板集中标注

## 知识拓展

设计与施工应注意：单向板或双向连续板的中间支座上部同向贯通纵筋，不应在支座位置连接或分别锚固。当相邻两跨的板上部贯通纵筋配置相同，且跨中部位有足够空间连接时，可在两跨任意一跨的跨中连接部位连接；当相邻两跨的板上部贯通纵筋配置不同时，应将配置较大者越过其标注的跨数终点或起点伸至相邻跨的跨中连接区域连接。

**3. 板支座原位标注**

（1）标注内容

板支座上部非贯通纵筋和悬挑板上部受力钢筋。

标注位置：板支座原位标注的钢筋，应在配置相同跨的第一跨表达（当在梁悬挑部位单独配置时则在原位表达）。

钢筋绘制：中粗实线代表支座上部非贯通筋（或悬挑板上部受力钢筋），在配置相同跨的第一跨（或梁悬挑部位）垂直于板支座（梁或墙）绘制一段适宜长度的中粗实线

（当该筋通长设置在悬挑板或跨板上部时，实线段应画至对边或贯通短跨）。

（2）标注解读

钢筋线段上方注写钢筋编号、配筋值、横向连续布置的跨数（注写在括号内，且当为一跨时可不注）以及是否横向布置到梁的悬挑端。（××）为横向布置的跨数，（××A）为横向布置的跨数及一端有悬挑，（××B）为横向布置的跨数及两端有悬挑，悬挑不计入跨数。

钢筋线段下方注写板支座上部非贯通筋自支座中线向跨内的伸出长度。当中间支座上部非贯通纵筋向支座两侧对称伸出时，可仅在支座一侧线段下方标注伸出长度，另一侧不注。当支座两侧非对称伸出时，应分别在支座两侧线段下方注写伸出长度。对线段画至对边贯通全跨或贯通全悬挑长度的上部通长纵筋，贯通全跨或伸出至全悬挑一侧的长度值不注，只注明非贯通筋另一侧的伸出长度值。

### 知识拓展

当板的上部已配置有贯通纵筋，但需增配板支座上部非贯通纵筋时，应结合已配置的同向贯通纵筋的直径与间距采取"隔一布一"方式配置。"隔一布一"方式，为非贯通筋的标准间距与贯通纵筋相同，两者组合后的实际间距为各自标注间距的1/2。

### 【示例】

板支座上部非贯通纵筋原位标注解读示例如图 7-12（a）～（d）所示。

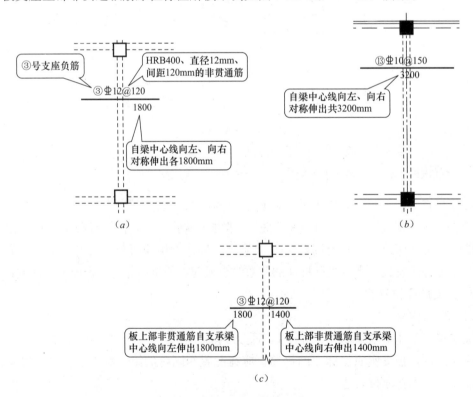

**图 7-12 板支座上部原位标注（一）**

（a）板支座上部非贯通筋对称伸出；（b）板支座上部非贯通筋对称伸出；（c）板支座上部非贯通筋非对称伸出

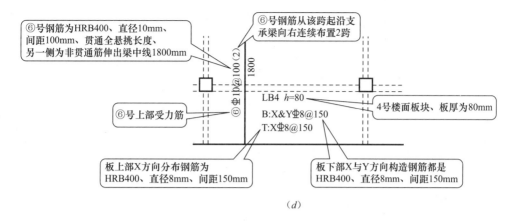

图 7-12　板支座上部原位标注（二）

（d）悬挑板上部受力钢筋

## 知识拓展

施工应注意：当支座一侧设置了上部贯通纵筋（在板集中标注中以 T 打头），而在支座另一侧仅设置了上部非贯通纵筋时，如果支座两侧设置的纵筋直径、间距相同，应将二者连通，避免各自在支座上部分别锚固。

## 7.1.3　钢筋混凝土现浇板平法施工图的识读步骤

以图 7-18 行政办公楼结施 G-08 为例，识读步骤如下。

识读步骤 1：标题栏

【示例】如图 7-13 所示。

| 审定 | | 校对 | | 行政办公楼 | | 工程号 | |
| --- | --- | --- | --- | --- | --- | --- | --- |
| | | | | | | 图别 | 结施 |
| 审核 | | 设计 | | 3.300~23.100板平法施工图 | | 图号 | G-08 |
| 项目负责人 | | 制图 | | | | 日期 | |

图 7-13　标题栏识读示例

主要内容包括　工程名称：行政办公楼；图号：结施 G-08；图名：3.300～23.100 板平法施工图。

识读步骤 2：结构层楼面标高、结构层高

【示例】　如图 7-14 所示。

主要内容包括　结构层楼面标高指楼面现浇板顶面标高；结构层高指相邻结构层现浇板顶面标高之差。3.300～23.100 板平法施工图适用图示工程 2、3、4、5、6、7、8 楼层现浇楼面板。例如，5 楼结构层楼面标高为 13.2m；5 楼结构层高为 3.3m。

| 层号 | 标高(m) | 层高(m) |
|---|---|---|
| 9 | 26.400 | |
| 8 | 23.100 | 3.300 |
| 7 | 19.800 | 3.300 |
| 6 | 16.500 | 3.300 |
| 5 | 13.200 | 3.300 |
| 4 | 9.900 | 3.300 |
| 3 | 6.600 | 3.300 |
| 2 | 3.300 | 3.300 |
| 首层 | -0.030 | 3.300 |
| 层号 | 标高(m) | 层高(m) |

结构层楼面标高
结构层高

**图 7-14 结构标高识读示例**

识读步骤 3：定位轴线及其编号、间距尺寸

【示例】如图 7-15 所示。

主要内容包括 水平定位轴线从左到右：①～⑥，①与②轴线间距为 3.6m，②与③轴线间距为 3.0m，其余轴线间距为 6.3m，水平方向轴线总间距为 25.5m。竖向定位轴线从下往上：Ⓐ～Ⓒ，轴线间距为 6m，竖向轴线总间距为 12m。

识读步骤 4：板平法标注

【示例】如图 7-16 所示。

主要内容包括：板块编号、厚度、配筋、板面标高高差。图示板块从 LB1～LB10 共 10 种板块。如 1 号楼面板位于①轴、②轴和Ⓐ轴、Ⓑ轴，集中标注内容为 1 号楼面板、板厚 120mm；下部贯通纵筋双向布置，X 方向和 Y 方向都是Φ8@200 钢筋。原位标注内容为①号支座负筋Φ8@200，分布在①轴、Ⓐ轴和与Ⓐ轴平行楼梯间墙上，自相应梁或墙中心线伸入 LB1 板内长度为 1100mm；②号支座负筋Φ8@200，分布在Ⓑ轴，自梁中线伸入 LB1 板内长度为 1000mm，另一侧贯通 LB2；⑰号支座负筋Φ8@200，分布在②轴，自梁中线对称伸入 LB1 和 LB3 板内长度为 1000mm。

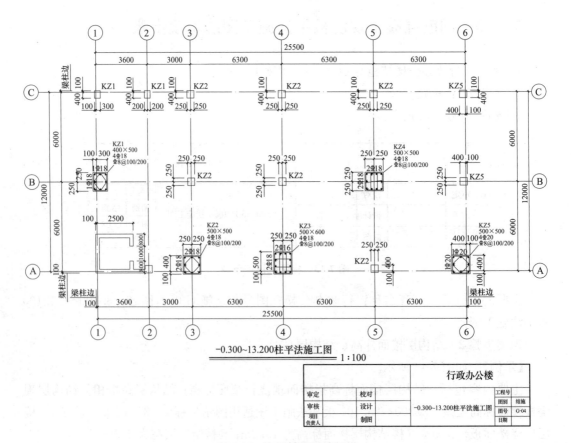

-0.300~13.200柱平法施工图
1:100

| | | | | 行政办公楼 | | |
|---|---|---|---|---|---|---|
| 审定 | | 校对 | | | | 工程号 |
| 审核 | | 设计 | | -0.300~13.200柱平法施工图 | 图别 | 结施 |
| 项目负责人 | | 制图 | | | 图号 | G-04 |
| | | | | | 日期 | |

**图 7-15 定位轴线识读示例**

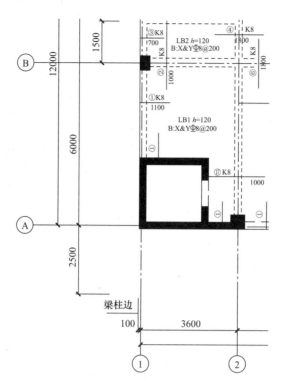

**图 7-16  板平法标注识读示例**

识读步骤 5：注释、设计说明等

主要内容包括：楼面混凝土强度等级，图中未标注的板厚、钢筋数量、钢筋伸入板内及支座内长度等信息。

【示例】如图 7-17 所示。

说明：
1. 楼面混凝土强度等级为 C25
2. 图中凡未注明钢筋的小跨度板
   支座筋和底筋按 K8 构造配筋，面筋伸入板长度为短跨 $l/4$
   （当短跨时 $l \leqslant 1500mm$，则拉通）
3. 图中未注明者板厚为 120mm
4. 底筋相同的相邻跨板施工时其底筋可以连通
5. 图中 K8=$\Phi$8@200，K10=$\Phi$10@200

**图 7-17  设计说明识读示例**

## 课堂活动

识读图 7-18 行政办公楼结施 G-08，完成该图的图纸抄绘。

抄绘要求：图幅 A2；比例 1：100；线型、文字等按照《房屋建筑制图统一标准》GB/T 50001—2017 及《建筑结构制图标准》GB/T 50105—2010。

活动要求：学生在抄绘施工图过程中，如果有不懂的地方先相互讨论解决，学生之间不能解决的问题则做好记录，并反馈给教师。

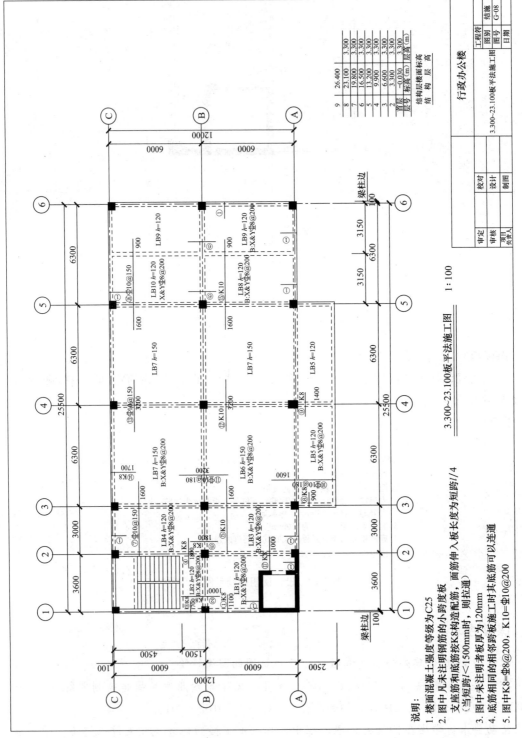

说明：

1. 楼面混凝土强度等级为C25

2. 图中凡未注明钢筋的小跨度板支座筋和底筋按K8构造配筋，面筋伸入板长度为短跨l/4（当短跨l<1500mm时，则拉通）

3. 图中未注明者板厚为120mm

4. 底筋相同的相邻跨板施工时其底筋可以连通

5. 图中K8=Φ8@200，K10=Φ10@200

图7-18 行政办公楼

3.300~23.100板平法施工图    1:100

| 层号 | 结构层楼面标高 结构层高 |
|---|---|
|  | 标高(m) | 层高(m) |
| 9 | 26.400 | 3.300 |
| 8 | 23.100 | 3.300 |
| 7 | 19.800 | 3.300 |
| 6 | 16.500 | 3.300 |
| 5 | 13.200 | 3.300 |
| 4 | 9.900 | 3.300 |
| 3 | 6.600 | 3.300 |
| 2 | 3.300 | 3.300 |
| 首层 | -0.030 | 3.300 |

| 审定 |  | 校对 |  | 工程符 |  | 图别 | 结施 |
| 审核 |  | 设计 |  | 图号 | G-08 |
| 项目负责人 |  | 制图 |  | 日期 |  |

3.300~23.100板平法施工图

行政办公楼

## 能力测试

### 一、单选题

1. 现浇板块编号为 "XB" 表示（　　　）。

A. 现浇板　　　　　　B. 楼面板　　　　　　C. 屋面板　　　　　　D. 悬挑板

2. 板块集中标注内容不包括（　　　）。

A. 板厚　　　　　　　B. 贯通纵筋　　　　　C. 非贯通纵筋　　　　D. 板面标高高差

3. 下列属于板块集中标注中的选注项的是（　　　）。

A. 板块编号　　　　　B. 板厚　　　　　　　C. 贯通纵筋　　　　　D. 板面标高高差

4. 现浇混凝土板中钢筋不包括（　　　）。

A. 受力钢筋　　　　　B. 分布钢筋　　　　　C. 板面构造钢筋　　　D. 架立钢筋

### 二、识图题

某现浇有梁楼盖板平法施工图（局部）如图 7-19 所示，识读该图，并填空：

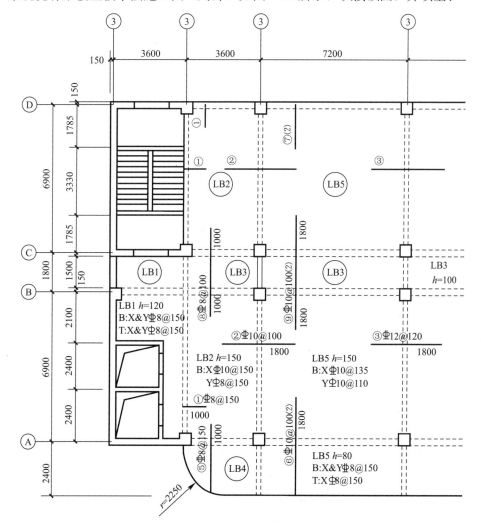

图 7-19　板平法施工图

1. 现浇板块 LB2 为＿＿＿＿＿板，板厚为＿＿＿＿＿板下部为＿＿＿＿＿向贯通纵筋，X 向钢筋级别为＿＿＿＿＿，直径为＿＿＿＿＿，间距为＿＿＿＿＿；Y 向钢筋级别为＿＿＿＿＿，直径为＿＿＿＿＿，间距为＿＿＿＿＿。

2. LB2 板块垂直于②轴梁的①号支座负筋为＿＿＿＿＿筋，自梁＿＿＿＿＿向板内的伸出长度为＿＿＿＿＿。

3. LB4 板块集中标注的内容中，"B：X&Y⊕8@150；T：X⊕8@150"，其含义表示为＿＿＿＿＿＿＿＿＿＿＿＿＿＿＿＿＿＿＿＿＿＿＿＿＿＿＿＿＿＿＿＿＿。

4. LB4 原位标注内容"⑥⊕10@100（2）"，表示⑥号钢筋为＿＿＿＿＿筋，"（2）"表示＿＿＿＿＿；图中显示该筋自支座中线向 LB4 跨内伸出的长度为＿＿＿＿＿，向 LB5 跨内伸出的长度为＿＿＿＿＿。

### 技能拓展

组织学生结合工程实例，识读板平法施工图，进行有梁楼盖楼面板、屋面板部分图纸会审工作。会审的要点包括板号及钢筋是否个别缺漏或者有误等。

# 任务 7.2　板标准构造详图的识读

### 任务描述

通过本工作任务的学习，学生能够：理解有梁楼盖板和悬挑板钢筋的构造要求；熟练识读有梁楼盖板和悬挑板钢筋标准构造详图。

### 知识构成

## 7.2.1　板钢筋配置形式与构造

### 1. 板的配筋形式

板的配筋方式有分离式和弯起式两种。板的上部、下部钢筋分别单独配置，称为分离式配筋。板支座附近的上部钢筋由跨中的下部钢筋弯起提供，称为弯起式配筋。分离式配筋整体性稍差，用钢量较多，但构造简单，施工方便，已成为工程中主要采用的配筋方式。弯起式配筋整体性好，用钢量省，适于直接承受动力荷载的构件，但施工复杂，较少采用。板的配筋方式如图 7-20 所示。

### 2. 有梁楼盖板钢筋构造

有梁楼盖板钢筋构造可分为板下部贯通纵筋构造、板上部贯通纵筋构造、板支座上部非贯通纵筋（支座负筋）构造，如图 7-21 所示。

（1）板下部贯通纵筋在支座的锚固构造

板下部贯通纵筋分垂直于支座梁和平行于支座梁两个方向。

1）垂直于支座梁的下部贯通纵筋在支座内的锚固长度不小于 $5d$ 且至少到支座中线。

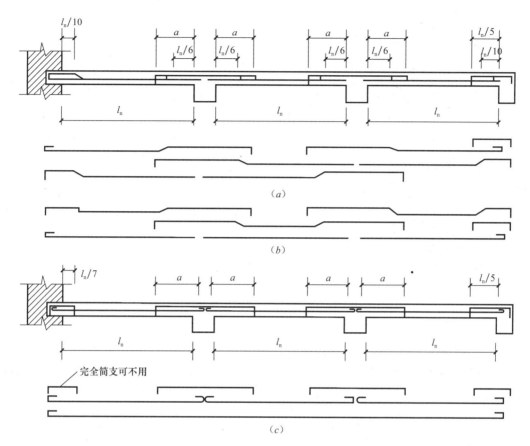

**图 7-20　连续板的配筋方式**

（a）、（b）弯起式配筋；（c）分离式配筋

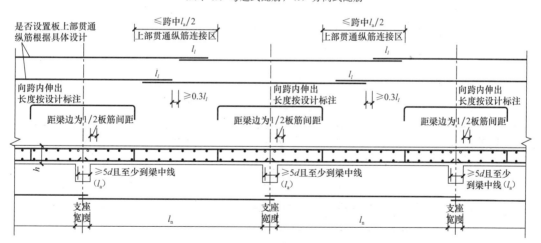

**图 7-21　有梁楼盖楼面板 LB 和屋面板 WB 钢筋构造**

（括号内的锚固长度 $l_a$ 用于梁板式转换层的板）

2）平行于支座梁的贯通纵筋，第一根钢筋距梁边为 1/2 板筋间距。

3）当板的中间支座为混凝土剪力墙、砌体墙或圈梁时，其构造与梁相同，如图 7-21 所示。

4）当板的端部支座分别为梁、剪力墙、砌体墙的圈梁和砌体墙时，其锚固构造如图 7-22 所示。

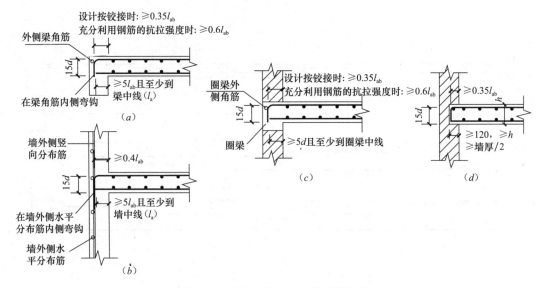

**图 7-22　板筋在端部支座的锚固构造**

（a）端部支座为梁；（b）端部支座为剪力墙；（c）端部支座为砌体墙的圈梁；（d）端部支座为砌体墙

（2）板上部纵筋在支座的锚固构造

纵筋在端支座应伸至支座（梁、圈梁或剪力墙）外侧纵筋内侧后弯折，当直段长度不小于 $l_a$ 时可不弯折，如图 7-22 所示。

（3）板中钢筋的连接构造

1）板贯通纵筋的连接可采用搭接连接、机械连接或焊接连接，且同一连接区段内钢筋接头百分率不宜大于 50%。

2）当相邻等跨或不等跨的上部贯通纵筋配置不同时，应将配置较大者越过其标注的跨数终点或起点伸出至相邻跨的跨中连接区域连接。不等跨板上部贯通纵筋连接构造如图 7-23 所示。

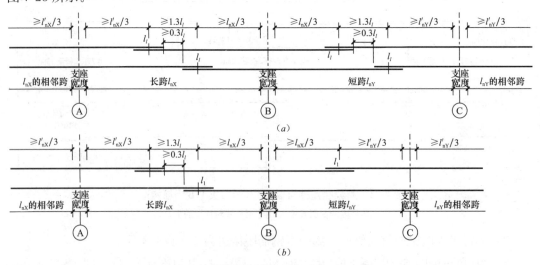

**图 7-23　不等跨板上部钢筋连接构造（一）**

（a）不等跨板上部贯通纵筋连接构造 1（当钢筋足够长时能通则通）；

（b）不等跨板上部贯通纵筋连接构造 2（当钢筋足够长时能通则通）

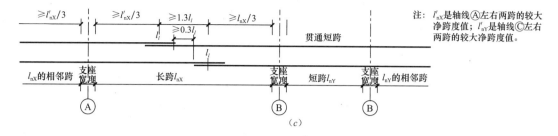

**图 7-23 不等跨板上部钢筋连接构造（二）**

（c）不等跨板上部贯通纵筋连接构造 3（当钢筋足够长时能通则通）

3）下部贯通纵筋的连接位置宜在距支座梁 1/4 净跨内。

## 知识拓展

在搭接范围内，相互搭接的纵筋与横向钢筋的每个交叉点均应进行绑扎。抗裂构造钢筋、分布筋自身及与受力主筋、构造钢筋的搭接长度为 150mm。抗温度筋自身及与受力主筋的搭接长度为 $l_l$。

**3. 悬挑板 XB 钢筋构造**

（1）悬挑板上、下部均配钢筋时，受力筋放在板上部，构造筋或分布筋放在板下部。

（2）悬挑板下部构造钢筋锚入梁内的长度不小于 12$d$ 且至少到梁中线。

（3）悬挑板上部受力钢筋和下部构造钢筋如图 7-24 所示。

## 7.2.2 标准图查阅

楼面板钢筋构造详图识读。

钢筋混凝土板的标准构造详图可查阅《混凝土结构施工图平面整体表示方法制图规则和构造详图》16G101—1。

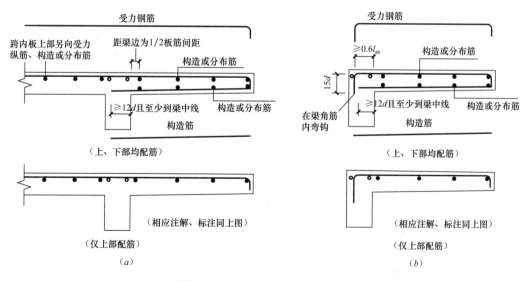

**图 7-24 悬挑板 XB 钢筋构造（一）**

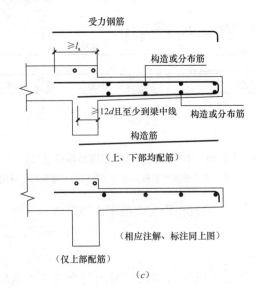

**图 7-24  悬挑板 XB 钢筋构造（二）**

在学会对板平法施工图的识读的基础上，在实际工程中需要对板中钢筋的工程量进行计算。板中各种钢筋的计算总结见表 7-4 所列。

板中钢筋的计算                                       表 7-4

| 钢筋类型 | 配筋示意图 | 板中钢筋计算式 |
|---|---|---|
| 板下部贯通筋 | | 长度＝板净跨＋两端伸入支座内长度 max（梁宽/2，5d）<br>根数＝（净跨－板筋间距）/板筋间距＋1 |
| 板上部贯通筋 | | 长度＝水平长度＋两端弯折长度＝板净跨＋梁宽＋（梁宽/2－梁保护层－梁纵筋直径－梁箍筋直径）×2＋15d×2<br>根数＝（净跨－板筋间距）/板筋间距＋1 |
| 板上部非贯通筋（端支座） | | 长度＝水平长度＋两端弯折长度＝自梁中线伸入板内长度＋（梁宽/2－梁保护层－梁纵筋直径－梁箍筋直径）＋15d＋（板厚－保护层厚度） |
| 板上部非贯通筋（中间支座） | | 长度＝水平长度＋两端弯折长度＝自梁中线伸入板内长度＋（板厚－保护层厚度）×2 |

【示例】已知：如图 7-25 所示为行政办公楼 3.300～23.100 板平法施工图局部（结施 G-08），②、③轴与Ⓑ、Ⓒ轴之间为 LB4，该现浇板混凝土强度等级为 C25，板厚 $h=120mm$，梁板保护层厚度分别为 25mm、20mm，梁中角筋直径分别为②轴 18mm、③轴 22mm、Ⓑ轴 20mm、Ⓒ轴 16mm，箍筋直径为 8mm，四周梁宽Ⓑ轴 300mm，Ⓒ轴、②轴、③轴为 250mm，详见结施 G-08。LB4 板块钢筋计算见表 7-5。

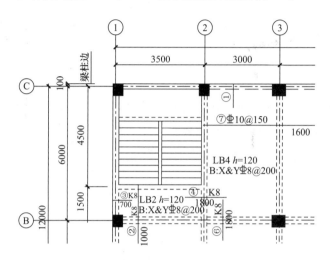

图 7-25 3.300～23.100 板平法施工图（局部）

**LB4 板块钢筋计算表** 表 7-5

| 钢筋名称 | 简图 | 位置 | 计算式 |
|---|---|---|---|
| ① 号支座负筋（上部非贯通筋）K8 | 1176 / 120 ⌐ 100 | Ⓒ轴 | 单根长度＝水平长度＋两端弯折长度＝自梁中线伸入板内长度＋（梁宽/2－梁保护层－梁箍筋直径－梁纵筋直径）＋15d＋（板厚－保护层厚度）＝1100＋（250/2－25－8－16）＋15×8＋（120－20）＝1396mm<br>根数＝（净跨－板筋间距）/板筋间距＋1＝（3000－250－200）/200＋1＝13.75＝14 根 |
| ⑥ 号支座负筋（上部非贯通筋）K8 | 1800 / 100 ⌐ 100 | Ⓑ轴 | 单根长度＝水平长度＋两端弯折长度＝自梁中线伸入板内长＋（板厚－保护层厚度）×2＝1800＋（120－20）×2＝2000mm<br>根数＝（净跨－板筋间距）/板筋间距＋1＝（3000－250－200）/200＋1＝13.75＝14 根 |
| ⑦ 号上部贯通 $\Phi 10@150$ | 4674 / 120 ⌐ 100 | ③轴 | 单根长度＝水平长度＋两端弯折长度＝梁中线间长＋伸入 LB7 长＋梁宽/2－梁保护层－梁箍筋直径－梁纵筋直径＋15d＋（板厚－保护层厚度）＝3000＋1600＋（250/2－25－8－18）＋15×10＋（120－20）＝4924mm<br>根数＝（净跨－板筋间距）/板筋间距＋1＝（6000－250/2－300/2－150）/150＋1＝39.17＝40 根 |
| ⑧ 号下部贯通筋 X 向 K8 | 3000 | ③轴 | 长度＝净跨＋两端伸入支座内长度 max（梁宽/2,5d）＝3000－250＋max（250/2,5×8）×2＝3000mm<br>根数＝（净跨－板筋间距）/板筋间距＋1＝（6000－250/2－300/2－200）/200＋1＝28.63＝29 根 |

续表

| 钢筋名称 | 简图 | 位置 | 计算式 |
|---|---|---|---|
| ⑨号下部贯通筋 Y 向 K8 | 5975 | Ⓑ轴 | 长度＝净跨＋两端伸入支座内长度 max（梁宽/2，5$d$）＝（6000－250/2－300/2）＋max（250/2，5×8）×2＝5975mm<br>根数＝（净跨－板筋间距）/板筋间距＋1＝（3000－250－200）/200＋1＝13.75＝14 根 |

注：板中分布筋未列入计算。

## 课堂活动

识读图 7-18 行政办公楼结施 G-08，完成该图中任意一板块钢筋计算。

活动要求：学生在进行板块钢筋计算过程中，如果有不懂的地方先相互讨论解决，学生之间不能解决的问题做好记录，并反馈给教师。

## 能力测试

### 一、单选题

1. 垂直于支座梁的板下部贯通纵筋在支座内的锚固长度为（　　）。

A. ≥5$d$ 　　　　　　　　　　　　B. ≥支座梁宽的 1/2

C. 支座梁宽－保护层厚度 　　　　　D. ≥5$d$ 且≥支座梁宽的 1/2

2. 平行于支座梁的贯通纵筋，第一根钢筋距梁边距离为（　　）。

A. 50mm 　　　B. 100mm 　　　C. 1/2 板筋间距 　　　D. 板筋间距

3. 有梁楼盖板上部非贯通纵筋（支座负筋）的弯折长度为（　　）。

A. 5$d$ 　　　　　　　　　　　　　B. 10$d$

C. 板厚 　　　　　　　　　　　　　D. 板厚－板保护层厚度

4. 某现浇板配筋标注为"B：X&Y Φ 10@150"，其配筋属于（　　）。

A. 单层单向 　　　B. 单层双向 　　　C. 双层单向 　　　D. 双层双向

5. 某现浇板配筋标注为"B：X&Y Φ 10@150　 T：X&Y Φ 8@150"，其配筋属于（　　）。

A. 单层单向 　　　B. 单层双向 　　　C. 双层单向 　　　D. 双层双向

6. 在同一连接区段内，板贯通纵筋的连接时的钢筋接头百分率不宜大于（　　）。

A. 25％ 　　　B. 50％ 　　　C. 75％ 　　　D. 100％

### 二、计算题

图 7-19 板平法施工图中混凝土采用 C30，梁中角筋直径为 22mm，箍筋直径为 8mm，四周梁宽为 250mm。试计算 LB5 板块各钢筋的长度和根数。

## 技能拓展

组织参观钢筋混凝土结构房屋施工现场，在教师指导下，对照结构施工图分组学习现场楼（屋）盖板钢筋的绑扎施工。

## 项目概述

> 通过本项目的学习，学生能够：说出钢筋混凝土楼梯的类型；按钢筋混凝土楼梯平法施工图制图规则，正确识读楼梯平法施工图；掌握各种类型楼梯钢筋的构造及标准图的查阅。

## 任务 8.1　楼梯的组成及类型

### 任务描述

楼梯作为建筑物楼层间垂直交通用的构件，用于楼层之间和高差较大时的交通联系。在以电梯、自动梯作为主要垂直交通手段的多层和高层建筑中也要设置楼梯。高层建筑尽管采用电梯作为主要垂直交通工具，但仍然要保留楼梯供火灾时逃生之用，如图 8-1 所示。

图 8-1　楼梯示意图

通过本工作任务的学习，学生能够：说出钢筋混凝土楼梯的类型；按钢筋混凝土楼梯平法施工图制图规则，正确识读板式楼梯平法施工图。

知识构成

## 8.1.1 钢筋混凝土楼梯的类型

现浇钢筋混凝土楼梯的整体性好、刚度大、有利于抗震，但模板耗费大、施工工期长，一般适用于抗震要求高、楼梯形式和尺寸特殊或吊装有困难的建筑。

楼梯最主要的部分是梯段，因此通常所谓楼梯的结构形式即楼梯段的结构形式。现浇钢筋混凝土楼梯按梯段的结构形式不同，有板式和梁式楼梯两种。

### 1. 板式楼梯

整个梯段是一块斜放的板，称为梯段板。板式楼梯通常由梯段板、平台梁和平台板组成。梯段板承受梯段的全部荷载，通过平台梁将荷载传给墙体。如图 8-2、图 8-3 所示。必要时，也可取消梯段板一端或两端的平台梁，使梯段板与平台板连成一体，形成折线形的板直接支承于墙上。

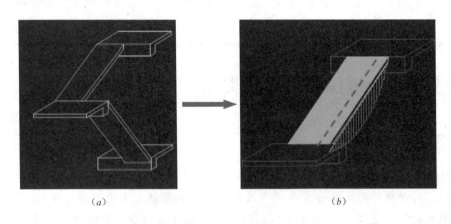

(a)                    (b)

**图 8-2 板式楼梯**

(a) 板式楼梯示意；(b) 板式楼梯荷载传递

**图 8-3 板式楼梯实例**

板式梯段的梯段底面平整，外形简洁，便于支模施工。但当梯段跨度较大时，梯段板较厚，自重较大，钢材和混凝土用量较多，不经济。梯段跨度不超过 3m 时常用这种楼梯。

实际工程中多采用板式楼梯，本项目将对板式楼梯的平法识读进行重点介绍。

### 2. 梁式楼梯

楼梯梯段是由踏步板和梯段斜梁（简称梯梁）组成。梯段的荷载由踏步板传给梯梁，再通过平台梁将荷载传给墙体，如图 8-4 所示。

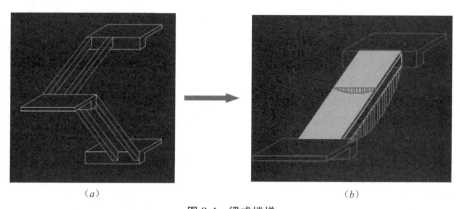

*(a)* *(b)*

图 8-4 梁式楼梯

*(a)* 梁式楼梯示意；*(b)* 梁式楼梯荷载传递

梯梁通常设两根，分别布置在踏步板的两端。如图 8-5 所示。梯梁与踏步板在竖向的相对位置有两种：一种是梯梁在踏步板之下，踏步外露，称为明步；另一种是梯梁在踏步板之上，形成反梁，踏步包在里面，称为暗步。

梯梁也可只设一根，通常有两种形式：一种是踏步板的一端设梯梁，另一端搁置在墙上；另一种是用单梁悬挑踏步板，即梯梁布置在踏步板中部或一端，踏步板悬挑，这种形式的楼梯结构受力较复杂，但外形独特，一般适用于通行量小、梯段宽度和荷载不大的楼梯，如图 8-6 所示。

图 8-5 梁式楼梯实例（一）　　　图 8-6 梁式楼梯实例（二）

## 8.1.2　板式楼梯的类型

根据楼梯的截面形状和支座位置的不同，平法施工图将板式楼梯分成了三组 11 种类型。第一组有 5 种类型，代号分别为 AT、BT、CT、DT、ET 型；第二组有 3 种类型，代号分别为 FT、GT、HT 型；第三组有 3 种类型，代号分别为 ATa、ATb、ATc 型。见表 8-1 所列。

### 1. 第一组 AT～ET 型板式楼梯

第一组板式楼梯的共同特点是每个代号表示一跑梯板，梯板的主体为梯段板，除梯段板以外，梯板可包括低端平板、高端平板以及中位平板；各型梯板的两端分别以低端和高端的梯梁为支座。采用该组板式楼梯的楼梯间内部既要设置楼层梯梁，又要设置层间梯梁，以及与其相连的楼层平台板和层间平台板。如图 8-7 所示。

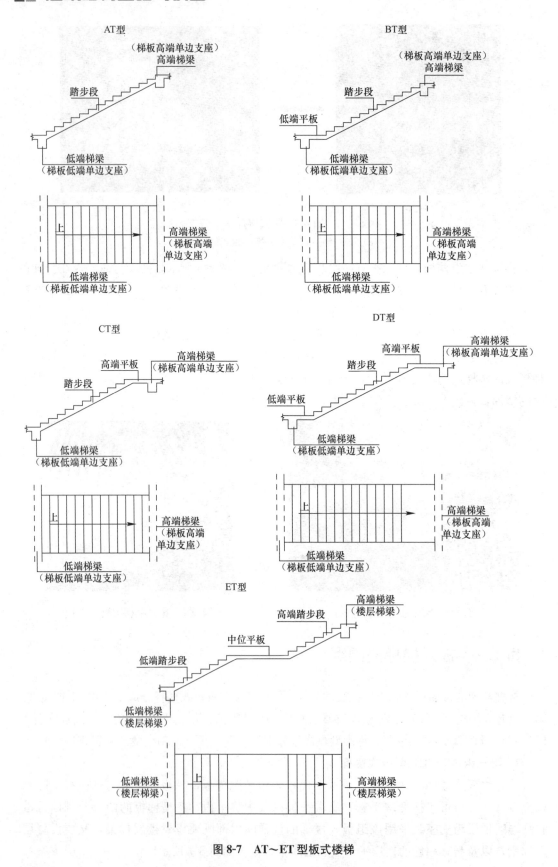

图 8-7　AT～ET 型板式楼梯

## 总结

AT 型梯板全部由踏步段构成；

BT 型梯板由低端平板和踏步段构成；

CT 型梯板由踏步段和高端平板构成；

DT 型梯板由低端平板、踏步板和高端平板构成；

ET 型梯板由低端踏步段、中位平板和高端踏步段构成。

**2. 第二组 FT～HT 型楼梯**

第二组楼梯的共同特点是每个代号代表两跑踏步段和连接它们的楼层平板及层间平板；FT、GT、HT 型、由层间平板、踏步段和楼层平板构成，采用该组板式楼梯的楼梯间内部不需设置楼层梯梁及层间梯梁，如图 8-8 所示。

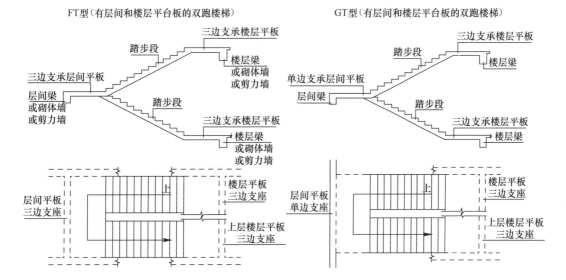

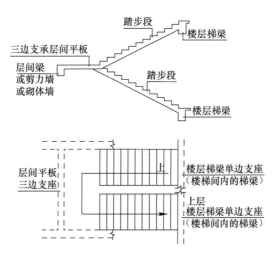

**图 8-8 FT～HT 型板式楼梯**

FT～HT 型梯板的支撑方式：

（1）FT 型。梯板一端的层间平板采用三边支承，另一端的楼层平板也采用三边支承。

（2）GT 型。梯板一端的层间平板采用单边支承，另一端的楼层平板采用三边支承。

（3）HT 型。梯板一端的层间平板采用三边支承，另一端的梯板段采用单边支承（在梯梁上）。

**3. 第三组 ATa、ATb、ATc 型板式楼梯**

ATa、ATb、ATc 型梯板全由踏步段构成，两端均支撑在梯梁上，类似于 AT 型，但此类型有抗震构造措施（见表 8-1）。ATa、ATb 型为带低端、带滑动支座的板式楼梯，ATc 型的休息平台与主体结构可整体连接，也可脱开连接，从而保证抗震变形要求。此组梯板均采用双层双向配筋，ATc 型梯板两侧还要设置暗梁作为边缘构件，如图 8-9 所示。

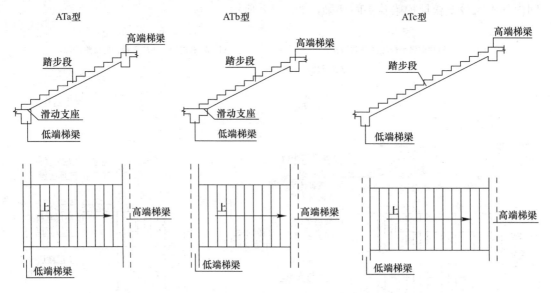

图 8-9　ATa、ATb、ATc 型板式楼梯

楼 梯 类 型　　　　　　　　　　表 8-1

| 梯板代号 | 适用范围 | | 是否参与结构整体抗震计算 |
| --- | --- | --- | --- |
| | 抗震构造措施 | 适用结构类型 | |
| AT | 无 | 框架、剪力墙和砌体结构 | 不参与 |
| BT | | | |
| CT | 无 | 框架、剪力墙和砌体结构 | 不参与 |
| DT | | | |
| ET | 无 | 框架、剪力墙和砌体结构 | 不参与 |
| FT | | | |
| GT | 无 | 框架结构 | 不参与 |
| HT | | 框架、剪力墙和砌体结构 | |
| ATa | 有 | 框架结构 | 不参与 |
| ATb | | | 不参与 |
| ATc | | | 参与 |

注：1. ATa 型低端设滑动支座支撑在梯梁上；ATb 型低端设滑动支撑在梯梁的挑板上。
　　2. ATa、ATb、ATc 型均考虑抗震设计，设计者应指定楼梯的抗震等级。

## 8.1.3　钢筋混凝土现浇楼梯平法施工图制图规则

板式楼梯平法施工图（以下简称楼梯平法施工图）系在楼梯平面布置图上采用平面注写方式表达。楼梯平面布置图，应按照楼梯标准层，采用适当比例集中绘制，或按标准层与相应标准层的梁平法施工图一起绘制在同一张图上。

为方便施工，在集中绘制的楼梯平法施工图中，宜按规定注明各结构层的楼面标高、结构层高及相应的结构层号。

板式楼梯平法施工图可以采用平面注写、剖面注写和列表注写三种方式表达。

**1. 平面注写**

平面注写方式，是用在楼梯平面布置图上注写截面尺寸和配筋具体数值的方式来表达楼梯施工图。包括集中标注和原位标注。采用平面注写方式表达，主要包括梯段板、平台板和平台梁的注写（图 8-10）。平台板与平台梁的注写规则与楼面板和框架梁的注写规则相同，这里不再赘述。梯段板的注写分集中标注和外围标注，集中标注表达梯板的类型代号及序号，梯板的厚度，踏步段总高度和踏步级数，梯板支座上部纵筋、下部纵筋和分布筋。外围标注表达楼梯间的平面尺寸、楼层结构标高、层间结构标高、楼梯的上下方向、梯板的平面几何尺寸、平台板的配筋、梯梁及梯柱配筋等。

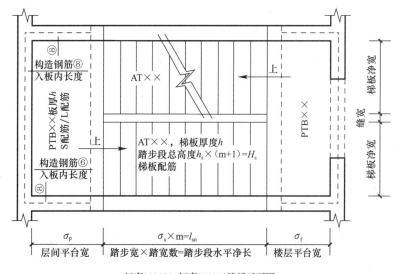

**图 8-10　楼梯平面注写方式**

（1）梯段板的集中标注包括五项内容，具体规定如下：

1）梯板类型代号与序号，如 AT××。

2）梯板厚度，注写为 $h=×××$。当为带平板且梯段板厚度和平板厚度不同时，可在梯段板后面括号内以字母 P 打头注写平板厚度。

【示例】

$h=130(P=150)$，130 表示梯段板厚度，150 表示梯板平板段的厚度。

3）踏步段总高度和踏步级数，之间以"/"分隔。

4）梯板支座上部纵筋，下部纵筋，之间以";"分隔。

5）梯板分布筋，以 F 打头注写分布钢筋具体值，也可在图中统一说明。

【示例】如图 8-11 所示。

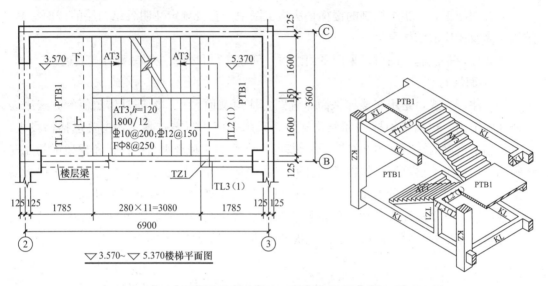

图 8-11　楼梯平面注写示例

集中标注：AT3，$h=120$ 梯板类型及编号，梯板板厚

1800/12　踏步段总高度/踏步级数

$\Phi$10@200；$\Phi$12@150 上部纵筋；下部纵筋

F$\phi$8@250　梯板分布筋（可统一说明）

原位标注：踏步数 11，楼梯层间平台宽＝1785mm，楼层平台宽＝1785mm，楼梯间开间＝3600mm，进深＝6900mm

（2）板式楼梯平台板的注写

平台板中部注写内容有四项：

1）平台板代号和序号 PTB××

2）平台板厚度 $h$

3）平台板下部短跨方向配筋（S 配筋）

4）平台板下部长跨方向配筋（L 配筋）

S 配筋和 L 配筋之间用"/"分隔开；在板内四周原位注写构造钢筋与伸入板内长度；平台板和梯板的分布钢筋注写在图名下方。

【示例】

PTB 1，$h=100$　平台板代号和序号，平台板厚度

S$\phi$8@150　（S 配筋）平台板下部短跨方向配筋

L$\phi$8@150　（L 配筋）平台板下部长跨方向配筋

**2. 剖面注写**

需要在楼梯平法施工图中绘制楼梯平面布置图和楼梯剖面图，注写方式分为平面注写、剖面注写两部分。平面注写部分与平面注写方式中外围注写内容相同；剖面注写部分需标注梯板集中标注、梯梁梯柱编号、梯板水平及竖向尺寸、楼层结构标高、层间结构标高等。其中，梯板集中标注包括：梯板编号，梯板厚度，梯板上部纵筋、下部纵筋，梯板分布筋四项内容（此种方法类似于传统制图，但梯段板配筋注写简单，较常用）。

【示例】如图 8-12 所示。

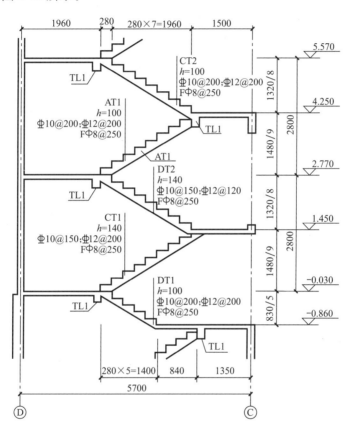

**图 8-12 楼梯剖面注写示例**

**3. 列表注写**

列表注写是用列表方式注写梯板截面尺寸和配筋具体数值。列表注写方式的具体要求同剖面注写方式，仅将剖面注写方式中的剖面注写内容以列表形式注写。

【示例】如图 8-13 所示。

列表注写方式见下

| 梯板类型编号 | 踏步高度/踏步级数 | 板厚 $h$ | 上部纵筋 | 下部纵筋 | 分布筋 |
|---|---|---|---|---|---|
| AT1 | 1480/9 | 100 | $\Phi$10@200 | $\Phi$12@200 | $\Phi$8@250 |
| CT1 | 1480/9 | 140 | $\Phi$10@150 | $\Phi$12@120 | $\Phi$8@250 |
| CT2 | 1320/9 | 100 | $\Phi$10@200 | $\Phi$12@200 | $\Phi$8@250 |
| DT1 | 830/5 | 100 | $\Phi$10@200 | $\Phi$12@200 | $\Phi$8@250 |
| DT2 | 1320/8 | 140 | $\Phi$10@150 | $\Phi$12@120 | $\Phi$8@250 |

**图 8-13 板式楼梯列表注写示例**

### 课堂活动

识读附图 1 中 G-23,完成该图的图纸抄绘。

抄绘要求:图幅 A2;比例 1:100;线型、文字等按照《房屋建筑制图统一标准》GB/T 50001—2017 及《建筑结构制图标准》GB/T 50105—2010。

活动要求:学生在抄绘施工图过程中,如果有不懂的地方先相互讨论解决,学生之间不能解决的问题则做好记录,并反馈给教师。

### 能力测试

#### 填空题

1. 平法施工图将板式楼梯分成了_____组_____种类型,其中,第一组有_____种类型,代号分别为_____。

2. 第二组板式楼梯分为_____类型,它们的共同特点是每个代号代表_____跑踏步段和连接它们的_____及_____。

3. ATa、ATb、ATc 型楼梯全部由_____构成,两端均支承在_____上,类似于_____型,但此楼梯板具有_____构造措施。

4. 板式楼梯平法施工图可以采用_____注写、_____注写和_____注写三种方式。

5. 平面注写是在楼梯平面布置图中采用平面注写方式表达,主要包括_____和_____的注写。

6. AT 型楼梯指的是两梯梁之间的一跑矩形梯段板全部由_____构成。

7. 试解释以下楼梯平面注写内容:

AT1   $h=100$:_____。

1650/10:_____。

$\Phi$ 12@130;$\Phi$ 12@130:_____。

F$\Phi$ 8@150:_____。

8. 板式楼梯的传力路线为_____→_____→_____。

9. 梁式楼梯的传力路线为_____→_____→_____→_____。

### 技能拓展

1. 组织参观施工现场,对照结构施工图,观察不同类型的楼梯及其特点。

2. 组织学生结合某工程的结构施工图,进行楼梯部分图纸会审工作。

# 任务 8.2  板式楼梯标准构造详图的识读

### 任务描述

楼梯的标准构造详图分析了不同类型的楼梯的钢筋配置与细部构造,有助于更好地学习和理解楼梯的平法制图规则及楼梯平法施工图的识读。本任务以板式楼梯为分析内容，是此项目学习的重点和难点，涉及建筑力学及建筑结构的相关知识。掌握楼梯的标准构造详图的识读方法是建筑施工与工程造价等专业必备的专业技能。

通过本任务的学习，学生能够：理解板式楼梯的钢筋构造要求；熟练识读板式楼梯的标准构造详图，能够进行简单的楼梯工程量计算。

板式楼梯配筋示意如图 8-14 所示。

图 8-14  板式楼梯配筋示意

## 知识构成

# 8.2.1  AT、BT、CT、DT 型板式楼梯的钢筋配置与构造

如图 8-15～图 8～23 所示。

（1）HPB300 级钢筋为受拉时，除了梯板上部纵筋的跨内端头做 90°直角弯钩外，末

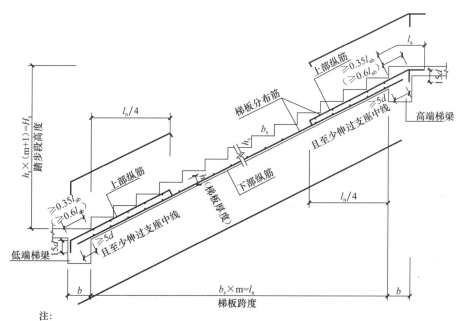

注：
1. 当采用 HPB300 光圆钢筋时，除梯板上部纵筋的跨内端头做 90°直角弯钩外，所有末端应做 180°的弯钩。
2. 图中上部纵筋锚固长度 $0.35l_{ab}$ 用于设计按铰接的情况，括号内数据 $0.6l_{ab}$ 用于设计考虑充分发挥钢筋抗拉强度的情况，具体工程中设计应指明采用何种情况。
3. 上部纵筋有条件时可直接伸入平台板内锚固，从支座内边算起总锚固长度不小于 $l_a$；如图中虚线所示。
4. 上部纵筋需伸至支座对边再向下弯折。

图 8-15  AT 型楼梯配筋构造

端应做180°弯钩，其弯弧内直径不应小于钢筋直径的2.5倍，弯钩的弯后平直部分长度不应小于钢筋直径的3倍，但作为受压钢筋时可不设弯钩。

（2）上部纵筋锚固长度 $0.35l_{ab}$ 用于设计按铰接的情况，括号内 $0.6l_{ab}$ 用于设计考虑充分发挥钢筋抗拉强度的情况，具体工程中设计应指明采用何种情况。

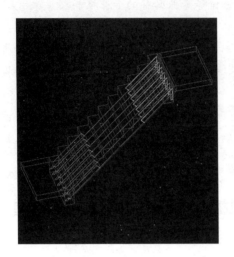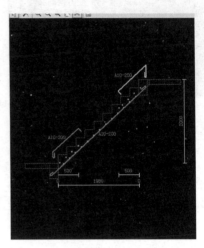

图8-16　AT楼梯：踏步段钢筋做法

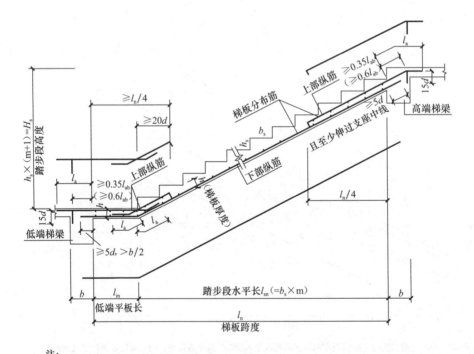

注：
1.当采用HPB300光圆钢筋时，除梯板上部纵筋的跨内端头做90°直角弯钩外，所有末端应做180°的弯钩。
2.图中上部纵筋锚固长度 $0.35l_{ab}$ 用于设计按铰接的情况，括号内数据 $0.6l_{ab}$ 用于设计考虑充分发挥钢筋抗拉强度的情况，具体工程中设计应指明采用何种情况。
3.上部纵筋有条件时可直接伸入平台板内锚固，从支座内边算起总锚固长度不小于 $l_a$：如图中虚线所示。
4.上部纵筋需伸至支座对边再向下弯折。

图8-17　BT型楼梯配筋构造

（3）上部纵筋有条件时可伸入平台板内锚固，从支座内边算起总锚固长度不小于 $l_a$，如图中虚线所示。

（4）上部纵筋需伸入支座对边再向下弯折。

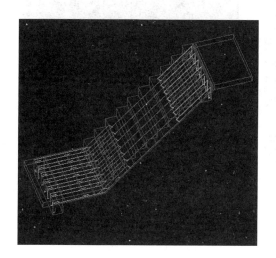
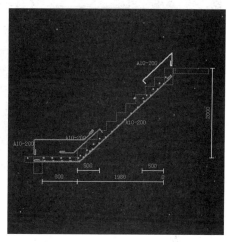

**图 8-18　BT 楼梯：踏步段钢筋做法**

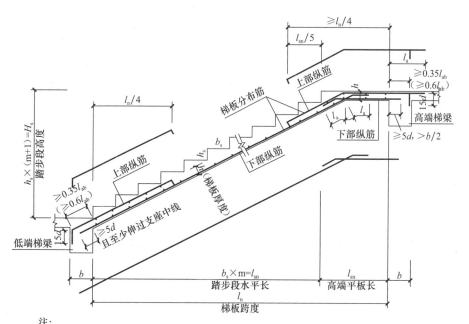

注:

1. 当采用 HPB300 光圆钢筋时，除梯板上部纵筋的跨内端头做 90°直角弯钩外，所有末端应做 180°的弯钩。
2. 图中上部纵筋锚固长度 $0.35l_{ab}$ 用于设计按铰接的情况，括号内数据 $0.6l_{ab}$ 用于设计考虑充分发挥钢筋抗拉强度的情况，具体工程中设计应指明采用何种情况。
3. 上部纵筋有条件时可直接伸入平台板内锚固，从支座内边算起总锚固长度不小于 $l_a$：如图中虚线所示。
4. 上部纵筋需伸至支座对边再向下弯折。

**图 8-19　CT 型楼梯配筋构造**

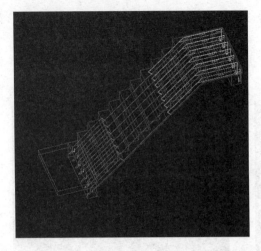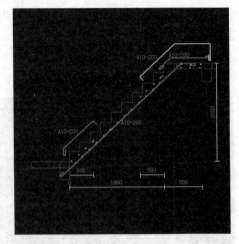

图 8-20　CT 楼梯：踏步段钢筋做法

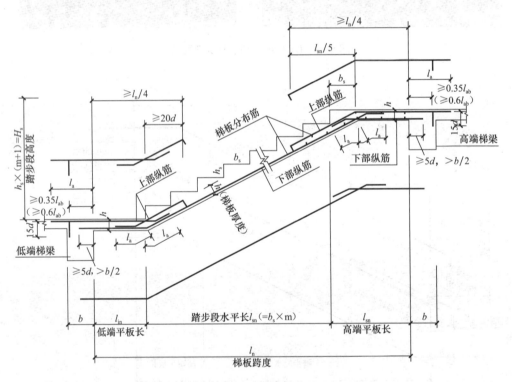

注：

1.当采用HPB300光圆钢筋时，除梯板上部纵筋的跨内端头做90°直角弯钩外，所有末端应做180°的弯钩。

2.图中上部纵筋锚固长度$0.35l_{ab}$用于设计按铰接的情况，括号内数据$0.6l_{ab}$用于设计考虑充分发挥钢筋抗拉强度的情况，具体工程中设计应指明采用何种情况。

3.上部纵筋有条件时可直接伸入平台板内锚固，从支座内边算起总锚固长度不小于$l_a$；如图中虚线所示。

4.上部纵筋需伸至支座对边再向下弯折。

图 8-21　DT 型楼梯配筋构造

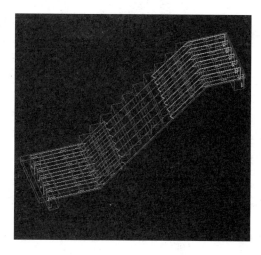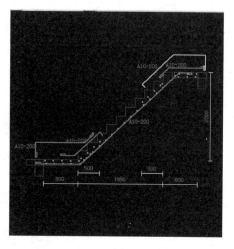

图 8-22  DT 楼梯：踏步段钢筋做法

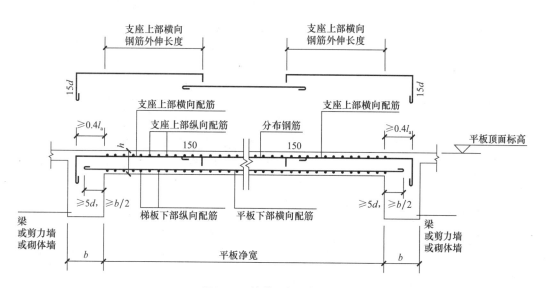

图 8-23  楼梯平板钢筋构造

## 8.2.2  楼梯钢筋长度计算

如图 8-24 所示。

各式楼梯钢筋量计算如图 8-25～图 8-30 及表 8-2～表 8-7 所示。

$$受力筋长度 = 梯板投影净跨 \times k + \max(5d,h) \times 2 + 6.25d \times 2$$

$$受力筋根数 = (梯板净宽 - 2 \times 保护层)/间距 + 1$$

$$分布筋长度 = 梯板净宽 - 2 \times 保护层 + 2 \times 6.25d$$

$$分布筋根数 = (k \times l_n - 2 \times 50)/间距 + 1$$

$$支座负筋分布筋根数 = (k \times l_n/4 - 50)/间距 + 1$$

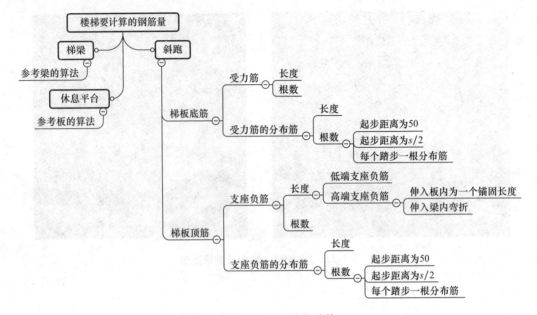

图 8-24 楼梯钢筋量计算

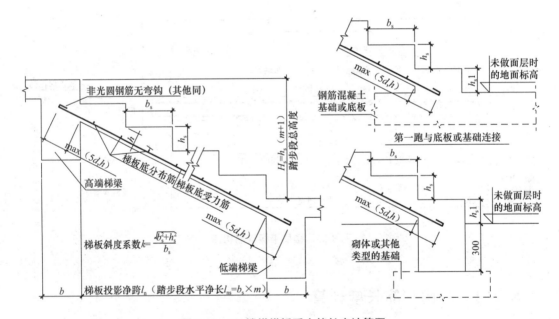

图 8-25 AT 楼梯梯板受力筋长度计算图

**AT 楼梯梯板受力筋长度计算表** 表 8-2

梯板底受力筋长度＝梯板投影净长×斜度系数＋伸入左端支座内长度＋伸入右端支座内长度＋弯钩×2(弯钩只光圆钢筋有)

| 梯板投影净长 | 斜度系数 | 伸入左端支座内长度 | 伸入右端支座内长度 | 弯钩 |
|---|---|---|---|---|
| $l_n$ | $k=\sqrt{b_s^2+h_s^2}/b_s$ | $\max(5d, h)$ | $\max(5d, h)$ | $6.25d$ |

梯板底受力筋长度＝$l_n×k+\max(5d, h)×2+6.25d×2$（弯钩只光圆钢筋有）

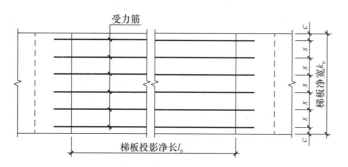

图 8-26 楼梯斜跑梯板受力筋根数计算图

**楼梯斜跑梯板受力筋根数计算表** 表 8-3

| 梯板受力筋根数＝(梯板净宽－保护层×2)/受力筋间距＋1 | | |
|---|---|---|
| 梯板净宽 | 保护层 | 受力筋间距 |
| $k_n$ | $c$ | $s$ |
| 梯板受力筋根数＝$(k_n-2c)/s+1$（取整） | | |

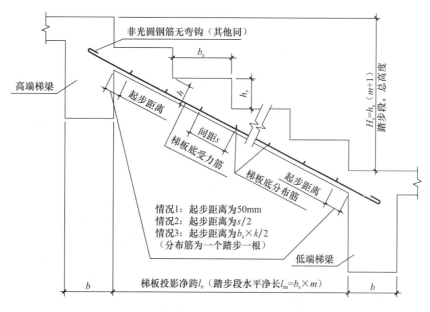

图 8-27 梯板受力筋的分布筋长度计算图

**梯板底受力筋的分布筋长度计算表** 表 8-4

| 分布筋长度＝梯板净宽－保护层×2＋弯钩×2 | | |
|---|---|---|
| 梯板净宽 | 保护层 | 弯钩 |
| $k_n$ | $c$ | $6.25d$ |
| 分布筋长度＝$k_n-2c+6.25d×2$ | | |

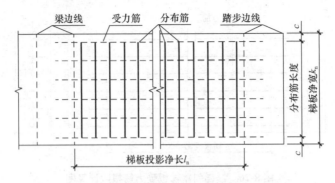

**图 8-28 梯板受力筋的分布筋根数计算图**

表 8-5

### 梯板分布筋根数计算表

| 起步距离判断 | 梯板分布筋根数=(梯板投影净跨×斜度系数−起步距离×2)/分布筋间距+1 | | | |
|---|---|---|---|---|
| | 梯板投影净跨 | 斜度系数 | 起步距离 | 分布筋间距 |
| 起步距离为50mm | $l_n$ | $k$ | 50mm | s |
| | 梯板分布筋根数=$(l_n×k−50×2)/s+1$（取整） | | | |
| 起步距离为$s/2$ | $l_n$ | $k$ | $s/2$ | s |
| | 梯板分布筋根数=$(l_n×k−s)/s+1$（取整） | | | |
| 起步距离为$b_s×k/2$ | $L_n$ | $k$ | $b_s×k/2$ | s |
| | 梯板分布筋根数=$(l_n×k−b_s×k)/s+1$（取整） | | | |

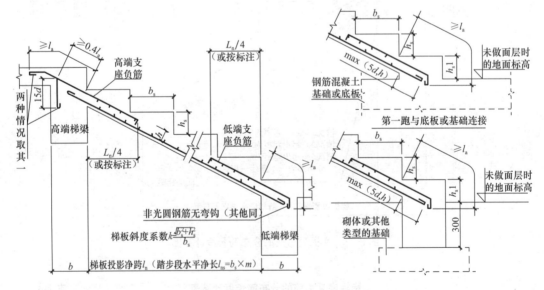

**图 8-29 AT楼梯梯板支座负筋长度计算图**

表 8-6

### 梯板底支座负筋长度计算表

| 低端支座负筋 | 钢筋级别 | 弯折判断 | 低端支座负筋长度=伸入板内长度+伸入支座内长度 | |
|---|---|---|---|---|
| | | | 伸入板内长度=伸入板内直段长度+弯折 | 伸入支座内长度 |

续表

| | | | 伸入板内直段长度 | 弯折 | 锚固长度 | | 弯钩 |
|---|---|---|---|---|---|---|---|
| 低端支座负筋 | 光圆钢筋 | 弯折长度=h-2c | $l_n/4×k$ 或（按标注尺寸×k） | h-2c | $l_a$ | | 6.25d |
| | | | 低端支座负筋长度=$l_n/4×k$ 或（按标注尺寸×k）+h-2c+$l_a$+6.25d | | | | |
| | | 弯折长度=h-c | 伸入板内直段长度 | 弯折 | 锚固长度 | | 弯钩 |
| | | | $l_n/4×k$ 或（按标注尺寸×k） | h-c | $l_a$ | | 6.25d |
| | | | 低端支座负筋长度=$l_n/4×k$ 或（按标注尺寸×k）+h-c+$l_a$+6.25d | | | | |
| | 非光圆钢筋 | 弯折长度=h-2c | 伸入板内直段长度 | 弯折 | 锚固长度 | | 弯钩 |
| | | | $l_n/4×k$ 或（按标注尺寸×k） | h-2c | $l_a$ | | 0 |
| | | | 低端支座负筋长度=$l_n/4×k$ 或（按标注尺寸×k）+h-2c+$l_a$ | | | | |
| | | 弯折长度=h-c | 伸入板内直段长度 | 弯折 | 锚固长度 | | 弯钩 |
| | | | $l_n/4×k$ 或（按标注尺寸×k） | h-c | $l_a$ | | 0 |
| | | | 低端支座负筋长度=$l_n/4×k$ 或（按标注尺寸×k）+h-c+$l_a$ | | | | |
| 高端支座负筋（伸入板内锚固） | 钢筋级别 | 弯折判断 | 高端支座负筋长度=伸入板内长度+伸入支座内长度 | | | | |
| | | | 伸入板内长度=伸入板内直段长度+弯折 | 伸入支座内长度 | | | |
| | 光圆钢筋 | 弯折长度=h-2c | 伸入板内直段长度 | 弯折 | 伸入支座内长度 | | 弯钩 |
| | | | $l_n/4×k$ 或（按标注尺寸×k） | h-2c | $l_a$ | | 6.25d |
| | | | 高端支座负筋长度=$l_n/4×k$ 或（按标注尺寸×k）+h-2c+$l_a$+6.25d | | | | |
| | | 弯折长度=h-c | 伸入板内直段长度 | 弯折 | 伸入支座内长度 | | 弯钩 |
| | | | $l_n/4×k$ 或（按标注尺寸×k） | h-c | $l_a$ | | 6.25d |
| | | | 高端支座负筋长度=$l_n/4×k$ 或（按标注尺寸×k）+h-c+$l_a$+6.25d | | | | |
| | 非光圆钢筋 | 弯折长度=h-2c | 伸入板内直段长度 | 弯折 | 伸入支座内长度 | | 弯钩 |
| | | | $l_n/4×k$ 或（按标注尺寸×k） | h-2c | $l_a$ | | 0 |
| | | | 高端支座负筋长度=$l_n/4×k$ 或（按标注尺寸×k）+h-2c+$l_a$ | | | | |
| | | 弯折长度=h-c | 伸入板内直段长度 | 弯折 | 伸入支座内长度 | | 弯钩 |
| | | | $l_n/4×k$ 或（按标注尺寸×k） | h-c | $l_a$ | | 0 |
| | | | 高端支座负筋长度=$l_n/4×k$ 或（按标注尺寸×k）+h-c+$l_a$ | | | | |
| 高端支座负筋（在梯梁内弯折） | 钢筋级别 | 弯折判断 | 高端支座负筋长度=伸入板内长度+伸入支座内长度 | | | | |
| | | | 伸入板内长度=伸入板内直段长度+弯折 | 伸入支座内长度 | | | |
| | 光圆钢筋 | 弯折长度=h-2c | 伸入板内直段长度 | 弯折 | 伸入支座直段长度 $l_z$ | 伸入支座弯折长度 | 弯钩 |
| | | | $l_n/4×k$ 或（按标注尺寸×k） | h-2c | $0.4l_a≤l_z≤(b-c)×k$ | 15d | 6.25d |
| | | | 高端支座负筋长度=$l_n/4×k$ 或（按标注尺寸×k）+h-2c+ [$0.4l_a≤l_z≤(b-c)×k+15d+6.25d$] | | | | |
| | | 弯折长度=h-c | 伸入板内直段长度 | 弯折 | 伸入支座直段长度 | 伸入支座弯折长度 | 弯钩 |
| | | | $l_n/4×k$ 或（按标注尺寸×k） | h-c | $0.4l_a≤l_z≤(b-c)×k$ | 15d | 6.25d |
| | | | 高端支座负筋长度=$l_n/4×k$ 或（按标注尺寸×k）+h-c+ [$0.4l_a≤l_z≤(b-c)×k+15d+6.25d$] | | | | |
| | 非光圆钢筋 | 弯折长度=h-2c | 伸入板内直段长度 | 弯折 | 伸入支座直段长度 | 伸入支座弯折长度 | 弯钩 |

续表

| 高端支座负筋（在梯梁内弯折） | 非光圆钢筋 | 弯折长度 $=h-2c$ | $l_n/4\times k$ 或（按标注尺寸×$k$） | $h-2c$ | $0.4l_a\leqslant l_z\leqslant$ $(b-c)\times k$ | $15d$ | $0$ |
|---|---|---|---|---|---|---|---|
| | | | 高端支座负筋长度=$l_n/4\times k$ 或（按标注尺寸×$k$）$+h-2c+[0.4la\leqslant l_z\leqslant(b-c)\times k]+15d$ | | | | |
| | | 弯折长度 $=h-c$ | 伸入板内直段长度 | 弯折 | 伸入支座直段长度 | 伸入支座弯折长度 | 弯钩 |
| | | | $l_n/4\times k$ 或（按标注尺寸×$k$） | $h-c$ | $0.4l_a\leqslant l_z\leqslant$ $(b-c)\times k$ | $15d$ | $0$ |
| | | | 高端支座负筋长度=$l_n/4\times k$ 或（按标注尺寸×$k$）$+h-c+[0.4la\leqslant l_z\leqslant(b-c)\times k]+15d$ | | | | |

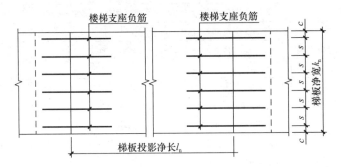

**图 8-30 楼梯斜跑梯板支座负筋根数计算图**

负筋根数计算表 表 8-7

| 梯板负筋根数＝(梯板净宽－保护层×2)/负筋间距＋1 | | |
|---|---|---|
| 梯板净宽 | 保护层 | 负筋间距 |
| $k_n$ | $c$ | $s$ |
| 梯板负筋根数=$(k_n-2c)/s+1$(取整) | | |

【示例】

AT 型楼梯平法施工图如图 8-31 所示。请计算楼梯钢筋工程量。

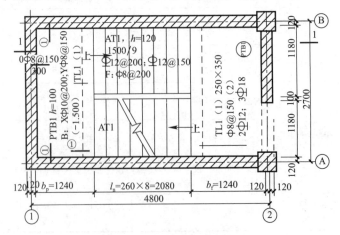

**图 8-31 5970 楼梯平面图**

**【解】**

$$k = \sqrt{1+i^2} = \sqrt{1+\left(\frac{166.67}{260}\right)^2} = 1.1878$$

计算参数：HRB335 钢筋 $l_a = 33d = 33 \times 12 = 396\text{mm}$

HPB300 钢筋 $l_a = 34d = 34 \times 8 = 272\text{mm}$

$90°$量度差 $2.288d = 2.288 \times 12 = 27\text{mm}$

底筋(Φ 12) $= (2.08 + 2 \times 0.125) \times 1.1878 \times [(1.18 - 0.0125 \times 2)/0.15 + 1] \times 9 = 24.908\text{m}$

支座负筋 (Φ 12) $= [2.08/4 \times 1.1878 + 0.6 \times 0.396 + 15 \times 0.012 + (0.12 - 0.015 \times 2) - 0.027] \times [(1.18 - 0.015 \times 2)/0.2 + 1] \times 7 = 7.688\text{m}$

分布钢筋 (Φ 8) $= (1.18 - 0.015 \times 2 + 2 \times 0.05) \times [(2.08 + 2.08/4 \times 2 - 0.05 \times 4) \times 1.1878/0.2 + 3] \times 21 = 26.25\text{m}$

## 能力测试

### 计算题

识读附图一中 G-23，计算 AT1 钢筋工程量。

## 技能拓展

1. 组织参观施工现场，对照结构施工图，观察学习不同的板式楼梯钢筋配置与构造。

2. 对照结构施工图，分组计算楼梯钢筋工程量。

# 项目 9
## 砌体结构施工图的识读

### 项目概述

> 通过本项目的学习，学生能够：了解砌体结构的材料及力学特点；了解砌体结构的构造要求；掌握砌体结构平面图、构件详图的识读及标准图查阅方法。

## 任务 9.1　砌体结构基本知识

### 任务描述

砌体结构是历史悠久的结构形式，世界上大量具有纪念性的古代建筑物是用砖、石建造的。如图 9-1 所示。

通过本工作任务的学习，学生能够：了解砌体材料和力学性能；识别砌体材料强度等级及表示方法；熟悉砌体结构的构造要求。砌体结构房屋如图 9-2 所示。

### 知识构成

### 9.1.1　砌体结构的材料

砌体是由各种块体和砂浆按一定的砌筑方法砌筑而成的整体。砌体有无筋砌体和配筋砌体两大类。无筋砌体又因所用块体材料不同分为砖砌体、砌块砌体和石砌体。在砌体中配置钢筋或钢筋混凝土时，称为配筋砌体。

### 知识拓展

无筋砖砌体可砌成半砖（12 墙）120mm、3/4 砖（18 墙）180mm、一砖（24 墙）240mm、一砖半（37 墙）370mm、二砖（49 墙）490mm、二砖半（62 墙）620mm 等各种厚度。

**图 9-1　砌体结构**

（a）古埃及金字塔；（b）古罗马竞技场；（c）圣索菲亚大教堂；（d）万里长城

**图 9-2　砌体结构房屋**

（a）多层砌体结构房屋；（b）高层砌体结构房屋

实砌砖砌体通常采用一顺一丁、梅花丁、三顺一丁的砌筑方式。以墙厚为240mm的一砖墙为例，砌筑时的组砌方式如图9-3所示。

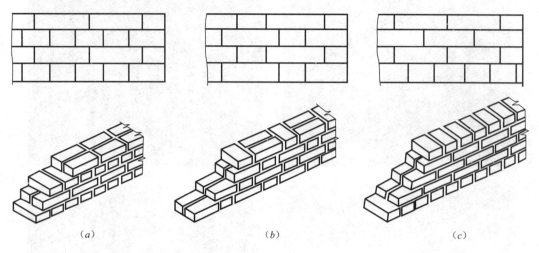

**图 9-3  砖墙组砌方式**
(a) 一顺一丁；(b) 梅花丁；(c) 三顺一丁

**1. 块体**

(1) 砌墙砖

包括烧结普通砖、烧结多孔砖、蒸压灰砂普通砖、蒸压粉煤灰普通砖、混凝土普通砖、混凝土多孔砖等。

## 知识拓展

烧结砖是用黏土质材料，如黏土、页岩、煤矸石、粉煤灰为原料，经过坯料调制，用挤出或压制工艺制坯、干燥，再经焙烧而成。烧结普通砖是指实心或孔洞率不大于15%的砖，具有全国统一的规格，其尺寸为240mm×115mm×53mm。具有这种尺寸的砖统称"标准砖"。烧结多孔砖具有竖向孔洞，孔洞率不小于25%，孔的尺寸小而数量多，目前多孔砖分为 P 型（240mm×115mm×90mm）砖和 M 型（190mm×190mm×90mm）砖。如图9-4 (a)、(b)、(c) 所示。

蒸压灰砂普通砖、蒸压粉煤灰普通砖是以砂、石灰、粉煤灰等为主要原料，经坯料制备，压制成型、蒸压养护而成的实心砖。其规格尺寸为240mm×115mm×53mm。推广蒸压灰砂砖取代黏土砖对减少环境污染，保护耕地，改善建筑功能有积极作用。如图9-4 (d)、(e) 所示。

混凝土普通砖是以水泥、骨料，以及根据需要加入的掺合料、外加剂等，经加水搅拌、成型、养护制成的混凝土实心砖或多孔砖，其规格尺寸为240mm×115mm×53mm，其他规格由供需双方协商确定。如图9-4 (f) 所示。

(2) 砌块

砌块是利用混凝土、工业废料（炉渣、粉煤灰等）或地方材料制成的人造块材，外形尺寸比砖大，具有设备简单、砌筑快的优点，符合建筑工业化发展中墙体改革的要求。

包括混凝土砌块、轻骨料混凝土砌块等。

**图9-4 砖的种类**

（a）烧结普通砖；（b）烧结多孔砖；（c）烧结多孔砖；
（d）蒸压灰砂普通砖；（e）蒸压粉煤灰普通砖；（f）混凝土普通砖

## 知识拓展

砌块按外观形状可以分为实心砌块和空心砌块。砌块按尺寸和质量的大小不同分为小型砌块、中型砌块和大型砌块。目前，我国常用的混凝土小型空心砌块主规格尺寸为390mm×190mm×190mm，其他规格尺寸可由供需双方协商，如图9-5所示。

**图9-5 小型砌块**

（a）空心砌块；（b）加气混凝土砌块；（c）粉煤灰砌块

（3）石材

以天然岩石为原材料加工制作而成。包括各种料石和毛石。石砌体可用作建筑物的承重墙、基础或挡土墙等。

**2. 砌筑砂浆**

砌筑砂浆是将砖、石、砌块等粘结成为砌体的砂浆。它起着传递荷载的作用，是砌体的重要组成部分。

### 知识拓展

常用的砌筑砂浆有水泥砂浆、石灰砂浆、水泥石灰混合砂浆等。水泥砂浆适用于潮湿环境及水中的砌体工程；石灰砂浆仅用于强度要求低、干燥环境中的砌体工程；混合砂浆不仅和易性好，而且可配制成各种强度等级的砌筑砂浆，除对耐水性有较高要求的砌体外，可广泛用于各种砌体工程中。

**3. 砌体材料的强度等级**

块材和砂浆的强度等级，依据其抗压强度来划分。它是确定砌体在各种受力情况下强度的基本数据。

（1）块体强度等级

各类块体的强度等级，应满足《砌体结构设计规范》GB 50003—2011 要求。块材强度等级以 MU 表示，单位为 MPa。承重结构的块体的强度等级，应按下列规定采用。

1）烧结普通砖、烧结多孔砖的强度等级：MU30、MU25、MU20、MUl5 和 MU10。

2）蒸压灰砂普通砖、蒸压粉煤灰普通砖的强度等级：MU25、MU20 和 MUl5。

3）混凝土普通砖、混凝土多孔砖的强度等级：MU30、MU25、MU20 和 MUl5。

4）混凝土砌块、轻骨料混凝土砌块的强度等级：MU20、MUl5、MU10、MU7.5 和 MU5。

5）石材的强度等级：MU100、MU80、MU60、MU50、MU40、MU30 和 MU20。

### 知识拓展

自承重墙的空心砖、轻骨料混凝土砌块的强度等级，应按下列规定采用。
空心砖的强度等级：MU10、MU7.5、MU5 和 MU3.5。
轻骨料混凝土砌块的强度等级：MU10、MU7.5、MU5 和 MU3.5。

（2）砂浆强度等级

砂浆的强度等级由边长为 70.7mm 的立方体试块，在标准条件下养护，进行抗压试验，取其抗压强度平均值来确定。砂浆强度等级以 M（Mb 或 Ms）表示，单位为 MPa。砂浆的强度等级应按下列规定采用。

1）烧结普通砖、烧结多孔砖、蒸压灰砂普通砖和蒸压粉煤灰普通砖砌体采用的普通砂浆强度等级：M15、M10、M7.5、M5 和 M2.5；蒸压灰砂普通砖和蒸压粉煤灰普通砖砌体采用的专用砌筑砂浆强度等级：Ms15、Ms10、Ms7.5、Ms5。

2）混凝土普通砖、混凝土多孔砖、单排孔混凝土砌块和煤矸石混凝土砌块砌体采用的砂浆强度等级：Mb20、Mb15、Mb10、Mb7.5 和 Mb5。

3）双排孔或多排孔轻骨料混凝土砌块砌体采用的砂浆强度等级：Mb10、Mb7.5 和 Mb5。

4）毛料石、毛石砌体采用的砂浆强度等级：M7.5、M5 和 M2.5。

**4. 配筋砌体**

配筋砌体是指在砌体水平灰缝中配有钢筋或在砌体截面中配有钢筋混凝土小柱。配筋砌体可以提高砌体的抗压、抗拉、抗弯、抗剪强度和抗震性能。目前，我国采用的配筋砌体有：

（1）网状配筋砌体。在砌体水平灰缝中配置双向钢筋网，可加强轴心受压或偏心受压墙（或柱）的承载能力。如图 9-6（a）、（b）所示。

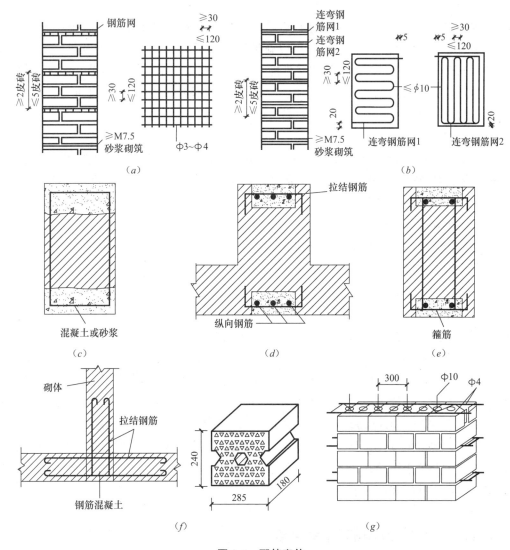

图 9-6 配筋砌体

（a）网状配筋砖砌体（方格网）；（b）网状配筋砖砌体（连弯网）；（c）组合砌体；
（d）组合砌体；（e）组合砌体；（f）构造柱组合墙；（g）配筋砌块砌体

（2）组合砌体。由砌体和钢筋混凝土组成，钢筋混凝土薄柱也可用钢筋砂浆面层代替。主要用于偏心受压墙、柱。如图 9-6（*c*）、（*d*）、（*e*）所示。

（3）构造柱组合墙。在砌体结构拐角处或内外墙交接处放置的钢筋混凝土构造柱，也是一种组合砌体，但其作用只是对墙体变形起约束作用，提高房屋抗震能力。如图 9-6（*f*）所示。

（4）配筋砌块砌体。在砌块墙体上下贯通的竖向孔洞中插入竖向钢筋，并用灌孔混凝土灌实，使竖向和水平钢筋与砌体形成一个共同工作的整体。可用于建造中高层房屋，又称配筋砌块剪力墙。如图 9-6（*g*）所示。

## 9.1.2　砌体结构的力学特点

砌体结构是由块体和砂浆砌筑而成的墙、柱作为建筑物主要受力构件的结构。砌体结构在我国应用很广泛，这是因为它可以就地取材，具有很好的耐久性及较好的化学稳定性和大气稳定性，有较好的保温隔热性能，与钢筋混凝土结构相比可节约水泥和钢材，砌筑时不需模板及特殊的技术设备，可节约木材。砌体结构的缺点是自重大、体积大，砌筑工作繁重，整体性和抗震性能差，黏土砖占用农田土地多等。

**1. 砌体的受力性能**

砌体受压时单块块体处在复杂应力状态下，不仅受压，并且还受弯、受剪和受拉，从而使块体的抗压强度不能充分发挥，因此，砌体的抗压强度低于所用块体的抗压强度。

**2. 影响砌体抗压强度的因素**

（1）块体和砂浆强度

块体和砂浆强度是影响砌体抗压强度的主要因素，砌体强度随块体和砂浆强度的提高而提高。对提高砌体强度而言，提高块材强度比提高砂浆强度更有效。

（2）块体的尺寸和表面平整度

增加块体高度可提高砌体强度，因为块体高度大时，其抗弯、抗剪和抗拉能力增大；块材表面越平整，灰缝厚薄越均匀，砌体的抗压强度越高。

（3）砌筑质量的影响

砌体砌筑时水平灰缝的厚度、饱满度、块体的含水率及组砌方式等，均影响到砌体的强度和整体性。砖墙水平灰缝厚度应为 8～12mm（一般宜为 10mm），水平灰缝砂浆饱满度应不低于 80%。砌体砌筑时，应提前 1～2d 适度湿润，烧结类块体的相对含水率 60%～70%；混凝土多孔砖及混凝土空心砖不需浇水湿润，但在气候干燥炎热的情况下，宜在砌筑前对其喷水湿润；其他非烧结类块体的相对含水率 40%～50%。砌筑时砖砌体应组砌正确，内外搭砌，上下错缝。

## 9.1.3　砌体结构的构造要求

**1. 砌体结构房屋及其结构布置方案**

（1）混合结构概念

砌体结构房屋的主要承重结构为屋盖、楼盖、墙体（柱子）和基础。混合结构是指建筑物中竖向承重结构的墙、柱等采用砖或砌块砌筑，梁、楼板、屋面板、桁架等水平承重构件采用钢筋混凝土结构、钢结构或木结构。一般将钢筋混凝土梁、板与砖墙（柱子）组合而成的结构称为砖混结构，如图9-7所示。

（a）　　　　　　　　　　　　　　　　　（b）

**图 9-7　混合结构房屋**

（a）砖混结构住宅；（b）底部框架-抗震墙砌体结构宿舍

（2）混合结构房屋结构布置方案

混合结构房屋的结构布置方案按照承重墙体划分，有以下四种承重体系：

1）横墙承重体系

在多层住宅、宿舍中，横墙间距较小，可做成横墙承重体系，楼面和屋面荷载直接传至横墙和基础。这种承重体系由于横墙间距小，因此房屋空间刚度较大，有利于抵抗水平风载和地震作用，也有利于调整房屋的不均匀沉降，如图9-8（a）所示。

2）纵墙承重体系

在食堂、商店、单层小型厂房中，将楼、屋面板（或增设檩条）铺设在大梁（或屋架）上，大梁（或屋架）放置在纵墙上；当进深不大时，也可将楼、屋面板直接放置在纵墙上，通过纵墙将荷载传至基础，这种体系称为纵墙承重体系。纵墙承重体系可获得较大的使用空间，但这类房的横向刚度较差，应加强楼、屋盖与纵墙的连接，这种体系不宜用于多层建筑物，如图9-8（b）所示。

3）纵横墙承重体系

在教学楼、办公楼、医院门诊楼中，部分房屋需要做成大空间，部分房间可以做成小空间，根据楼、屋面板的跨度，跨度小的方向将板直接搁置在横墙上，跨度大的方向可加设大梁，板荷载传至大梁，大梁支承在纵墙上，形成纵横墙同时承重，这种体系布置灵活，其空间刚度介于上述两种体系之间，如图9-8（c）所示。

4）内框架承重体系

在商场、多层厂房中，常需要较大的空间，可在房屋中部设柱，大梁一端支承在柱上，另一端支承在周边承重墙上，这样，在房屋内部形成钢筋混凝土框架承重体系，外部四周为墙体承重。这种体系房屋横墙少，空间刚度差，且柱基础与墙基础形式不同，容易产生不均匀沉降，如图9-8（d）所示。

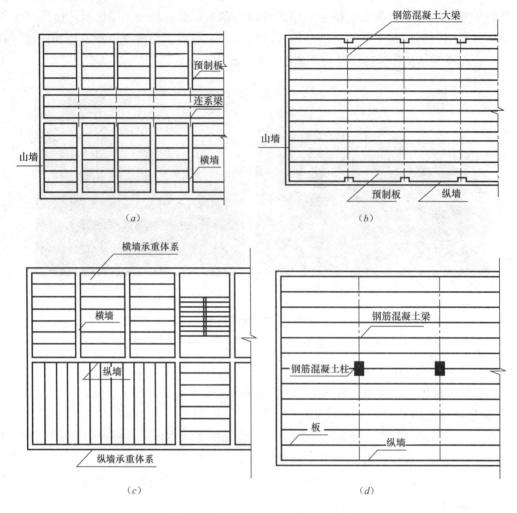

**图 9-8 混合结构房屋结构布置方案**

(*a*) 横墙承重体系；(*b*) 纵墙承重体系；(*c*) 纵横墙承重体系；(*d*) 内框架承重体系

**2. 砌体结构房屋的一般构造要求**

《砌体结构设计规范》GB 50003—2011 中对砌体结构的一般构造要求主要包括：

（1）预制钢筋混凝土板的支承长度，在混凝土圈梁上不应小于 80mm，板端伸出的钢筋应与圈梁可靠连接，且同时浇筑；在墙上不应小于 100mm，并应按规范要求方法进行连接。

（2）墙体转角处和纵横墙交接处应沿竖向每隔 400～500mm 设拉结钢筋，其数量为每 120mm 墙厚不少于 1 根直径 6mm 的钢筋；或采用焊接钢筋网片，埋入长度从墙的转角或交接处算起，对实心砖墙每边不小于 500mm，对多孔砖墙和砌块墙不小于 700mm。如图 9-9 所示。

（3）填充墙、隔墙应分别采取措施与周边主体结构构件可靠连接，连接构造和嵌缝材料应能满足传力、变形、耐久和防护要求，如图 9-10、图 9-11 所示。

（4）承重的独立砖柱截面尺寸不应小于 240mm×370mm。毛石墙的厚度不宜小于 350mm，毛料石柱较小边长不宜小于 400mm。

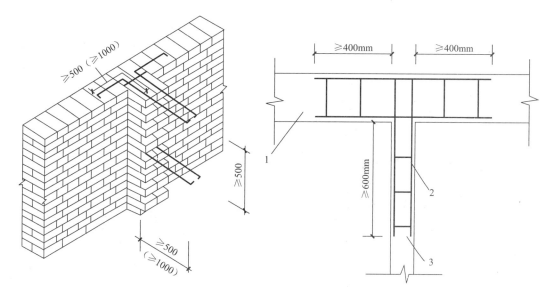

图 9-9　纵横墙交接处设拉结筋

图 9-10　砌块墙与后砌隔墙连接

1—砌块墙；2—焊接钢筋网片；3—后砌隔墙

(a)　　　　　　　　　　　　(b)

**图 9-11　填充墙、隔墙与周边主体结构连接**

(a) 多孔砖隔墙与框架柱连接；(b) 砌块填充墙与构造柱连接

（5）跨度大于 6m 的屋架和跨度大于下列数值的梁，应在支承处砌体上设置混凝土或钢筋混凝土垫块；当墙中设有圈梁时，垫块与圈梁宜浇成整体。对砖砌体跨度为 4.8m；对砌块和料石砌体跨度为 4.2m；对毛石砌体跨度为 3.9m。

**3. 砌体结构房屋抗震构造措施**

多层砌体结构房屋是我国传统的结构类型之一。但是这种结构材料脆性大，抗拉、抗剪能力低，抵抗地震的能力差。震害表明，在强烈地震作用下，多层砌体房屋的墙体以及楼盖、屋盖与墙体连接处等破坏比较严重。如图 9-12 所示。

## 知识拓展

实践证明，设置钢筋混凝土构造柱，可减少墙身的破坏，提高墙体的延性。钢筋混凝土圈梁与构造柱连接起来，能够增强砌体结构房屋的整体性，改善房屋的抗震性能，提高抗震能力。如图 9-13 所示。

图 9-12　震害引起的墙体破坏

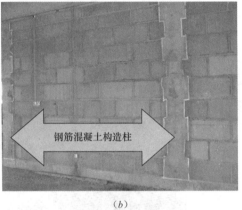

（a）　　　　　　　　　　　　　（b）

图 9-13　构造柱与墙连接构造

（a）砖墙中构造柱的马牙槎；（b）砌块填充墙中构造柱的马牙槎

（1）构造柱的设置与构造要求

1）构造柱一般按表 9-1 要求设置。

钢筋混凝土构造柱设置部位　　　　　　　　　　　　　　表 9-1

| 房屋层数 | | | | 设置部位 | |
| --- | --- | --- | --- | --- | --- |
| 6度 | 7度 | 8度 | 9度 | | |
| ≤五 | ≤四 | ≤三 | | 楼、电梯间四角，楼梯斜梯段上下端对应的墙体处；外墙四角和对应转角；错层部位横墙与外纵墙交接处；大房间内外墙交接处；较大洞口两侧 | 隔12m或单元横墙与外纵墙交接处；楼梯间对应的另一侧内横墙与外纵墙交接处 |
| 六 | 五 | 四 | ≤二 | | 隔开间横墙（轴线）与外墙交接处；山墙与内纵墙交接处 |
| 七 | ≥六 | ≥五 | ≥三 | | 内墙（轴线）与外墙交接处；内墙的局部较小墙垛处；内纵墙与横墙（轴线）交接处 |

2) 多层砖砌体房屋的构造柱应符合下列构造要求：

构造柱最小截面尺寸可采用 180mm×240mm，纵向钢筋宜采用 4$\Phi$12，箍筋间距不宜大于 250mm，且在柱上下端应适当加密；房屋四角的构造柱应适当加大截面及配筋。构造柱与墙连接处应砌成马牙槎，沿墙高每隔 500mm 设 2$\Phi$6 水平钢筋、$\Phi$4 分布短筋点焊钢筋网片，每边伸入墙内不宜小于 1m。如图 9-13 所示。

3) 构造柱与圈梁连接处，构造柱的纵筋应在圈梁纵筋内侧穿过，保证构造柱纵筋上下贯通，如图 9-14 所示。

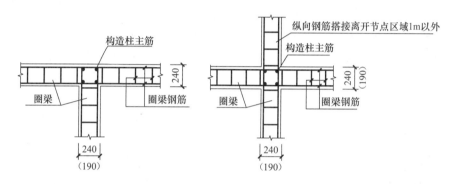

图 9-14　构造柱与圈梁连接构造

4) 构造柱可不单设基础，但应伸入室外地面下 500mm，或与埋深小于 500mm 的基础圈梁相连，如图 9-15 所示。

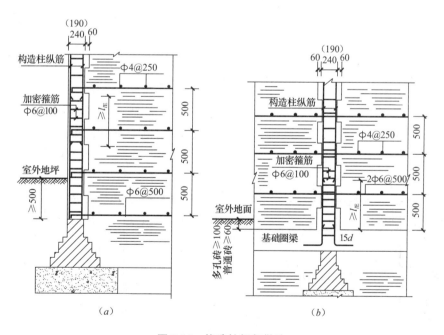

图 9-15　构造柱根部做法

(a) 构造柱根部伸入室外地面下 500mm 做法；(b) 构造柱根部与基础圈梁连接

(2) 圈梁的设置与构造要求

圈梁一般按表 9-2 要求设置。多层砖砌体房屋现浇钢筋混凝土圈梁的构造应符合下列要求：

**钢筋混凝土圈梁设置部位**      表 9-2

| 墙类 | 烈 度 | | |
|---|---|---|---|
| | 6、7度 | 8度 | 9度 |
| 外墙和内纵墙 | 屋盖处及每层楼面处 | 屋盖处及每层楼面处 | 屋盖处及每层楼面处 |
| 内横墙 | 同上；屋盖处间距不应大于4.5m；楼盖处间距不应大于7.2m；构造柱对应部位 | 同上；各层所有横墙，且间距不应大于4.5m；构造柱对应部位 | 同上；各层所有横墙 |

1) 圈梁应闭合，遇有洞口圈梁应上下搭接，圈梁宜与预制板在同一高度处或紧靠板底，如图 9-16 所示。

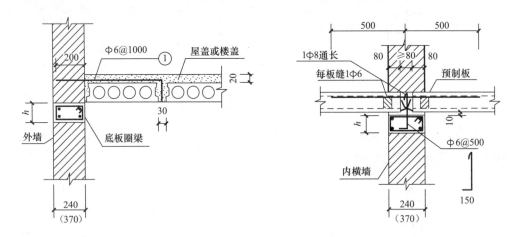

**图 9-16　板底圈梁与板的连接**

2) 纵、横墙圈梁应可靠连接，如图 9-17 所示。若在《建筑抗震设计规范》GB 50011—2010 要求的间距内无横墙时，应利用梁或板缝中配筋替代圈梁。

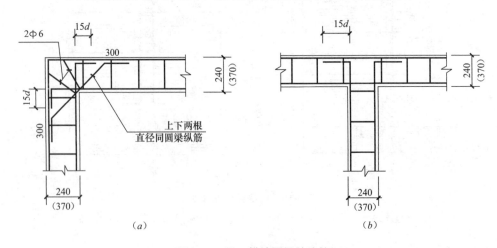

**图 9-17　纵、横墙圈梁的连接**

(a) 内墙阳角；(b) 内横墙与外纵墙相交处

3）圈梁的截面高度不应小于 120mm，配筋应符合表 9-3 的要求；按《建筑抗震设计规范》GB 50011—2010 要求增设的基础圈梁，截面高度不应小于 180mm，配筋不应小于 4 ⊈ 12。

钢筋混凝土圈梁配筋　　　　　　　　　　　表 9-3

| 砌体类别 | 截面与配筋 | 烈 度 | | |
|---|---|---|---|---|
| | | 6、7 度 | 8 度 | 9 度 |
| 多层砖砌体房屋 | 最小截面高度（mm） | 120 | 120 | 120 |
| | 最小纵筋 | 4 Φ 10 | 4 ⊈ 12 | 4 ⊈ 12 |
| | 最小箍筋 | Φ 6@250 | Φ 6@200 | Φ 6@150 |
| 多层小砌块房屋 | 最小截面宽×高（mm） | 190×200 | | |
| | 最小纵筋 | 4 ⊈ 12 | | |
| | 最小箍筋 | Φ 6@200 | | |

（3）多层房屋的层数和高度、芯柱布置、底部框架-抗震墙砌体房屋、钢筋的锚固和连接以及楼梯间等构造应满足《建筑物抗震构造详图》（多层砌体房屋和底部框架砌体房屋）11G329—2 规定。如构造柱与圈梁箍筋做法如图 9-18 所示。

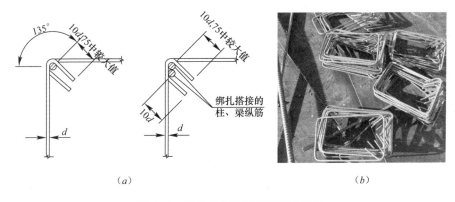

（a）　　　　　　　　　　　　　　（b）

**图 9-18　构造柱与圈梁箍筋弯钩做法**

（a）箍筋弯钩做法示意图；（b）箍筋弯钩成品图

## 课堂活动

识读附图二××学校教工宿舍楼结构施工图，说出该工程各构件所使用的材料种类和强度等级，熟悉该工程相关构造措施。

活动要求：学生在识读施工图过程中，如果有不懂的地方先相互讨论解决，学生之间不能解决的问题做好记录，并反馈给教师。

## 能力测试

### 一、单选题

1. 烧结普通砖的规格为（　　）。

A. 240mm×115mm×53mm

B. 240mm×115mm×15mm

C. 240mm×115mm×90mm

D. 190mm×190mm×90mm

2. 砌块的强度等级符号用（　　）表示。

A. M　　　　　　　　B. C　　　　　　　　C. MU　　　　　　　　D. CU

3. 砂浆的强度等级符号用（　　）表示。

A. M　　　　　　　　B. C　　　　　　　　C. MU　　　　　　　　D. CU

4. 下列（　　）不用设置构造柱。

A. 外墙四角　　　　　　　　　　　　B. 错层部位横墙和外纵墙交接处

C. 所有门窗洞口处　　　　　　　　　D. 大房间内外墙交接处

5. 构造柱与墙连接处应砌成马牙槎，并应沿墙高设拉结钢筋，每边伸入墙内不宜小于（　　）。

A. 1m　　　　　　　　B. 1.1m　　　　　　　　C. 1.2m　　　　　　　　D. 1.5m

二、简答题

1. 砌体结构中的块体和砂浆有哪些种类，你所在地区常用哪几种？

2. 影响砌体抗压强度的主要因素有哪些？

3. 请说明砌体结构房屋的一般构造要求。

4. 砌体结构房屋抗震构造措施有哪些？

### 技能拓展

组织学生到施工现场参观，结合工程实例，了解砌体结构材料、承重方案以及构造做法，为识读砌体结构施工图奠定基础。

# 任务 9.2　砌体结构施工图的识读

### 任务描述

通过本工作任务的学习，学生能够：理解砌体结构施工图的内容；掌握结构施工图的识读方法；熟练识读砌体结构施工图。本工作任务以图 9-19 所示某砌体结构宿舍楼为例，结构平面布置图如图 9-20 所示。

图 9-19　某砌体结构宿舍楼

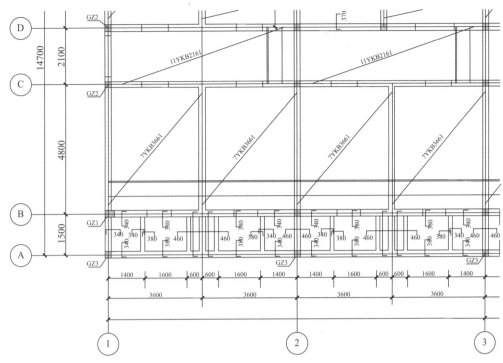

图 9-20　砌体结构平面布置图（局部）

## 知识构成

　　砌体结构房屋结构施工图是表示房屋承重构件的布置、构件的形状、尺寸大小、材料、内部构造以及各构件间连接情况的图样。结构施工图是施工定位、放线、挖基槽、安装模板、配钢筋、浇灌混凝土等施工的依据，也是计算工程量、编制预算和施工进度计划的依据。

　　砌体结构土建工程结构施工图包括结构设计总说明、结构平面布置图、结构构件详图等。

## 9.2.1　识读结构设计总说明

　　结构设计总说明是对拟建工程结构设计部分全局性的文字说明。主要内容包括：

　　（1）了解工程概况，如拟建工程位置，建筑长、宽、高度，层数，结构形式，建筑功能等。

　　（2）查看设计依据，如结构使用年限，基本风压、雪压，抗震设防等级，场地、工程地质情况，采用的建筑、结构规范和规程及荷载取值、地震作用参数等。

　　（3）查看结构材料的选用，如结构构件的钢筋、混凝土、砌体材料的强度等级等。

　　（4）熟悉砌体的构造要求，如构件连接，钢筋锚固，构造柱、圈梁、过梁、雨篷、填充墙的构造要求，相关专业间联系等。

　　（5）查看选用的标准图集，如现浇钢筋混凝土墙、柱、梁、楼面板、屋面板、楼梯选用的标准图集号，预制构件选用的标准图集号等。

（6）了解主要施工要求，如地基基础，悬挑构件，构造柱与墙体连接，预制构件连接与锚固施工方法，砌体工程质量控制等级等。

（7）图纸目录，了解图纸种类、图纸名称和张数等，可单独绘制，也可与结构设计说明在同一张图纸上。

【示例】识读附图结构设计说明。

## 9.2.2 识读结构平面布置图

结构平面布置图是房屋承重结构的整体布置图，它表示承重构件的类型、位置、数量、相互关系与钢筋的配置等。包括基础平面布置图与详图、楼层结构平面布置图、屋顶结构平面布置图等。

**1. 识读基础平面布置图**

基础平面布置图的水平剖切位置在首层室内地面处，主要表达被剖到的墙、柱、构造柱、地圈梁以及基础底面宽度。主要内容包括：

（1）图名、比例。

（2）纵横定位轴线及其编号。

（3）基础的平面布置和内部尺寸，如基础墙厚，基础梁、柱、基础底面的形状、尺寸及其与轴线的关系等。

（4）穿墙电缆、供暖、给水排水等沟道、管洞（虚线表示）等的位置、尺寸、标高等。

（5）剖切线位置及其编号，基础梁、柱编号等，与基础详图相对应。

（6）施工说明，如对材料及其强度等的要求。

【示例】识读如图 9-21 所示某工程基础平面布置图。

**2. 识读基础详图**

基础详图一般是垂直剖切的断面图，与平面图中剖切的位置及编号相对应。表示了基础的形状、大小、构造、材料、标高及埋置深度等。钢筋混凝土基础有时同时画出平面图，详细表达钢筋的配置情况。主要内容包括：

（1）图名、比例。

（2）纵横定位轴线及其编号。

（3）基础断面各部分详细尺寸和室内外地面标高。

（4）基础梁的高宽尺寸、标高及配筋。

（5）防潮层的标高尺寸及做法。

（6）基础设计说明，如对材料及其强度选用、施工要求等。

【示例】识读如图 9-22 所示某工程条形基础大样图。

**3. 识读楼盖结构平面布置图**

楼盖结构平面布置图主要用于表示该层楼面中梁、板的布置情况，现浇楼板的配筋情况，沿该层楼板面将房屋水平剖切后的水平投影图。主要内容包括：

（1）图名、比例。

（2）纵横定位轴线及其编号。

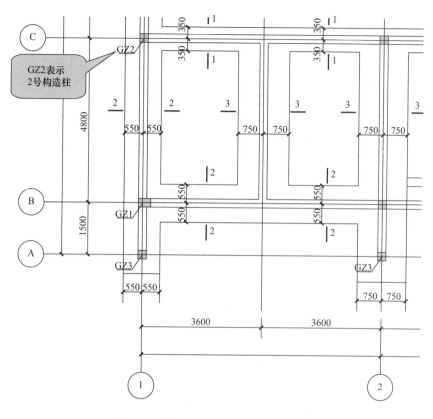

图 9-21 某工程基础平面布置图（局部）

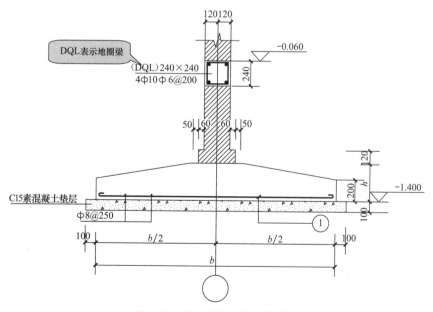

图 9-22 某工程条形基础大样图

（3）剖切到的墙身轮廓线和板下不可见墙身轮廓线。

（4）梁、柱的位置、尺寸及编号。

（5）现浇板钢筋的位置及尺寸、数量标注，预制板的铺设数量和构件代号等。

（6）圈梁、过梁的编号、形状尺寸和配筋等。

（7）本张图纸设计说明、施工要求等。

【示例】识读如图 9-23 所示某工程二层梁平面布置图，识读如图 9-24 所示某工程二层结构平面布置图。

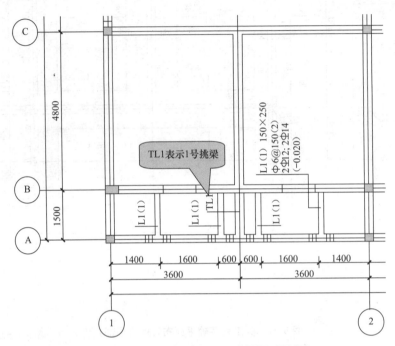

**图 9-23　某工程二层梁平面布置图（局部）**

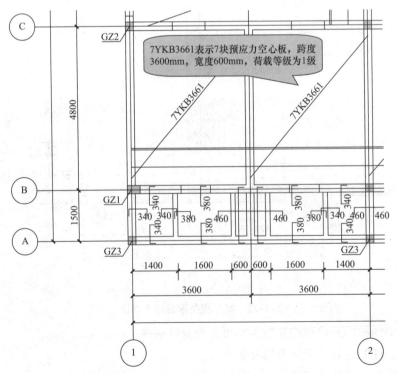

**图 9-24　某工程二层结构平面布置图（局部）**

#### 4. 识读屋盖结构平面布置图

屋盖结构平面布置图主要用于表示结构屋面中梁、板的布置情况，现浇楼板的配筋情况，沿该建筑物屋面板面将房屋水平剖切后的水平投影图。主要内容与楼盖结构平面布置图表达内容基本相同，不同之处主要有：

（1）屋顶的楼梯间可满铺预制空心板或现浇屋面板。

（2）带挑檐的屋顶有檐板。

（3）屋顶多有检查孔、水箱间和烟道、通风道预留孔。

（4）装配式楼盖楼层厨房、卫生间多现浇，屋面可铺设预制空心板。

【示例】识读如图 9-25 所示某工程屋顶梁平面布置图，识读如图 9-26 所示某工程屋顶结构平面布置图。

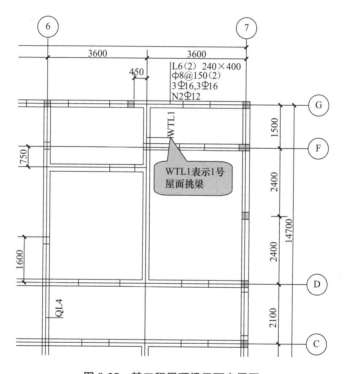

图 9-25  某工程屋顶梁平面布置图

## 9.2.3  识读结构构件详图

结构构件详图是表示各种构件的形状、大小、材料、构造和连接情况的图样。主要包括梁、板、柱及基础等构件的详图，楼梯结构详图等。以模板图、配筋图、预埋件详图、材料用量表等形式表达。主要内容包括：

（1）模板图。表示构件外形和预埋件位置的图样，标注构件外形尺寸和预埋件型号及其定位尺寸。

（2）配筋图。表示钢筋混凝土构件形状、尺寸及钢筋配置的数量、位置、规格等信息的详图。

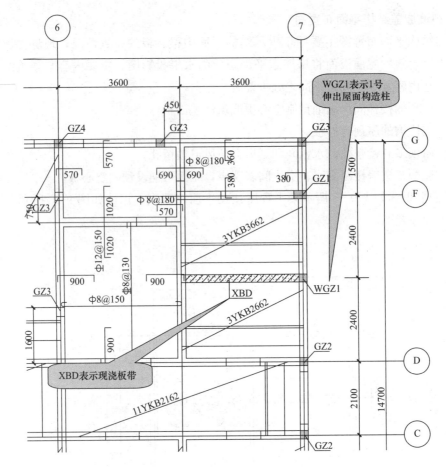

图 9-26　某工程屋顶结构平面布置图

（3）包括柱、梁、板、楼梯、挑檐、阳台等构件。

（4）楼梯图。包括楼梯结构平面图、楼梯结构剖面图和楼梯配筋图等。

（5）本张图纸设计说明、施工要求等。

## 知识拓展

现浇钢筋混凝土梁、板的配筋表达与框架结构梁、板构造相似，可采用平法标注形式直接表达在结构平面布置图中。钢筋混凝土预制板一般不画构件详图，施工时根据标注的型号和标准图集号查阅板的尺寸、配筋等情况。工程规模较小的结构构件详图可与相应楼层结构平面布置图在同一张图纸上。

【示例】　识读如图 9-27 所示某工程结构构件详图。

## 课堂活动

识读附图二××学校教工宿舍楼结构施工图，完成该图的图纸抄绘。

抄绘要求：图幅 A2；比例 1：30；线型、文字等按照《房屋建筑制图统一标准》GB/T 50001—2017 及《建筑结构制图标准》GB/T 50105—2010。

活动要求：学生在抄绘施工图过程中，如果有不懂的地方先相互讨论解决，学生之间不能解决的问题则做好记录，并反馈给教师。

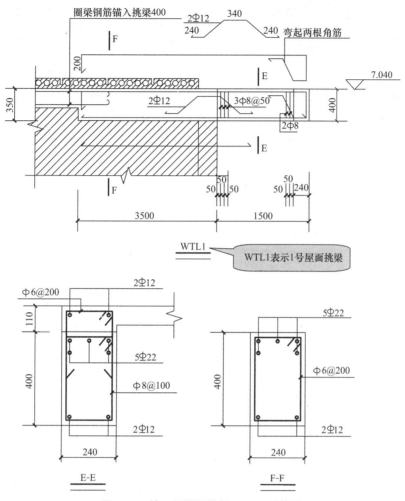

图 9-27　某工程屋顶挑梁 WTL1 配筋图

## 能力测试

### 一、思考题

1. 砌体结构施工图一般包括哪些内容?

2. 请说出下列符号的含义：GZ1，DQL，L6，11YKB2162，3YKB3662，XBD，WTL1。

### 二、识图题

结合工程实例，识读砌体结构房屋结构施工图，并按建筑结构制图标准抄绘结构施工图。

## 技能拓展

组织参观砌体结构房屋或框架填充墙房屋施工现场，在教师指导下，对照结构施工图分组学习参与砌体结构构件的施工。

# 项目10
## 钢结构施工图的识读

### 项目概述

> 通过本项目的学习，学生能够：掌握钢结构施工图的识读步骤，正确识读钢结构施工平面图及大样图；通过对实际工程的结构施工图进行部分图纸的认识，进而巩固钢结构施工图的识读；掌握相应的抗震构造及标准图查阅方法。

## 任务 10.1　钢结构施工图表示方法

### 任务描述

钢结构是以钢材制作为主的结构，是由型钢和钢板等制成的钢梁、钢柱、钢桁架等构件，各构件或部件之间采用焊缝、螺栓或铆钉连接的结构，是主要的建筑结构类型之一，如图 10-1 所示。我国是最早应用钢结构的国家，当今我国建筑业中发展最快的就是钢结构，最缺的人才也是钢结构专业方面的人才，发展钢结构以带动其他相关产业的发展，已成为建筑业发展的重要任务。

本任务要求学生通过学习、熟悉和掌握钢结构建筑结构制图标准及相关规定，基本掌握钢结构的特点、构造组成，了解相关构造知识。

### 知识构成

### 10.1.1　钢结构概述

#### 1. 钢结构的发展

中国虽然早期在铁结构方面有卓越的成就，但长期停留于铁制建筑物的水平。直到19 世纪末，我国才开始采用现代化钢结构。新中国成立后，钢结构的应用有了很大的发展，不论在数量上还是质量上都远远超越了过去（见图 10-1）。

图 10-1　钢结构的应用

　　钢结构建筑的多少，标志着一个国家或一个地区的经济实力和经济发达程度。进入 2000 年以后，我国国民经济显著增长，国力明显增强，钢产量进入世界大国行列，在建筑中提出了要"积极、合理地用钢"，从此甩掉了"限制用钢"的束缚，钢结构建筑在经济发达地区逐渐增多。特别是 2008 年前后，在奥运会的推动下，出现了钢结构建筑热潮，强劲的市场需求，推动钢结构建筑迅猛发展，建成了一大批钢结构场馆、机场、车站和高层建筑，其中有些钢结构建筑在制作安装技术方面具有世界一流水平，如奥运会国家体育场等建筑。

　　钢材的特点是强度高、自重轻、整体刚性好、变形能力强，故用于建造大跨度和超高、超重型的建筑物特别适宜；材料匀质性和各向同性好，属理想弹性体，最符合一般工程力学的基本假定；材料塑性、韧性好，可有较大变形，能很好地承受动力荷载；建筑工期短；其工业化程度高，可进行机械化程度高的专业化生产。钢结构应研究高强度钢材，大大提高其屈服点强度；此外要轧制新品种的型钢，例如 H 型钢（又称宽翼缘型钢）和 T 型钢以及压型钢板等以适应大跨度结构和超高层建筑的需要。

**2. 钢结构的特点**

　　（1）材料强度高，自身重量轻。钢材强度较高，弹性模量也高。与混凝土和木材相比，其密度与屈服强度的比值相对较低，因而在同样受力条件下钢结构的构件截面小，自重轻，便于运输和安装，适于跨度大、高度高、承载重的结构。

　　（2）钢材韧性、塑性好，材质均匀，结构可靠性高，适用于承受冲击和动力荷载，具有良好的抗震性能。钢材内部组织结构均匀，近于各向同性匀质体。钢结构的实际工作性能比较符合计算理论。所以钢结构可靠性高。

（3）钢结构制造安装机械化程度高。钢结构构件便于在工厂制造、工地拼装。工厂机械化制造钢结构构件成品精度高、生产效率高、工地拼装速度快、工期短。钢结构是工业化程度最高的一种结构。

（4）钢结构密封性能好。由于焊接结构可以做到完全密封，可以做成气密性、水密性均很好的高压容器、大型油池、压力管道等。

（5）钢结构耐热不耐火。当温度在150℃以下时，钢材性质变化很小，因而钢结构适用于热车间，但结构表面受150℃左右的热辐射时，要采用隔热板加以保护；温度在300~400℃时，钢材强度和弹性模量均显著下降；温度在600℃左右时，钢材的强度趋于零。在有特殊防火需求的建筑中，钢结构必须采用耐火材料加以保护以提高耐火等级。

（6）钢结构耐腐蚀性差，特别是在潮湿和腐蚀性介质的环境中，容易锈蚀。一般钢结构要除锈、镀锌或刷涂料，且要定期维护。对处于海水中的海洋平台结构，需采用"锌块阳极保护"等特殊措施予以防腐蚀。

（7）低碳、节能、绿色环保，可重复利用。钢结构建筑拆除几乎不会产生建筑垃圾，钢材可以回收再利用。

**3. 钢结构的材料要求**

钢结构在使用过程中会受到各种形式的作用（荷载、基础不均匀沉降、温度等），所以要求钢材应具有良好的机械性能（强度、塑性、韧性）和加工性能（冷热加工和焊接性能），以保证结构安全可靠。钢材的种类很多，符合钢结构要求的只是少数几种，如碳素钢中的 Q235，低合金钢中的 16Mn，用于高强度螺栓的 20MnV 等。

（1）强度。钢材的强度指标有弹性极限 $\sigma_e$、屈服极限 $\sigma_y$ 和抗拉极限 $\sigma_u$，设计时以钢材的屈服强度为基础，屈服强度高可以减轻结构的自重，节省钢材，降低造价。抗拉强度 $\sigma_u$ 即是钢材破坏前所能承受的最大应力，此时的结构因塑性变形很大而失去使用性能，但结构变形大而不垮，满足结构抵抗罕遇地震时的要求。$\sigma_u/\sigma_y$ 值的大小，可以看作钢材强度储备的参数。

（2）塑性。钢材的塑性一般指应力超过屈服点后，具有显著的塑性变形而不断裂的性质。衡量钢材塑性变形能力的主要指标是伸长率 $\delta$ 和断面收缩率 $\psi$。

（3）冷弯性能。钢材的冷弯性能是衡量钢材在常温下弯曲加工产生塑性变形时对产生裂纹的抵抗能力。钢材的冷弯性能是用冷弯试验来检验钢材承受规定弯曲程度的弯曲变形性能。

（4）冲击韧性。钢材的冲击韧性是指钢材在冲击荷载作用下，断裂过程中吸收机械动能的一种能力，是衡量钢材抵抗冲击荷载作用，可能因低温、应力集中，而导致脆性断裂的一项机械性能。一般通过标准试件的冲击试验来获得钢材的冲击韧性指标。

（5）焊接性能。钢材的焊接性能是指在一定的焊接工艺条件下，获得性能良好的焊接接头。焊接性能可分为焊接过程中的焊接性能和使用性能上的焊接性能两种。焊接过程中的焊接性能是指焊接过程中焊缝及焊缝附近金属不产生热裂纹或冷却不产生冷却收缩裂纹的敏感性。焊接性能好，是指在一定焊接工艺条件下，焊缝金属和附近母材均不产生裂纹。使用性能上的焊接性能是指焊缝处的冲击韧性和热影响区内延性性能，要求焊缝及热影响区内钢材的力学性能不低于母材的力学性能。我国采用焊接过程的焊接性能试验方法，也采用使用性能上的焊接性能试验方法。

（6）耐久性。影响钢材耐久性的因素很多。首先，钢材的耐腐蚀性差，必须采取防护措施，防止钢材腐蚀生锈。防护措施有：定期对钢材刷油漆维护，采用镀锌钢材，在有酸、碱、盐等强腐蚀介质条件下，采用特殊防护措施，如海洋平台结构采用"阳极保护"措施防止导管架腐蚀，在导管架上固定上锌锭，海水电解质会自动先腐蚀锌锭，从而达到保护钢导管架的目的。其次，由于钢材在高温和长期荷载作用下，其破坏强度比短期强度降低较多，故对长期高温作用下的钢材，要测定持久强度。钢材随时间推移会自动变硬、变脆，即"时效"现象。对低温荷载作用下的钢材要检验其冲击韧性。

## 10.1.2　建筑钢材及表示方法

钢结构所用钢材主要为热轧成型的钢板、型钢，以及冷弯成型的薄壁型钢等。

**1. 钢板**

钢板有薄钢板（厚度 0.35～4mm）、厚钢板（厚度 4.5～60mm）、特厚板（板厚大于 60mm）和扁钢（厚度 4～60mm，宽度为 12～200mm）等。钢板用"—宽×厚×长"或"—宽×厚"表示，单位为 mm，如—450×8×3100、—450×8。

**2. 型钢**

钢结构常用的型钢是角钢、槽钢、工字型钢和 H 型钢、钢管等。除 H 型钢和钢管有热轧和焊接成型外，其余型钢均为热轧成型。

（1）角钢（图 10-2）

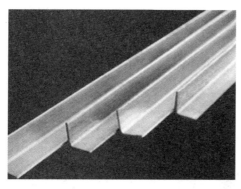
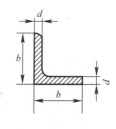

**图 10-2　角钢**

等边角钢的两个边宽相等。其规格以边宽×边厚的毫米数表示，如"∟30×3"。角钢规格也可用型号（号数）表示，型号是边宽的厘米数，如∟3 号。

不等边角钢的两个边宽不等。其规格以长边宽×短边宽×边厚的毫米数表示，如"∟32×20×3"。也可用型号（号数）表示，型号是边宽的厘米数，如∟3.2/2 号。

（2）槽钢（图 10-3）

用其截面的主要轮廓尺寸来表示，即以腰高 $h$×腿宽 $b$×腰厚 $d$ 的毫米数表示，如

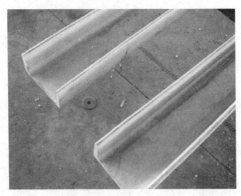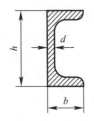

图 10-3　槽钢

[ 120×53×5。槽钢规格也可用型号（号数）表示，型号表示腰高的厘米数[ 12 号。

（3）工字钢（图 10-4）

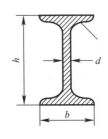

图 10-4　工字钢

其规格以腰高 $h$×腿宽 $b$×腰厚 $d$ 的毫米数表示，如"工 160×88×6"，即表示腰高为 160mm、腿宽为 88mm、腰厚为 6mm 的工字钢。工字钢的规格也可用型号表示，型号表示腰高的厘米数，如工 16 号。

（4）H 型钢（图 10-5）

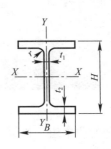

图 10-5　H 型钢

其规格高度 $H$×宽度 $B$×腹板厚度 $t_1$×翼板厚度 $t_2$，如 H200×200×8×12 表示为高 200mm、宽 200mm、腹板厚度 8mm、翼板厚度 12mm 的宽翼缘 H 型钢。

工字钢和 H 型钢是有很大区别的，工字钢翼缘是变截面，靠腹板部厚，外部薄；H 型钢的翼缘是等截面。工字钢的边长小，高度大，只能承受单方向的力；而 H 型钢槽深，厚度大，可以承受两个方向的力。

工字钢主要用于横梁，而 H 型钢主要用于结构的承重柱。

（5）钢管

其规格以 $\phi$ 加上外直径 $D \times$ 壁厚 $t$ 的毫米数表示，如 $\phi 110 \times 6$ 表示为外直径 110mm、壁厚 6mm 的圆钢管。

常见钢材表示方法，见表 10-1 所列。

常见钢材表示方法　　　　　　　　　　　　　　　表 10-1

| 序号 | 名称 | 截面 | 标注 | 说　　明 |
|---|---|---|---|---|
| 1 | 等边角钢 | ∟ | ∟$b \times t$ | $b$ 为肢宽<br>$t$ 为肢厚 |
| 2 | 不等边角钢 | ∟ | ∟$B \times b \times t$ | $B$ 为长肢宽<br>$b$ 为短肢宽<br>$t$ 为肢厚 |
| 3 | 工字钢 | I | ⌶N　O⌶N | 轻型工字钢加注 Q 字<br>N 工字钢的型号 |
| 4 | 槽钢 | [ | [N　O[N | 轻型槽钢加注 Q 字<br>N 槽钢的型号 |
| 5 | 方钢 | ▨ | ☐ $b$ | |
| 6 | 扁钢 | | —$b \times t$ | |
| 7 | 钢板 | | $\dfrac{-b \times t}{l}$ | 宽×厚<br>板长 |
| 8 | 圆钢 | ⊘ | $\phi\ d$ | |

角钢表、槽钢表、工字钢表，见表 10-2～表 10-4 所列。

### 3. 冷弯薄壁型钢

冷弯薄壁型钢采用薄钢板冷轧制成。其壁厚一般为 1.5～12mm，但承重结构受力构件的壁厚不宜小于 2mm。薄壁型钢能充分利用钢材的强度以节约钢材，在轻钢结构中得到广泛应用。常用冷弯薄壁型钢截面形式有等边角钢、卷边等边角钢、Z 型钢、卷边 Z 型钢、槽钢、卷边槽钢（C 型钢）、钢管等。如图 10-6 所示。

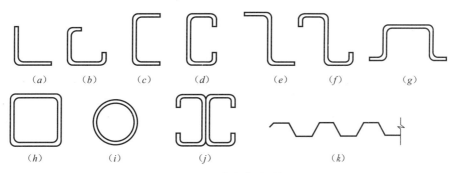

图 10-6　冷弯薄壁型钢

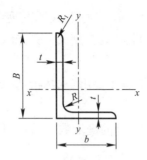

角 钢 表

表 10-2

| 规 格 | 尺寸（mm） | | | | | 截面面积<br>（mm²） | 单位重量<br>（kg/m） |
|---|---|---|---|---|---|---|---|
| | B | b | t | R | R₁ | | |
| ∟25×16×3 | 25 | 16 | 3 | 3 | 1.5 | 116.2 | 0.91 |
| ∟25×16×4 | 25 | 16 | 4 | 4 | 2 | 149.9 | 1.18 |
| ∟25×3 | 25 | 25 | 3 | 3 | 1.5 | 143.2 | 1.12 |
| ∟25×4 | 25 | 25 | 4 | 4 | 2 | 185.9 | 1.46 |
| ∟30×3 | 30 | 30 | 3 | 3 | 1.5 | 174.9 | 1.37 |
| ∟30×4 | 30 | 30 | 4 | 4 | 2 | 227.6 | 1.79 |
| ∟40×3 | 40 | 40 | 3 | 3 | 1.5 | 235.9 | 1.85 |
| ∟40×4 | 40 | 40 | 4 | 4 | 2 | 308.6 | 2.42 |
| ∟40×5 | 40 | 40 | 5 | 5 | 2.5 | 379.1 | 2.98 |
| ∟45×28×3 | 45 | 28 | 3 | 3 | 1.5 | 214.9 | 1.69 |
| ∟45×28×4 | 45 | 28 | 4 | 4 | 2 | 280.6 | 2.20 |
| ∟45×4 | 45 | 45 | 4 | 4 | 2 | 348.6 | 2.74 |
| ∟45×5 | 45 | 45 | 5 | 5 | 2.5 | 429.2 | 3.37 |
| ∟50×32×4 | 50 | 32 | 4 | 4 | 2 | 317.7 | 2.49 |
| ∟50×4 | 50 | 50 | 4 | 4 | 2 | 389.7 | 3.06 |
| ∟50×5 | 50 | 50 | 5 | 5 | 2.5 | 480.3 | 3.77 |
| ∟50×6 | 50 | 50 | 6 | 6 | 3 | 568.8 | 4.47 |
| ∟56×3 | 56 | 56 | 3 | 3 | 1.5 | 334.3 | 2.62 |
| ∟56×36×4 | 56 | 36 | 4 | 4 | 2 | 359 | 2.82 |
| ∟56×36×5 | 56 | 36 | 5 | 5 | 2.5 | 441.5 | 3.47 |
| ∟56×4 | 56 | 56 | 4 | 4 | 2 | 439 | 3.45 |
| ∟56×5 | 56 | 56 | 5 | 5 | 2.5 | 541.5 | 4.25 |
| ∟63×4 | 63 | 63 | 4 | 4 | 2 | 497.8 | 3.91 |
| ∟63×40×5 | 63 | 40 | 5 | 5 | 2.5 | 499.3 | 3.92 |
| ∟63×40×6 | 63 | 40 | 6 | 6 | 3 | 590.8 | 4.64 |
| ∟63×5 | 63 | 63 | 5 | 5 | 2.5 | 614.3 | 4.82 |
| ∟63×6 | 63 | 63 | 6 | 6 | 3 | 728.8 | 5.72 |
| ∟63×8 | 63 | 63 | 8 | 8 | 4 | 951.5 | 7.47 |
| ∟70×45×4 | 70 | 45 | 4 | 4 | 2 | 454.7 | 3.57 |

续表

| 规　格 | 尺寸（mm） | | | | | 截面面积（mm²） | 单位重量（kg/m） |
|---|---|---|---|---|---|---|---|
| | B | b | t | R | R₁ | | |
| ∟70×45×5 | 70 | 45 | 5 | 5 | 2.5 | 560.9 | 4.40 |
| ∟70×45×6 | 70 | 45 | 6 | 6 | 3 | 664.7 | 5.22 |
| ∟70×45×7 | 70 | 45 | 7 | 7 | 3.5 | 765.7 | 6.01 |
| ∟70×5 | 70 | 70 | 5 | 5 | 2.5 | 687.5 | 5.40 |
| ∟70×6 | 70 | 70 | 6 | 6 | 3 | 816 | 6.41 |
| ∟70×7 | 70 | 70 | 7 | 7 | 3.5 | 942.4 | 7.40 |
| ∟75×10 | 75 | 75 | 10 | 10 | 5 | 1412.6 | 11.09 |
| ∟75×5 | 75 | 75 | 5 | 5 | 2.5 | 741.2 | 5.82 |
| ∟75×50×5 | 75 | 50 | 5 | 5 | 2.5 | 612.5 | 4.81 |
| ∟75×50×6 | 75 | 50 | 6 | 6 | 3 | 726 | 5.70 |
| ∟75×50×8 | 75 | 50 | 8 | 8 | 4 | 946.7 | 7.43 |
| ∟75×6 | 75 | 75 | 6 | 6 | 3 | 879.7 | 6.91 |
| ∟75×7 | 75 | 75 | 7 | 7 | 3.5 | 1016 | 7.98 |
| ∟75×8 | 75 | 75 | 8 | 8 | 4 | 1150.3 | 9.03 |
| ∟80×10 | 80 | 80 | 10 | 10 | 5 | 1512.6 | 11.87 |
| ∟80×6 | 80 | 80 | 6 | 6 | 3 | 939.7 | 7.38 |
| ∟80×7 | 80 | 80 | 7 | 7 | 3.5 | 1086 | 8.53 |
| ∟80×8 | 80 | 80 | 8 | 8 | 4 | 1230.3 | 9.66 |
| ∟90×10 | 90 | 90 | 10 | 10 | 5 | 1716.7 | 13.48 |
| ∟90×56×6 | 90 | 56 | 6 | 6 | 3 | 855.7 | 6.72 |
| ∟90×56×8 | 90 | 56 | 8 | 8 | 4 | 1118.3 | 8.78 |
| ∟90×6 | 90 | 90 | 6 | 6 | 3 | 1063.7 | 8.35 |
| ∟90×7 | 90 | 90 | 7 | 7 | 3.5 | 1230.1 | 9.66 |
| ∟90×8 | 90 | 90 | 8 | 8 | 4 | 1394.4 | 10.95 |
| ∟100×10 | 100 | 100 | 10 | 10 | 5 | 1926.1 | 15.12 |
| ∟100×12 | 100 | 100 | 12 | 12 | 6 | 2280 | 17.90 |
| ∟100×14 | 100 | 100 | 14 | 14 | 7 | 2625.6 | 20.61 |
| ∟100×6 | 100 | 100 | 6 | 6 | 3 | 1193.2 | 9.37 |
| ∟100×63×10 | 100 | 63 | 10 | 10 | 5 | 1546.7 | 12.14 |
| ∟100×63×6 | 100 | 63 | 6 | 6 | 3 | 961.7 | 7.55 |
| ∟100×63×7 | 100 | 63 | 7 | 7 | 3.5 | 1111.1 | 8.72 |
| ∟100×63×8 | 100 | 63 | 8 | 8 | 4 | 1258.4 | 9.88 |
| ∟100×7 | 100 | 100 | 7 | 7 | 3.5 | 1379.6 | 10.83 |
| ∟100×8 | 100 | 100 | 8 | 8 | 4 | 1563.8 | 12.28 |
| ∟100×80×10 | 100 | 80 | 10 | 10 | 5 | 1716.7 | 13.48 |
| ∟100×80×8 | 100 | 80 | 8 | 8 | 4 | 1394.4 | 10.95 |
| ∟110×10 | 110 | 110 | 10 | 10 | 5 | 2126.1 | 16.69 |
| ∟110×12 | 110 | 110 | 12 | 12 | 6 | 2520 | 19.78 |
| ∟110×14 | 110 | 110 | 14 | 14 | 7 | 2905.6 | 22.81 |
| ∟110×7 | 110 | 110 | 7 | 7 | 3.5 | 1519.6 | 11.93 |

续表

| 规格 | 尺寸（mm） | | | | | 截面面积（mm²） | 单位重量（kg/m） |
|---|---|---|---|---|---|---|---|
| | $B$ | $b$ | $t$ | $R$ | $R_1$ | | |
| ∟110×70×10 | 110 | 70 | 10 | 10 | 5 | 1716.7 | 13.48 |
| ∟110×70×8 | 110 | 70 | 8 | 8 | 4 | 1394.4 | 10.95 |
| ∟110×8 | 110 | 110 | 8 | 8 | 4 | 1723.8 | 13.53 |
| ∟125×10 | 125 | 125 | 10 | 10 | 5 | 2437.3 | 19.13 |
| ∟125×12 | 125 | 125 | 12 | 12 | 6 | 2891.2 | 22.70 |
| ∟125×14 | 125 | 125 | 14 | 14 | 7 | 3336.7 | 26.19 |
| ∟125×8 | 125 | 125 | 8 | 8 | 4 | 1975 | 15.50 |
| ∟125×80×10 | 125 | 80 | 10 | 10 | 5 | 1971.2 | 15.47 |
| ∟125×80×12 | 125 | 80 | 12 | 12 | 6 | 2335.1 | 18.33 |
| ∟125×80×7 | 125 | 80 | 7 | 7 | 3.5 | 1409.6 | 11.07 |
| ∟125×80×8 | 125 | 80 | 8 | 8 | 4 | 1598.9 | 12.55 |
| ∟140×10 | 140 | 140 | 10 | 10 | 5 | 2737.3 | 21.49 |
| ∟140×12 | 140 | 140 | 12 | 12 | 6 | 3251.2 | 25.52 |
| ∟140×14 | 140 | 140 | 14 | 14 | 7 | 3756.7 | 29.49 |
| ∟140×90×10 | 140 | 90 | 10 | 10 | 5 | 2226.1 | 17.47 |
| ∟140×90×12 | 140 | 90 | 12 | 12 | 6 | 2640 | 20.72 |
| ∟140×90×8 | 140 | 90 | 8 | 8 | 4 | 1803.8 | 14.16 |
| ∟160×10 | 160 | 160 | 10 | 10 | 5 | 3150.2 | 24.73 |
| ∟160×100×10 | 160 | 100 | 10 | 10 | 5 | 2531.5 | 19.87 |
| ∟160×100×12 | 160 | 100 | 12 | 12 | 6 | 3005.4 | 23.59 |
| ∟160×100×14 | 160 | 100 | 14 | 14 | 7 | 3470.9 | 27.25 |
| ∟160×12 | 160 | 160 | 12 | 12 | 6 | 3744.1 | 29.39 |
| ∟160×14 | 160 | 160 | 14 | 14 | 7 | 4329.6 | 33.99 |
| ∟160×16 | 160 | 160 | 16 | 16 | 8 | 4906.7 | 38.52 |
| ∟180×110×10 | 180 | 110 | 10 | 10 | 5 | 2837.3 | 22.27 |
| ∟180×110×12 | 180 | 110 | 12 | 12 | 6 | 3371.2 | 26.46 |
| ∟180×110×14 | 180 | 110 | 14 | 14 | 7 | 3896.7 | 30.59 |
| ∟180×12 | 180 | 180 | 12 | 12 | 6 | 4224.1 | 33.16 |
| ∟180×14 | 180 | 180 | 14 | 14 | 7 | 4889.6 | 38.38 |
| ∟180×16 | 180 | 180 | 16 | 16 | 8 | 5546.7 | 43.54 |
| ∟180×18 | 180 | 180 | 18 | 18 | 9 | 6195.5 | 48.63 |
| ∟200×125×12 | 200 | 125 | 12 | 12 | 6 | 3791.2 | 29.76 |
| ∟200×125×14 | 200 | 125 | 14 | 14 | 7 | 4386.7 | 34.44 |
| ∟200×125×16 | 200 | 125 | 16 | 16 | 8 | 4973.9 | 39.05 |
| ∟200×125×18 | 200 | 125 | 18 | 18 | 9 | 5552.6 | 43.59 |
| ∟200×14 | 200 | 200 | 14 | 14 | 7 | 5464.2 | 42.89 |
| ∟200×16 | 200 | 200 | 16 | 16 | 8 | 6201.3 | 48.68 |

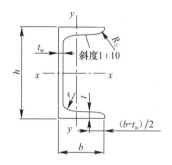

槽 钢 表

表 10-3

| 规格 | 尺寸（mm） | | | | | | 截面面积<br>（mm²） | 单位重量<br>（kg/m） |
|------|------|------|----------|------|------|-------|-----------|-----------|
| | $h$ | $b$ | $t_{\mathrm{w}}$ | $t$ | $R$ | $R_1$ | | |
| C5 | 50 | 37 | 4.5 | 7 | 7 | 3.5 | 692.8 | 5.43 |
| C6.3 | 63 | 40 | 4.8 | 7.5 | 7.5 | 3.8 | 845.1 | 6.63 |
| C8 | 80 | 43 | 5 | 8 | 8 | 4 | 1024.8 | 8.04 |
| C10 | 100 | 48 | 5.3 | 8.5 | 8.5 | 4.2 | 1274.8 | 10 |
| C14A | 140 | 58 | 6 | 9.5 | 9.5 | 4.8 | 1851.6 | 14.53 |
| C14C | 140 | 60 | 8 | 9.5 | 9.5 | 4.8 | 2131.6 | 16.73 |
| C16 | 160 | 65 | 8.5 | 10 | 10 | 5 | 2516.2 | 19.75 |
| C16A | 160 | 63 | 6.5 | 10 | 10 | 5 | 2196.2 | 17.24 |
| C18 | 180 | 70 | 9 | 10.5 | 10.5 | 5.2 | 2929.9 | 23 |
| C18A | 180 | 68 | 7 | 10.5 | 10.5 | 5.2 | 2569.9 | 20.17 |
| C20 | 200 | 75 | 9 | 11 | 11 | 5.5 | 3283.7 | 25.77 |
| C20A | 200 | 73 | 7 | 11 | 11 | 5.5 | 2883.7 | 22.63 |
| C22 | 220 | 79 | 9 | 11.5 | 11.5 | 5.8 | 3624.6 | 28.45 |
| C22A | 220 | 77 | 7 | 11.5 | 11.5 | 5.8 | 3184.6 | 24.99 |
| C25A | 250 | 78 | 7 | 12 | 12 | 6 | 3491.7 | 27.41 |
| C25B | 250 | 80 | 9 | 12 | 12 | 6 | 3991.7 | 31.33 |
| C25C | 250 | 82 | 11 | 12 | 12 | 6 | 4491.7 | 25.26 |
| C28A | 280 | 82 | 7.5 | 12.5 | 12.5 | 6.2 | 4003.4 | 31.42 |
| C28B | 280 | 84 | 9.5 | 12.5 | 12.5 | 6.2 | 4562.4 | 35.82 |
| C28C | 280 | 86 | 11.5 | 12.5 | 12.5 | 6.2 | 5123.4 | 40.21 |
| C32A | 320 | 88 | 8 | 14 | 14 | 7 | 4861.3 | 38.08 |
| C32B | 320 | 90 | 10 | 14 | 14 | 7 | 5491.3 | 43.1 |
| C32C | 320 | 92 | 12 | 14 | 14 | 7 | 6131.3 | 48.13 |
| C36A | 360 | 96 | 9 | 16 | 16 | 8 | 6091 | 47.81 |
| C36B | 360 | 98 | 11 | 16 | 16 | 8 | 6811 | 53.46 |
| C36C | 360 | 100 | 13 | 16 | 16 | 8 | 7531 | 59.11 |
| C40A | 400 | 100 | 10.5 | 18 | 18 | 9 | 7506.8 | 58.92 |
| C40B | 400 | 102 | 12.5 | 18 | 18 | 9 | 8306.8 | 65.29 |

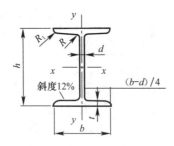

工 字 钢 表　　　　　　　　　　　　　表 10-4

| 型号规格 | 尺寸（mm） | | | | | | 截面面积（mm²） | 单位重量（kg/m） |
| --- | --- | --- | --- | --- | --- | --- | --- | --- |
| | $h$ | $b$ | $d$ | $t$ | $R$ | $R_1$ | | |
| I10 | 100 | 68 | 4.5 | 7.6 | 6.5 | 3.3 | 1434.5 | 11.26 |
| I14 | 140 | 80 | 5.5 | 9.1 | 7.5 | 3.8 | 2151.6 | 16.89 |
| I16 | 160 | 88 | 6 | 9.9 | 8 | 4 | 2613.1 | 20.51 |
| I18 | 180 | 94 | 6.5 | 10.7 | 8.5 | 4.3 | 3075.6 | 24.14 |
| I20A | 200 | 100 | 7 | 11.4 | 9 | 4.5 | 3557.8 | 27.92 |
| I20B | 200 | 102 | 9 | 11.4 | 9 | 4.5 | 3957.8 | 31.06 |
| I22A | 220 | 110 | 7.5 | 12.3 | 9.5 | 4.8 | 4212.8 | 33.07 |
| I22B | 220 | 112 | 9.5 | 12.3 | 9.5 | 4.8 | 4652.8 | 36.52 |
| I25A | 250 | 116 | 8 | 13 | 10 | 5 | 4854.1 | 38.1 |
| I25B | 250 | 118 | 10 | 13 | 10 | 5 | 5354.1 | 42.03 |
| I28A | 280 | 122 | 8.5 | 13.7 | 10.5 | 5.3 | 5540.4 | 43.49 |
| I28B | 280 | 124 | 10.5 | 13.7 | 10.5 | 5.3 | 6100.4 | 47.88 |
| I32A | 320 | 130 | 9.5 | 15 | 11.5 | 5.8 | 6715.6 | 52.71 |
| I32B | 320 | 132 | 11.5 | 15 | 11.5 | 5.8 | 7355.6 | 57.74 |
| I32C | 320 | 134 | 13.5 | 15 | 11.5 | 5.8 | 7995.6 | 62.76 |
| I36A | 360 | 136 | 10 | 15.8 | 12 | 6 | 7648 | 60.03 |
| I36B | 360 | 138 | 12 | 15.8 | 12 | 6 | 8368 | 65.68 |
| I36C | 360 | 140 | 14 | 15.8 | 12 | 6 | 9088 | 71.34 |
| I40A | 400 | 142 | 10.5 | 16.5 | 12.5 | 6.3 | 8611.2 | 67.59 |
| I40B | 400 | 144 | 12.5 | 16.5 | 12.5 | 6.3 | 9411.2 | 73.87 |
| I40C | 400 | 146 | 14.5 | 16.5 | 12.5 | 6.3 | 10211.2 | 80.15 |
| I45A | 450 | 150 | 11.5 | 18 | 13.5 | 6.8 | 10244.6 | 80.42 |
| I45B | 450 | 152 | 13.5 | 18 | 13.5 | 6.8 | 11144.6 | 87.48 |
| I45C | 450 | 154 | 15.5 | 18.9 | 13.5 | 6.8 | 12044.6 | 94.55 |
| I50A | 500 | 158 | 12 | 20 | 14 | 7 | 11930.4 | 93.65 |
| I50B | 500 | 160 | 14 | 20 | 14 | 7 | 12930.4 | 101.5 |
| I50C | 500 | 162 | 16 | 20 | 14 | 7 | 13930.4 | 109.35 |
| I56A | 560 | 166 | 12.5 | 21 | 14.5 | 7.3 | 13543.5 | 196.31 |
| I56B | 560 | 168 | 14.5 | 21 | 14.5 | 7.3 | 14663.5 | 115.1 |
| I56C | 560 | 170 | 16.5 | 21 | 14.5 | 7.3 | 15783.5 | 123.9 |

知识构成

## 10.1.3 钢结构连接制图表示

钢结构的基本构件由钢板、型钢等连接而成，如梁、柱、桁架等，运到工地后通过安装连接成整体结构，如厂房、桥梁等。因此在钢结构中，连接占有很重要的地位，设计任何钢结构都会遇到连接问题。

钢结构的连接通常有焊接、铆接和螺栓连接。如图 10-7 所示。

**1. 焊接连接的表示**

焊接连接是现代钢结构最主要的连接方式，它的优点是任何形状的结构都可用焊缝连

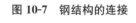

$(a)$        $(b)$

**图 10-7　钢结构的连接**

$(a)$ 焊接；$(b)$ 螺栓连接

接，构造简单。焊接连接一般不需拼接材料，省钢省工，而且能实现自动化操作，生产效率较高。焊接原理如图 10-8 所示。目前，钢结构中焊接结构占绝对优势。但是，焊缝质量易受材料、操作的影响，因此对钢材材性要求较高。高强度钢更要有严格的焊接程序，焊缝质量要通过多种途径的检验来保证。

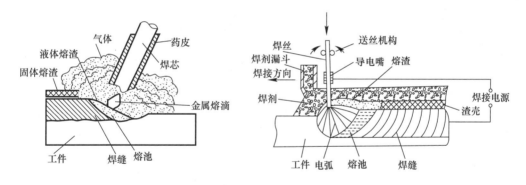

**图 10-8　焊接原理**

焊缝符号由基本符号、辅助符号、补充符号以及指引线及焊缝尺寸数值组成。

（1）基本符号

焊缝基本符号是表示焊缝纵横剖面的形状，具体类型见表 10-5 所列。

焊缝基本符号表　　　　　　　　　　　　表 10-5

| 序号 | 名　称 | 示　意　图 | 符号 |
|---|---|---|---|
| 1 | 卷边焊缝（卷边完全熔化） | | 八 |
| 2 | I形焊缝 | | ‖ |

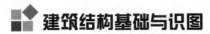

| 序号 | 名　称 | 示　意　图 | 符号 |
|---|---|---|---|
| 3 | V 形焊缝 | | ∨ |
| 4 | 单边 V 形焊缝 | | ⋁ |
| 5 | 带钝边 V 形焊缝 | | Y |
| 6 | 带钝边单边 V 形焊缝 | | ⊬ |
| 7 | 带钝边 U 形焊缝 | | ⋃ |
| 8 | 带钝边 J 形焊缝 | | ⊍ |
| 9 | 封底焊缝 | | ⌣ |
| 10 | 角焊缝 | | ◺ |
| 11 | 塞焊缝或槽焊缝 | | ⊓ |
| 12 | 点焊缝 | | ○ |

续表

| 序号 | 名　称 | 示　意　图 | 符号 |
|---|---|---|---|
| 13 | 缝焊缝 | | ⊖ |

（2）辅助符号

辅助符号是表示焊缝表面形状特征的符号。不需要确切地说明焊缝的表面形状时，可以不用辅助符号。具体见表 10-6 所列。

焊缝辅助符号表　　　　　　　　　　　　　　　　　　表 10-6

| 序号 | 名称 | 示意图 | 符号 | 说　明 |
|---|---|---|---|---|
| 1 | 平面符号 | | — | 焊缝表面齐平（一般通过加工） |
| 2 | 凹面符号 | | ⌣ | 焊缝表面凹陷 |
| 3 | 凸面符号 | | ⌢ | 焊缝表面凸起 |

（3）补充符号

补充符号是为了补充说明焊缝的某些特征而采用的符号。见表 10-7 所列。

焊缝补充符号表　　　　　　　　　　　　　　　　　　表 10-7

| 序号 | 名　称 | 示　意　图 | 符号 | 说　明 |
|---|---|---|---|---|
| 1 | 带垫板符号 | | ▭ | 表示焊缝底部有垫板 |
| 2 | 三面焊缝符号 | | ⊏ | 表示三面带有焊缝 |

| 序号 | 名　称 | 示　意　图 | 符号 | 说　明 |
|---|---|---|---|---|
| 3 | 周围焊缝符号 | | ○ | 表示环绕工件周围焊缝 |
| 4 | 现场符号 | | | 表示在现场或工地上进行焊接 |
| 5 | 尾部符号 | | ＜ | 可以参照 GB/T 5185 标注焊接工艺方法等内容 |

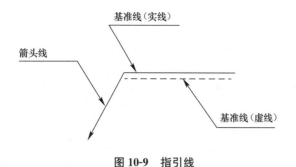

图 10-9　指引线

（4）指引线

完整的焊缝表示方法除了上述基本符号、辅助符号、补充符号以外，还包括指引线、一些尺寸符号及数据。

指引线一般由带有箭头的指引线（简称箭头线）和两条基准线（一条为实线，另一条为虚线）两部分组成（图 10-9）。箭头线相对焊缝的位置一般没有特殊要求，如图 10-10（a）、（b）。但是在标注 v、r、J 形焊缝时，箭头线应指向带有坡口一侧的工件，如图 10-10（c）、（d）。必要时，允许箭头线弯折一次（图 10-11）。

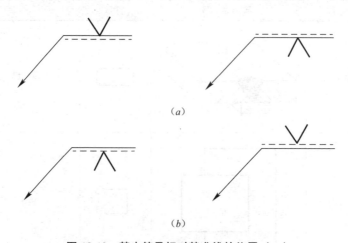

（a）

（b）

图 10-10　基本符号相对基准线的位置（一）

（a）焊缝在接头的箭头侧；（b）焊缝在接头的非箭头侧；

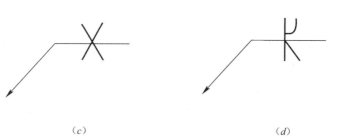

*(c)* 　　　　　　　　　　　　　　*(d)*

**图 10-10　基本符号相对基准线的位置（二）**

*(c)* 对称焊缝；*(d)* 双面焊缝

基准线的虚线可以画在基准线的实线下侧或上侧。基准线一般应与图样的底边相平行，但在特殊条件下亦可与底边相垂直。

为了能在图样上确切地表示焊缝的位置，特将基本符号相对基准线的位置作如下规定：

1）如果焊缝在接头的箭头侧，则将基本符号标在基准线的实线侧；

2）如果焊缝在接头的非箭头侧，则将基本符号标在基准线的虚线侧；

3）标对称焊缝及双面焊缝时，可不加虚线。

如图 10-10 所示。

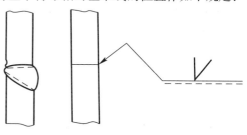

**图 10-11　弯折指引线**

焊缝符号表示举例示意，见表 10-8 所列。

**焊缝符号表示举例示意**　　　　　　　　　　　表 10-8

| 示 意 图 | 标 注 示 例 | 说 明 |
|---|---|---|
|  |  | 表示 V 形焊缝的背面底部有垫板 |
|  |  | 工件三面带有焊缝，焊接方法为手工电弧焊 |
|  |  | 表示在现场沿工件周围施焊 |

焊缝尺寸是指焊接部位焊缝的饱满度（一般是指焊缝的高度、长度），可以用焊接检验尺进行测量。常见符号见表 10-9 所列。

焊缝尺寸的标准示例，见表 10-10 所列。

表 10-9

焊缝尺寸符号

| 符号 | 名称 | 示 意 图 | 符号 | 名称 | 示意图 |
|------|------|----------|------|------|--------|
| δ | 工件厚度 | | e | 焊缝间距 | |
| α | 坡口角度 | | K | 焊角尺寸 | |
| b | 根部间隙 | | d | 熔核直径 | |
| p | 钝边 | | S | 焊缝有效厚度 | |
| c | 焊缝宽度 | | N | 相同焊缝数量符号 | |
| R | 根部半径 | | H | 坡口深度 | |
| l | 焊缝长度 | | h | 余高 | |
| n | 焊缝段数 | | β | 坡口面角度 | |

焊缝尺寸的标注示例 表 10-10

| 序号 | 名称 | 示意图 | 焊缝尺寸符号 | 示　例 |
|---|---|---|---|---|
| 1 | 对接焊缝 | | $S$：焊缝有效厚度 | $S$ ∨ <br><br> $S$ ‖ <br><br> $S$ Y |
| 2 | 卷边焊缝 | | $S$：焊缝有效厚度 | $S$ ‖ <br><br> $S$ ∧ |
| 3 | 连续角焊缝 | | $K$：焊角尺寸 | $K$ ◿ |
| 4 | 断续角焊缝 | | $l$：焊缝长度（不计弧坑）<br> $e$：焊缝间距<br> $n$：焊缝段数 | $K$ ◿ $n×l$（$e$） |
| 5 | 交错断续角焊缝 | | $\left.\begin{array}{l} l \\ e \\ n \end{array}\right\}$见序号 4<br> $K$：见序号 3 | $K$ ▷ $n×l$ （$e$）<br> $K$　$n×l$ （$e$） |

215

| 序号 | 名称 | 示意图 | 焊缝尺寸符号 | 示　例 |
|---|---|---|---|---|
| 6 | 塞焊缝或槽焊缝 | | $\left.\begin{array}{l}l\\e\\n\end{array}\right\}$见序号 4<br>$c$：槽宽 | $c\ \sqcap\ n\times l\ (e)$ |
| | | | $\left.\begin{array}{l}n\\e\end{array}\right\}$见序号 4<br>$d$：孔的直径 | $d\ \sqcap\ n\times\ (e)$ |
| 7 | 缝焊缝 | | $\left.\begin{array}{l}l\\e\\n\end{array}\right\}$见序号 4<br>$c$：焊缝宽度 | $c\ \ominus\ n\times l\ (e)$ |
| 8 | 点焊缝 | | $\left.\begin{array}{l}n\\e\end{array}\right\}$见序号 4<br>$d$：焊点直径 | $d\ \bigcirc\ n\times\ (e)$ |

## 2. 螺栓连接的表示

工程中使用的螺栓是指由头部和螺杆（带有外螺纹的圆柱体）两部分组成的一类紧固件，需与螺母配合，用于紧固连接两个带有通孔的零件。这种连接形式称螺栓连接。如把螺母从螺栓上旋下，又可以使这两个零件分开，故螺栓连接是属于可拆卸连接。

螺栓按强度可分为普通螺栓和高强度螺栓。

普通螺栓分 A、B、C 三种。前两种是精制螺栓，较少用。一般说的普通螺栓，均指 C 级普通螺栓。在一些临时连接及需拆卸的连接中，常用到建筑结构常用的六角螺母螺栓，标识用 M 和公称直径表示，有 M16、M20、M24 等。某些机械工业粗制螺栓直径可能比较大，用途特殊。

高强度螺栓，其材料与普通螺栓不同。高强度螺栓一般用于永久连接。常用的有 M16～M30，建筑结构的主构件的螺栓连接，一般均采用高强度螺栓连接。

螺栓材料的性能统一用螺栓的性能等级来表示。如 4.6 级、4.8 级、5.6 级、8.8 级、10.9 级。小数点前的数字"4"、"5"、"8"表示螺栓材料的抗拉强度不小于 $400\text{N}/\text{mm}^2$、$500\text{N}/\text{mm}^2$ 和 $800\text{N}/\text{mm}^2$。小数点及后面的数字"6"、"8"表示螺栓材料的屈强比（屈服点与抗拉强度的比值）为 0.6 和 0.8。

螺栓在构件上的排列可以是并列或错列（图 10-12）。根据作用不同，按螺栓受力可以分为：受剪、受拉及剪拉共同作用。螺栓连接的优点是：安装方便，特别适用于工地安装连接，也便于拆卸。缺点是：在板件上开孔和拼装时对孔，增加制造工作量，螺栓孔使截面削减，同时还浪费钢材。螺栓及孔洞见表 10-11 所列。

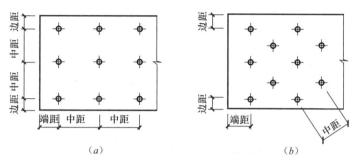

**图 10-12　螺栓的排列**

（a）并列；（b）错列

螺栓及孔洞　　　　　　　　　　　　　　　　　　表 10-11

| 序号 | 名　称 | 图　例 | 说　明 |
|---|---|---|---|
| 1 | 永久螺栓 | M / φ | |
| 2 | 高强度螺栓 | M / φ | |
| 3 | 安装螺栓 | M / φ | 1. 细 "+" 线表示定位线<br>2. M 表示螺栓型号<br>3. φ 表示螺栓孔直径<br>4. d 表示膨胀螺栓、电焊铆钉直径<br>5. 采用引出线标注螺栓时，横线上标注螺栓规格，横线下标注螺栓孔直径 |
| 4 | 膨胀螺栓 | d | |
| 5 | 圆形螺栓孔 | φ | |
| 6 | 长圆形螺栓孔 | φ | |
| 7 | 电焊铆钉 | d | |

## 课堂活动

识读附图三钢结构工程图，完成教师指定的图纸抄绘。

抄绘要求：图幅 A2；比例 1∶100；线型、文字等按照《房屋建筑制图统一标准》GB/T 50001—2017 及《建筑结构制图标准》GB/T 50105—2010。

活动要求：学生在抄绘施工图过程中，如果有不懂的地方先相互讨论解决，学生之间不能解决的问题则做好记录，并反馈给教师。

## 能力测试

### 一、思考题

1. 钢结构连接的方法有哪些，各有何优缺点？

2. 钢结构采用的钢材有哪些，型号如何表示？

3. 钢结构焊缝标注的内容有哪些？

4. 螺栓连接标注的内容有哪些？

二、识图题

结合工程实例，识读钢结构连接的图示，了解钢结构连接的表示方法。

**技能拓展**

组织学生结合某工程实例，识读结构施工图，进行相关图纸会审工作。

# 任务 10.2 钢结构施工图的识读

## 任务描述

经过对钢结构图纸表示的学习，进一步结合施工图，通过本工作任务的学习，学生能够：说出钢结构的特点；能够按照钢结构施工图识读步骤，正确识读钢结构施工图。

## 知识构成

### 10.2.1 钢结构施工图的组成

一套标准的钢结构图纸应包含以下内容：

（1）图纸目录。

（2）设计总说明，应根据设计图总说明编写。

（3）供现场安装用布置图，一般应按构件系统分别绘制平面和剖面布置图，如屋盖、钢架、吊车梁等。

（4）构件详图，按设计图及布置图中的构件编制，带材料表。

（5）安装节点图。

### 10.2.2 钢结构施工图的表示

#### 1. 钢结构线型表示

在结构施工图中图线的宽度 $b$ 通常为 2.0mm、1.4mm、0.7mm、0.5mm、0.35mm，当选定基本线宽度为 $b$ 时，则粗实线为 $b$、中实线为 $0.5b$、细实线为 $0.25b$。在同一张图纸中，相同比例的各种图样，通常选用相同的线宽组。

钢结构线型、线宽及表示内容见表 10-12 所列。

钢结构线型、线宽及表示内容                                    表 10-12

| 名称 | | 线型 | 线宽 | 表示的内容 |
|---|---|---|---|---|
| 实线 | 粗 | —————— | $b$ | 螺栓、结构平面图中的单线结构构件线、支撑及系杆线、<br>图名下横线、剖切线 |
| | 中 | —————— | $0.5b$ | 结构平面图及详图中剖到或可见的构件轮廓线、基础轮廓线 |
| | 细 | —————— | $0.25b$ | 尺寸线、标注引出线、标高符号、索引符号 |
| 虚线 | 粗 | – – – – – | $b$ | 不可见的螺栓线、结构平面图中不可见的单线结构构件线及钢结构支撑线 |
| | 中 | – – – – – | $0.5b$ | 结构平面图中的不可见构件轮廓线 |
| | 细 | – – – – – | $0.25b$ | 基础平面图中的管沟轮廓线 |
| 单点长<br>面线 | 粗 | – · – · – · | $b$ | 柱间支撑、垂直支撑、设备基础轴线图中的中心线 |
| | 细 | – · – · – · | $0.25b$ | 定位轴线、对称线、中心线 |

**2. 钢结构的构件代号**

钢结构构件代号见表 10-13 所列。

钢结构构件代号                                              表 10-13

| 序号 | 名称 | 代号 | 序号 | 名称 | 代号 | 序号 | 名称 | 代号 |
|---|---|---|---|---|---|---|---|---|
| 1 | 板 | B | 15 | 基础梁 | JL | 29 | 连系梁 | LL |
| 2 | 屋面板 | WB | 16 | 楼梯梁 | TL | 30 | 柱间支撑 | ZC |
| 3 | 楼梯板 | TH | 17 | 框架梁 | KL | 31 | 垂直支撑 | CC |
| 4 | 盖板或沟盖板 | GB | 18 | 框支梁 | KZL | 32 | 水平支撑 | SC |
| 5 | 挡雨板或檐口板 | YB | 19 | 屋面框架梁 | WKL | 33 | 预埋件 | M |
| 6 | 吊车安全走道板 | DB | 20 | 檩条 | LT | 34 | 梯 | T |
| 7 | 墙板 | QB | 21 | 屋架 | WJ | 35 | 雨篷 | YP |
| 8 | 天沟板 | TGB | 22 | 托架 | TJ | 36 | 阳台 | YT |
| 9 | 梁 | L | 23 | 天窗架 | CJ | 37 | 梁垫 | LD |
| 10 | 屋面梁 | WL | 24 | 框架 | KJ | 38 | 地沟 | DG |
| 11 | 吊车梁 | DL | 25 | 刚架 | GJ | 39 | 承台 | CT |
| 12 | 单轨吊车梁 | DDL | 26 | 支架 | ZJ | 40 | 设备基础 | SJ |
| 13 | 轨道连接 | DGL | 27 | 柱 | Z | 41 | 桩 | ZH |
| 14 | 车挡 | CD | 28 | 框架柱 | KZ | 42 | 基础 | J |

## 10.2.3  钢结构施工图的识图

阅读钢结构施工详图步骤：从上往下看、从左往右看、由外往里看、由大到小看、由粗到细看，图样与说明对照看，布置详图结合看。

**1. 钢屋架识图举例**

钢屋架是用钢结构（主要是型钢）制作的屋面结构体系，形式有三角形、梯形等，其结构图主要包括：结构尺寸及内力图、结构整体详图、节点详图、材料表、施工说明等。

屋架正面图和侧面图中用各种符号将各杆件的编号、肢尖、肢背焊缝厚度和长度表示出来。材料表中将各杆件的型号、长度、数量、自重等各种信息列出，供施工人员查阅。钢屋架施工图根据钢屋架的复杂程度，有不同数量的零件详图，这些详图将各种零件的具体做法说明清楚。钢屋架施工说明中将材料型号、要求、连接材料等各种图中无法直接表达清楚的信息说明清楚。

如图 10-13～图 10-18 所示。

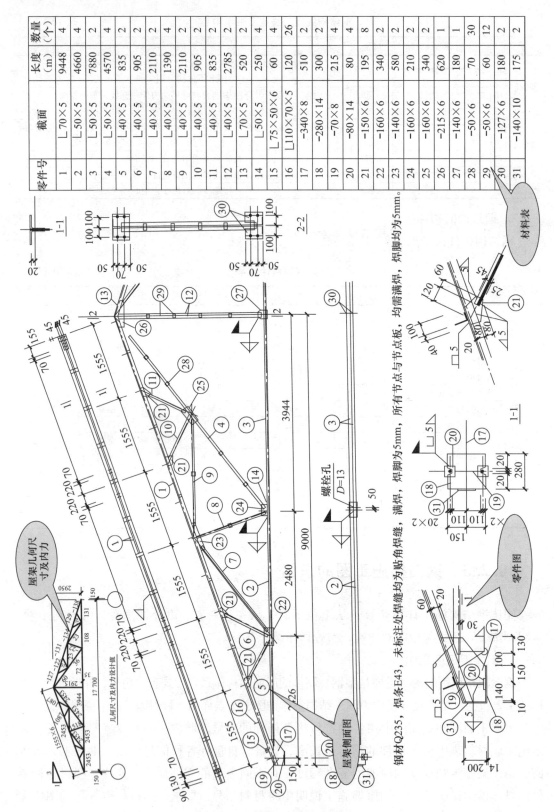

材料表

| 零件号 | 截面 | 长度（m） | 数量（个） |
|---|---|---|---|
| 1 | ∟70×5 | 9448 | 4 |
| 2 | ∟50×5 | 4660 | 4 |
| 3 | ∟50×5 | 7880 | 2 |
| 4 | ∟50×5 | 4570 | 4 |
| 5 | ∟40×5 | 835 | 2 |
| 6 | ∟40×5 | 905 | 2 |
| 7 | ∟40×5 | 2110 | 2 |
| 8 | ∟40×5 | 1390 | 4 |
| 9 | ∟40×5 | 2110 | 2 |
| 10 | ∟40×5 | 905 | 2 |
| 11 | ∟40×5 | 835 | 2 |
| 12 | ∟40×5 | 2785 | 2 |
| 13 | ∟70×5 | 520 | 2 |
| 14 | ∟50×5 | 250 | 4 |
| 15 | ∟75×50×6 | 60 | 4 |
| 16 | ∟110×70×5 | 120 | 26 |
| 17 | −340×8 | 510 | 2 |
| 18 | −280×14 | 300 | 4 |
| 19 | −70×8 | 215 | 4 |
| 20 | −80×14 | 80 | 4 |
| 21 | −150×6 | 195 | 8 |
| 22 | −160×6 | 340 | 2 |
| 23 | −140×6 | 580 | 2 |
| 24 | −160×6 | 210 | 2 |
| 25 | −160×6 | 340 | 2 |
| 26 | −215×6 | 620 | 1 |
| 27 | −140×6 | 180 | 1 |
| 28 | −50×6 | 70 | 30 |
| 29 | −50×6 | 60 | 12 |
| 30 | −127×6 | 180 | 2 |
| 31 | −140×10 | 175 | 2 |

钢材Q235，焊条E43，未标注处焊缝均为贴角焊缝，满焊，焊脚为5mm，所有节点与节点板，均需满焊，焊脚均为5mm。

**图10-13 三角形屋架结构图**

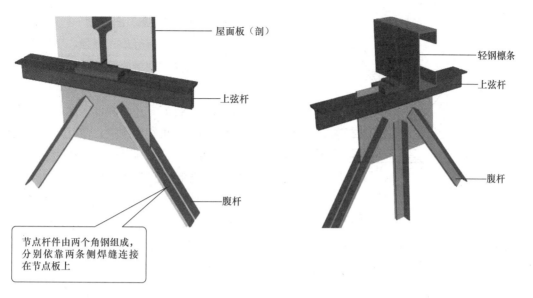

节点杆件由两个角钢组成，分别依靠两条侧焊缝连接在节点板上

图 10-14　三角形屋架上弦节点

图 10-15　三角形屋架屋脊节点、下弦节点

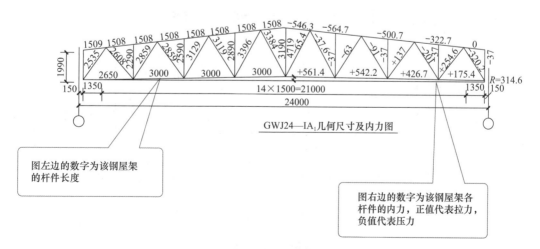

图左边的数字为该钢屋架的杆件长度

图右边的数字为该钢屋架各杆件的内力，正值代表拉力，负值代表压力

图 10-16　屋架的几何尺寸及内力图

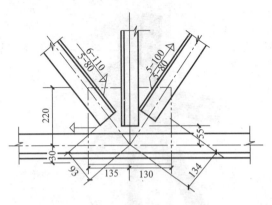

图 10-17　屋架下弦节点详图

**2. 门式刚架施工图识读**

门式刚架具有轻质、高强，工厂化、标准化程度较高，现场施工进度快等特点，因此，受到广泛的应用。它的特点是用工量较少，可装运性好，还可降低房屋高度。由于其梁柱节点多可视为刚接，使其具有卸载作用，使得实腹门式刚架具有跨度大的特点。目前，单跨刚架的跨度国内最大已达 72m。

刚架的屋（墙）面围护结构宜选用有檩轻板体系，刚架屋面的坡度可视屋面材料及排水条件的不同，在 1/10～1/20 间选用。刚架的合理间距（柱距）应综合考虑使用要求、刚架跨度、檩条合理跨度及荷载条件等因素确定。一般可在 6～12m 间选用。如图 10-19、图 10-20 所示。

| 材料表 | | | | | | | |
|---|---|---|---|---|---|---|---|
| 构件编号 | 零件号 | 断面 | 长度（mm） | 数量 | | 自重（kN） | | |
| | | | | 正 | 反 | 每个 | 共计 | 合计 |
| WJ24—1A₁ | 1 | ∟125×80×10 | 12050 | 2 | 2 | 1.865 | 7.46 | 21.85 |
| | 2 | ∟110×70×8 | 11810 | 2 | 2 | 1.293 | 5.17 | |
| | 3 | ∟63×5 | 1860 | 4 | | 0.09 | 0.36 | |
| | 4 | ∟100×80×7 | 2310 | 2 | 2 | 0.223 | 0.89 | |
| | 5 | ∟63×5 | 2380 | 4 | | 0.115 | 0.46 | |
| | 6 | ∟50×5 | 2130 | 4 | | 0.08 | 0.32 | |
| | 7 | ∟80×5 | 2600 | 4 | | 0.162 | 0.65 | |
| | 8 | ∟50×5 | 2640 | 4 | | 0.10 | 0.40 | |
| | 9 | ∟50×5 | 2430 | 4 | | 0.09 | 0.37 | |
| | 10 | ∟63×5 | 2860 | 4 | | 0.138 | 0.55 | |
| | 11 | ∟56×5 | 2890 | 4 | | 0.123 | 0.49 | |
| | 12 | ∟56×5 | 2730 | 4 | | 0.116 | 0.46 | |
| | 13 | ∟63×5 | 3120 | 4 | | 0.15 | 0.60 | |
| | 14 | ∟63×5 | 3070 | 2 | | 0.148 | 0.30 | |
| | 15 | ∟63×5 | 3070 | 1 | 1 | 0.148 | 0.30 | |

图 10-18　屋架材料表

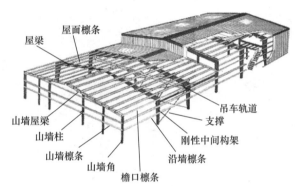

图 10-19　门式刚架结构

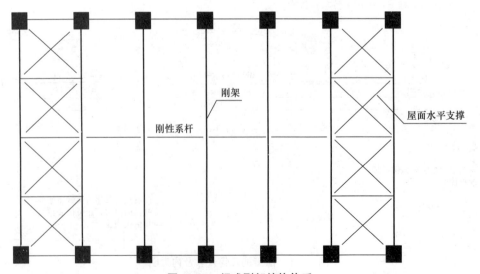

图 10-20　门式刚架结构体系

# 附图1 框剪结构施工图

| | | | 图纸目录 | 工程名称 | ×××住宅 | |
|---|---|---|---|---|---|---|
| | | | | 设计编号 | 201501 | |
| | | | | 专 业 | 结构 | |
| 序号 | 版号 | 图号 | 图名 | 图集 | 页次 | 备注 |
| 1 | 1 | G-1 | 结构设计总说明（一） | | | |
| 2 | 1 | G-2 | 结构设计总说明（二） | | | |
| 3 | 1 | G-3 | 基础平面布置图 | | | |
| 4 | 1 | G-4 | 一～四层墙、柱平面定位图 | | | |
| 5 | 1 | G-5 | 一～四层墙、柱配筋图 | | | |
| 6 | 1 | G-6 | 五～十层墙、柱平面定位图 | | | |
| 7 | 1 | G-7 | 五～十层墙、柱配筋图 | | | |
| 8 | 1 | G-8 | 十一层～屋面墙、柱平面定位图 | | | |
| 9 | 1 | G-9 | 十一层～屋面墙、柱配筋图 | | | |
| 10 | 1 | G-10 | 一层顶梁配筋图 | | | |
| 11 | 1 | G-11 | 一层顶板配筋图 | | | |
| 12 | 1 | G-12 | 二层顶梁配筋图 | | | |
| 13 | 1 | G-13 | 二层顶板配筋图 | | | |
| 14 | 1 | G-14 | 三～七层顶梁配筋图 | | | |
| 15 | 1 | G-15 | 三～十七层顶板配筋图 | | | |
| 16 | 1 | G-16 | 八～十五层顶梁配筋图 | | | |
| 17 | 1 | G-17 | 十六～十七层顶梁配筋图 | | | |
| 18 | 1 | G-18 | 十八层顶梁配筋图 | | | |
| 19 | 1 | G-19 | 十八层顶板配筋图 | | | |
| 20 | 1 | G-20 | 坡屋面梁配筋图 | | | |
| 21 | 1 | G-21 | 坡屋面板配筋图 | | | |
| 22 | 1 | G-22 | 机房顶梁、顶板配筋图 | | | |
| 23 | 1 | G-23 | 楼梯配筋图 | | | |

结构设计总说明（一）

**一、工程概况**

本工程位于×××市。

A、2号楼地上18层，地下1层为车库，下车库为18号车库，本工程首层±0.000一地对标高105.600。

**二、建筑结构安全等级及设计使用年限**

建筑结构安全等级：二级

设计使用年限：50年

建筑抗震设防类别：丙类

框架抗震等级：二级

剪力墙抗震等级：二级

地基基础设计等级：乙级

**三、自然条件**

基本风压：0.65kN/m²

抗震设防烈度：7度（0.10g）

地震设防分组：第一组

建筑场地类别：II类

**四、设计计算程序**

结构整体计算及空间分析完成分析与设计计算软件-SATWE
软件：PCCAD

**五、设计依据**

1. 地勘的设计任务书

2. 主要规范、规程、规程

《建筑结构可靠度设计统一标准》 GB50068-2018

《建筑结构荷载规范》 GB50009-2012

《建筑地基基础设计规范》 GB50007-2011

《混凝土结构设计规范》 GB50010-2010

《建筑抗震设计规范》 GB50011-2010

《砌体结构设计规范》 GB50003-2011

《高层建筑混凝土结构技术规程》

本工程按照现行设计标准设计规范进行设计。施工时应遵守本说明及各设计规程说明外，尚应严格遵守现行国家及工程所在地的现行相关规范要求。

3. 建设单位提供的正式的地质勘察报告。

**六、设计采用的各项活荷载标准值**

楼面：    2kN/m²    附设：    2.8kN/m²

上人屋面：2kN/m²    不上人屋面：0.5kN/m²

楼梯：    3.5kN/m²

**七、基础设计**

1. 本工程采用筏板基础。

2. 基础详图后浇加强做法：见中结构加强条。

**八、主要结构材料**（图中注明者除外）

1. 混凝土强度等级：JRG-3。

残板处强度等级：C35

柱：    C45~C25（具体见结构层高分）

梁：    C25

楼板：  C25

**2. 钢材及型条**

HPB300 $f_y=270N/mm^2$

HRB335 $f_y=300N/mm^2$

HRB400 $f_y=360N/mm^2$

吊钩采用HPB300级钢筋，不得采用冷工钢筋。

钢材采用Q235B

焊条：Q235B 用于HPB300级钢筋，E43系列；HRB335、HRB400、E50系列。焊接质度等级：对接焊缝要为二级的焊缝、满焊。

焊缝质度等级：除外板处接连接钢件的焊接。当结钢件实测与强抗震等级为——二级钢筋焊缝，其最小焊缝强应放设施放实测与强度应测得实测的比应不小于1.25，且钢筋的屈服强度实测值与强度的比应不大于1.3。

**3. 砌体材料**

砌块：外墙地下室地面及下框采用MU10双孔混凝土砌块，内墙地下室地面以上采用轻质种多孔砖小型空心砌块墙度≤3m外墙加砌筑。地下室地面以上采用MU5水泥砂浆。砂浆：地下室地面以上部分采用M5级砂浆。

**4. 结构构件最小保护层厚度 $t_d$（取不小于主筋直径）：**

| 位置 | 地下 | | | 地上 | | |
|---|---|---|---|---|---|---|
| 构件名称 | 基础 | 底板 | 墙 | 柱 | 梁 | 柱 | 梁 |
| 保护层厚度 | 40 | 35 | 25(15) | 15 | 30 | 25 |

相应钢筋保护层用于钢件之厚之多。

5. 钢筋混凝土锚固长度 $l_a$ 及基本锚固长度为50mm。

地下室外墙壁内锚固长度 $l_a$ 及基本锚固长度。

**5. 混凝土构件纵向受拉钢筋最小锚固长度 $l_a(l_{aE})$ (mm)（取不小于＋主筋直径）：**

| 钢筋型号与混凝土强度等级 | HPB300 一级抗震 | HRB335 二级抗震 | HRB400 一级抗震 | CRB550 二级抗震 |
|---|---|---|---|---|
| C25 | 31d(27d) | 38d(34d) | 46d(40d) | 41d(35d) |
| C30 | 27d(24d) | 33d(30d) | 34d(30d) | 31d(30d) |
| C35 | 25d(22d) | 30d(27d) | 37d(33d) | 33d(28d) |

**6. 结构混凝土耐久性的基本要求：**

| 环境类别 | 最大水胶比 | 最大水泥用量 最大用量(kg/m³) | 最大氯离子 含量(%) | 最大碱含量 (kg/m³) |
|---|---|---|---|---|
| 室内正常 一类 环境 | 0.65 | 225 | 1.0 | 不限制 |
| 二a 水 环境 | 0.55 | 275 | 0.2 | 3.0 |

注：弧斜字含量系各系类点用量的百分率。

**九、结构构造做法**

1. 柱、墙、梁构造及其做法说明见11G101-1。

楼梯构造及做法说明见11G101-2。

筏板基础构造及做法说明见11G101-3。

2. 回填、土必须分层夯实实夯度200，压实系数0.94。

3. 地面标高处、图中未注明剖口，先槽设钢筋作或设备中板加强筋。

4. 设备管井穿过楼面时，先槽设钢筋作或设备中板加强筋。

5. 凡墙及楼板作用在主梁侧面的加载均应设置附加箍筋加吊，GZ1见结构详图。

次梁作用与侧宽设2×250mm，遇柱处混凝土。

钢筋加筋交点，做加筋作、主筋不设吊筋，配筋不变。

主次梁设置吊筋，每侧设2×2250mm每500吊钢接焊、仅设置附加箍筋。

附加箍筋说明作为准，无需说明做其长部，为每边 $1/2$ 份@50（$1/4$份处锚固箍宽）。

凡主梁侧焊设吊接筋，该处应增设置附加加强筋。

6. 双向板（底架形板）肖十地方向钢筋放上排，长方向钢筋放上排。低标准中布钢筋。

为φ6@200端板内预钢筋大小及位置见建筑设备图纸。斜口与下钢筋切断焊半径端焊端。

斜口不得切断口不得切断。斜口大于等于φ300时，钢筋手断口应作的钢筋加焊锚入另一一斜增加预埋增高于350时，板内预埋加口焊200，另一侧锚固斜口。

7. 板内增设接钢筋，所钢接中端应放在板底钢筋之上上板上排钢筋的混凝上保护层应不大于30mm。

8. 钢筋混凝土板应采实件时，必须确定零离设于色格斜侧，且板位钢件按建筑要变更受混凝土最小距差值在大于5m。

要求并按面放实件布制。楼板钢筋放实作件为φ6@200，当低变力构件的上板处建混凝土上。伸板弯为φ6@200。

9. 楼板钢件放实件时，板边与上布钢件为φ6@200。

10.0系列为预埋接卷管，DV系列为预埋缝柔性缝建筑用工，斜接卷实收规范。当低标准中板应放上排，见标单本标准图纸。

11.所有槽理位件为Q235号钢件A3级条件件装。先标接结构建，未标接结构应施工。

12.屋面板预埋口尺寸为大平线标尺寸。屋面预埋锚固尺寸、表说明处均为φ6@200×200。

13.墙实墙及墙墙口应在结构面上件见12G614-1，拉结根本用要。墙实墙长度应实过墙2时件，应设门窗口2口贷窗口2段应混凝土垫板。在墙内设置建筑面建接凝土墙垫的上墙，并见12G614-1。墙实墙内长度当出m或mm上上件门1贷窗口应少φ6@200×200。屋面设置墙口贷窗墙半件与实墙于建现浇混凝土片为反件。作边评布，件边评布、屋面板设置应先作件两件。

14.屋面混凝土墙口为钢入结构施工件见12G614-1，拉结需件。

15.混凝土楼板基础上及几墙设建筑12本设件墙墙建缝高度20mm伸缩缝破收规范 GB50202-2002

位置设及技收后建筑口应置应严格遵守建筑施工二级，不可随意变动之级。

2.混凝土结构施工期质量收标准 GB50204-2015

16.悬挑建筑件梁做度达100%半且其上排钢过缝混凝件用件的实现凝件接件用作。

17.屋面板、板挑缝均应先作件。

**十、注意事项**

严格遵守下列施工顺序的规定。

1.基础施工及工程施二级质量收规范 GB50202-2002

2.混凝土结构施工期质量收标准 GB50204-2015

3.混凝土楼梯收做度达100%半且且上排加过缝混凝件上用的实现凝件接件用作件。

4.施工过程中施二级收半墙过缝混凝件上用的建的实收规范件准件。

5.混凝土墙基准凝开口、图应先作位开口作、先接加现浇混凝件之。

图纸核比校对，并与设各有工种审核加件作变更要求施工。

6.所有外墙件件均应应建件墙墙结缝件，间建各面设件建筑变更要求施工。

7.电各型墙件件各应位应建件件结件接加工件，不得等别建件。

**十一、备注**

1.本图纸未采算本结构件件实现及用环境。

2.本说明未尽事宜以均须按现行施工。

3.通过施工审查后方可施工。

4.冷轧带肋钢件应件、本平面图应均件均件为件，无说明要件件件件件之。

4.本结构施工图按件件件件标高均为件本，尺寸为件本。

×××建筑设计院

| | |
|---|---|
| 项目负责人 PROJECT LEADER | ××× |
| 审定 APPROVED BY | ××× |
| 审核 EXAMINED BY | ××× |
| 项目经理 PROJECT MANAGER | ××× |
| 专业负责人 CAPTAIN | ××× |
| 校对 CHIEF ENGI | ××× |
| 设计 CHECKED BY | ××× |
| 制图 DESIGNED BY | ××× |
| DRAWN BY | ××× |

| 建设单位 CLIENT | ×××有限公司 |
| 工程名称 PROJECT | ×××住宅 |
| 子项名称 SUBPROJECT·UNIT | |
| 合同号 CONTRACT No. | 201501 |
| 图名 TITLE | 结构设计总说明（一） |
| 图别 MAP | 结施 STRUC | 版次 EDITION No. | 1 |
| 专业 | A2 | 图号 DRAWING No. | G-1 |
| 日期 DATE | 2015.02.20 | |

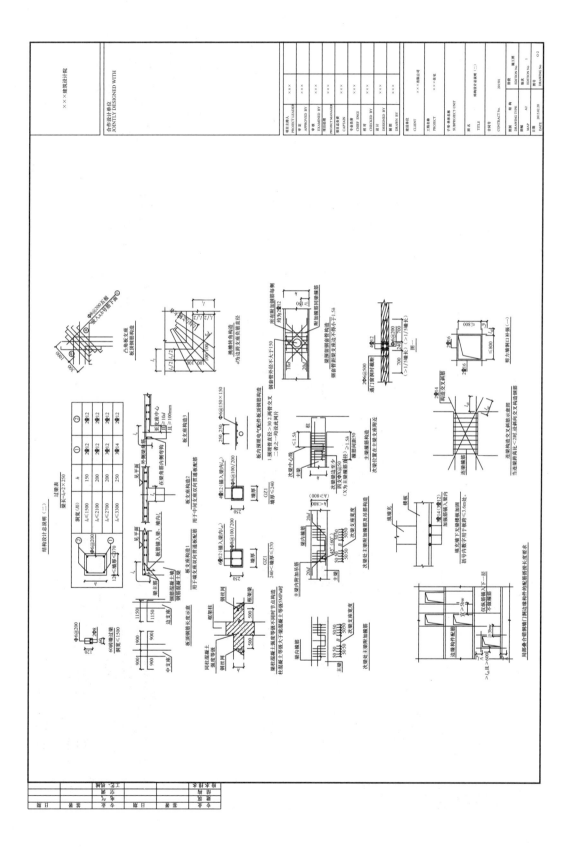

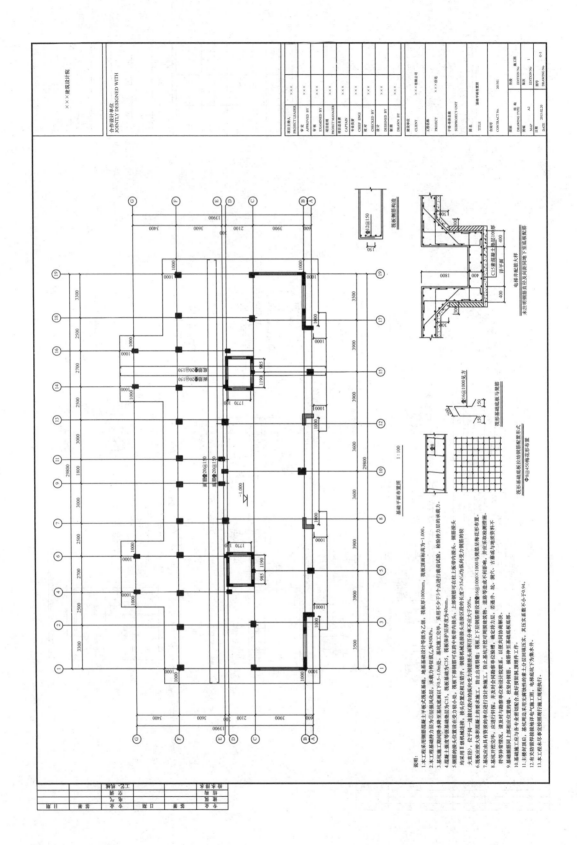

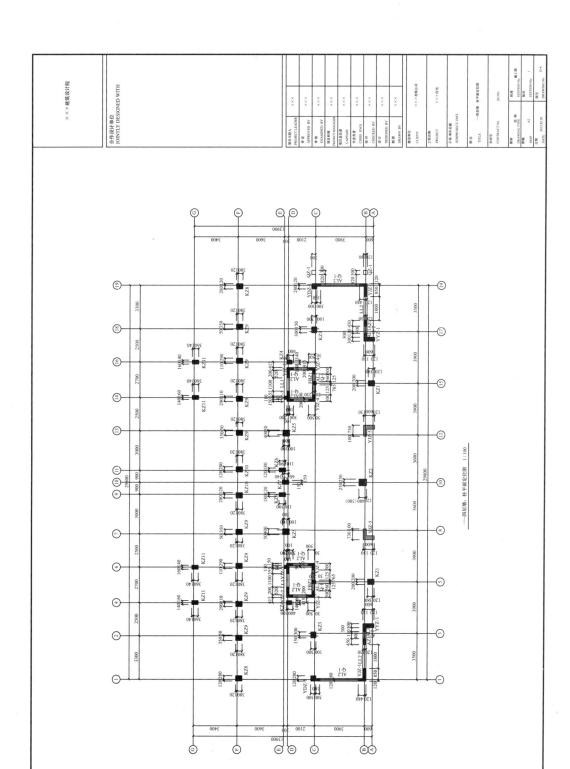

一四层墙、柱平面定位图 1:100

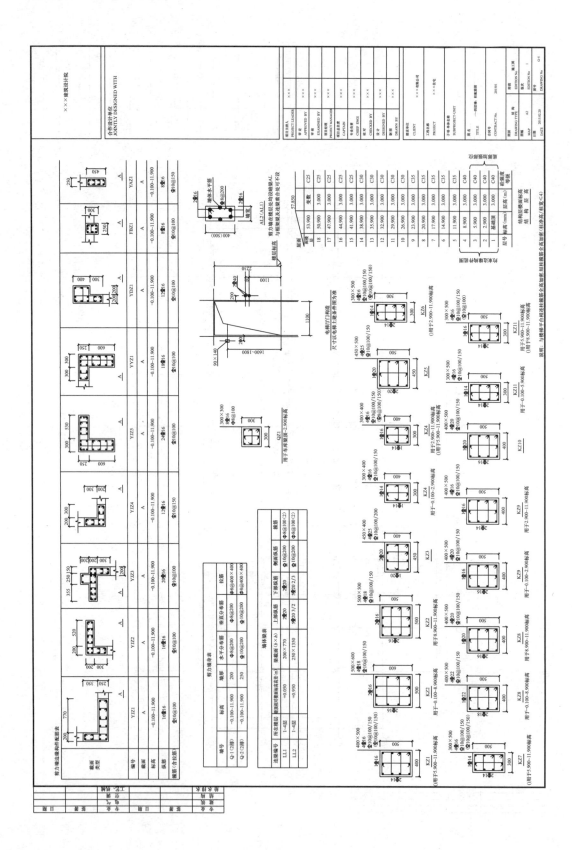

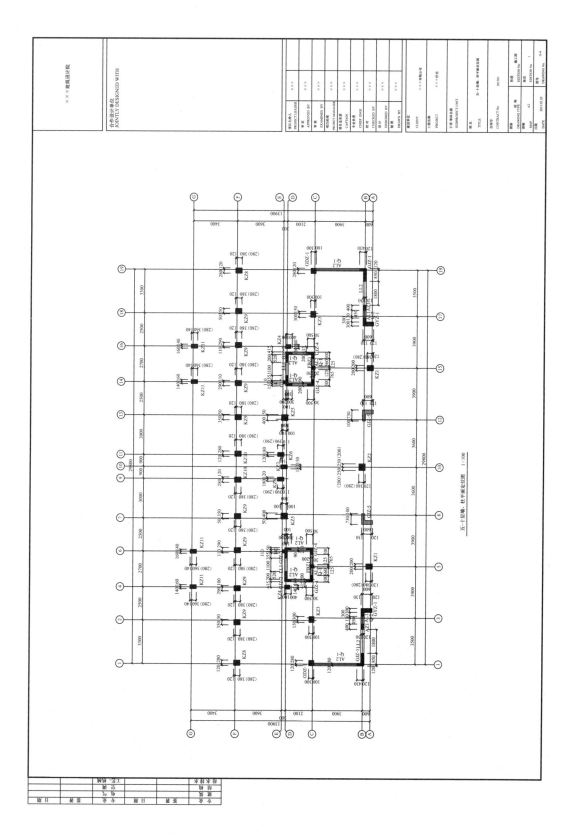

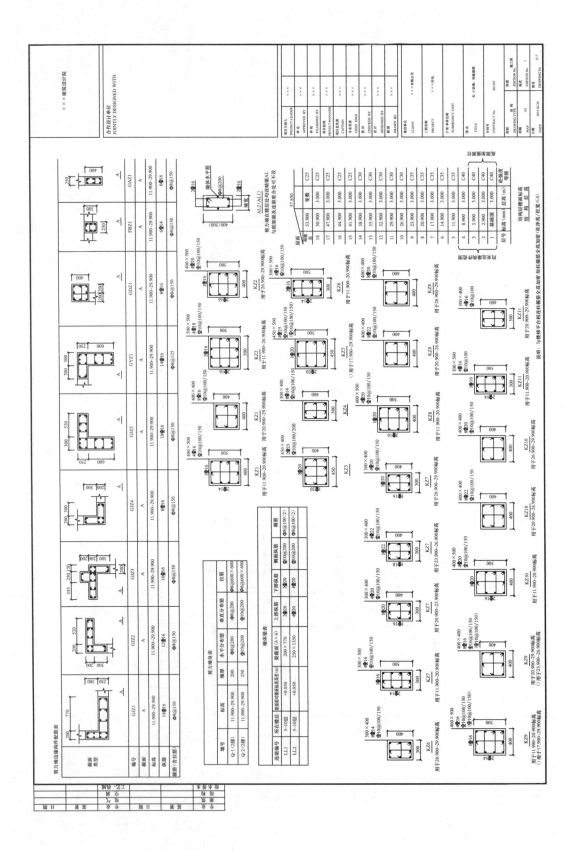

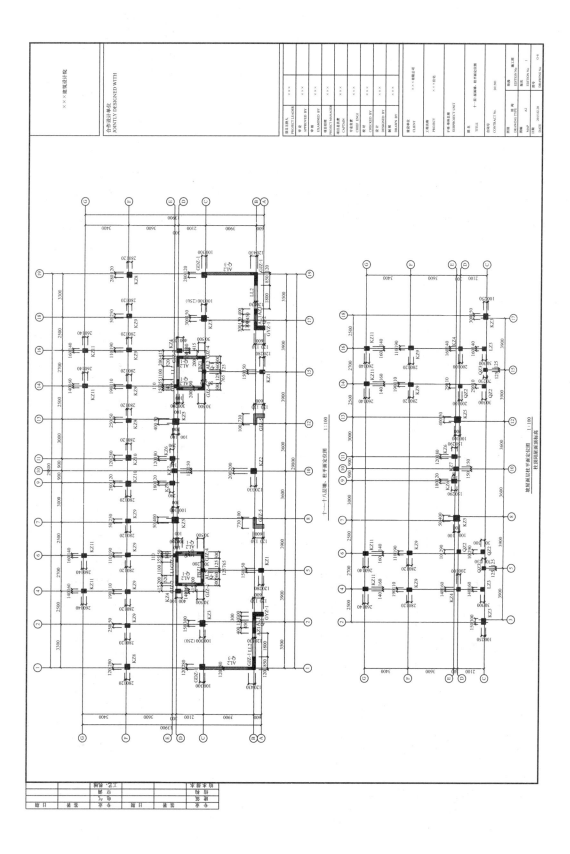

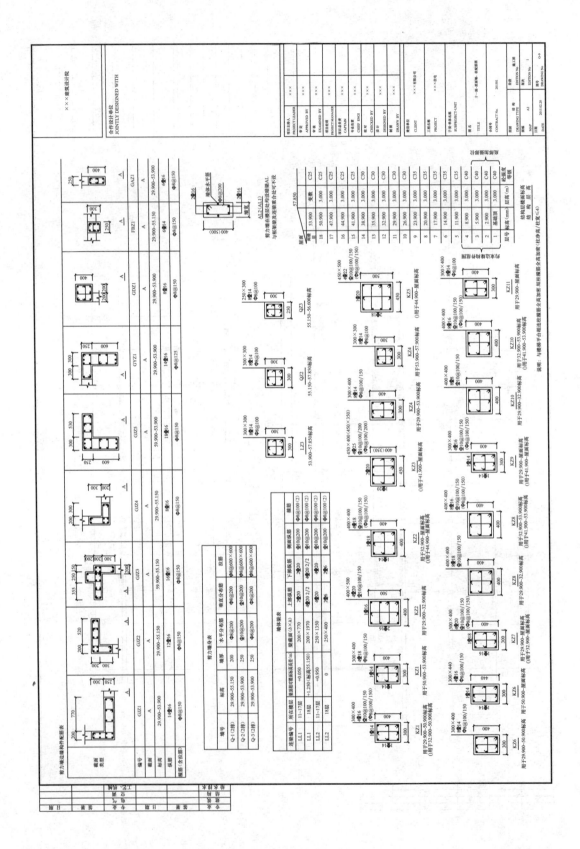

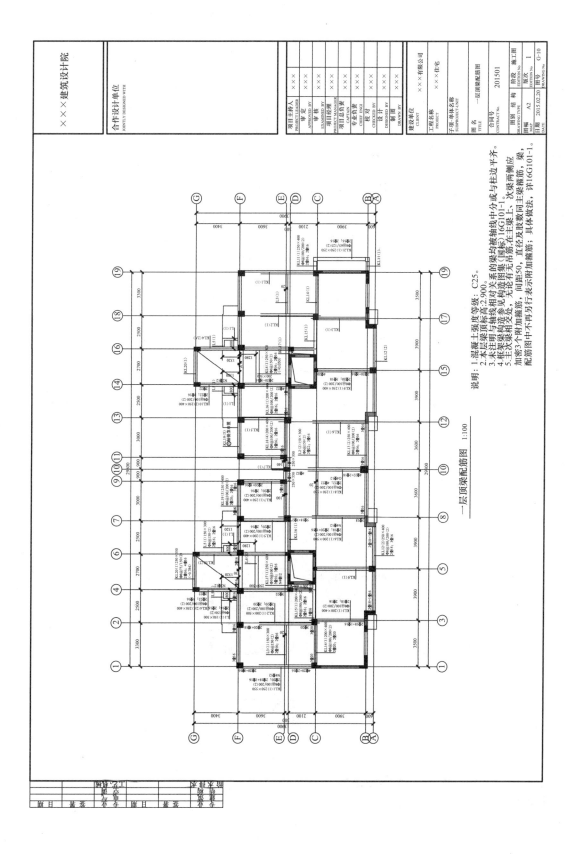

一层顶梁配筋图　1:100

说明：1.混凝土强度等级：C25。
2.本层梁顶标高-2.900。
3.未注明与轴线相对关系的梁均被轴线中分或与柱边平齐。
4.框架梁构造见图集（图标）16G101-1。
5.主次梁相支处，无论有无吊筋无附加箍筋，次梁两侧应加密3个附加箍筋，直径及肢数同主梁箍筋；梁配筋图中不再另行表示附加箍筋，具体做法，详16G101-1。

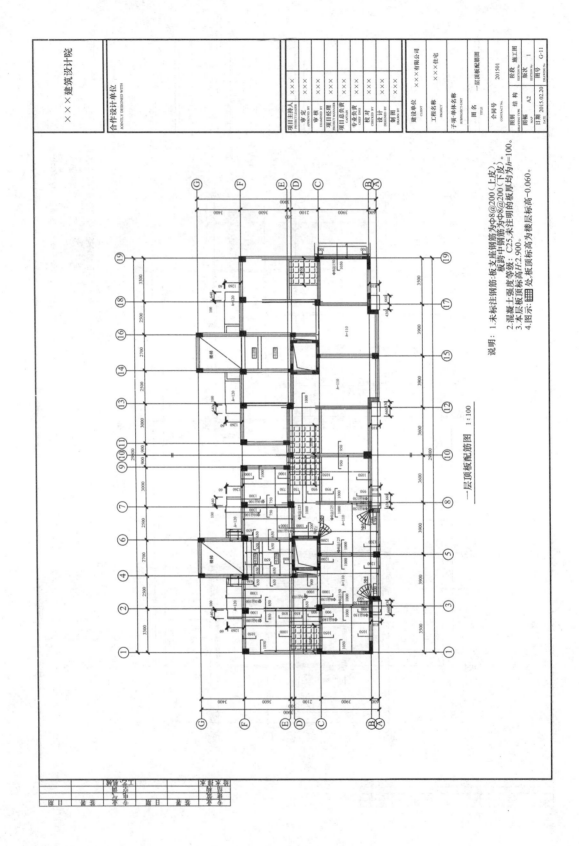

一层顶板配筋图 1:100

说明：1. 未标注钢筋：板支座钢筋为Φ8@200（上皮）；板跨中钢筋为Φ8@200（下皮）。
2. 混凝土强度等级：C25，未注明的板厚均为h=100。
3. 本层板顶标高H=2.900。
4. 图示□圈处板顶标高为楼层标高−0.060。

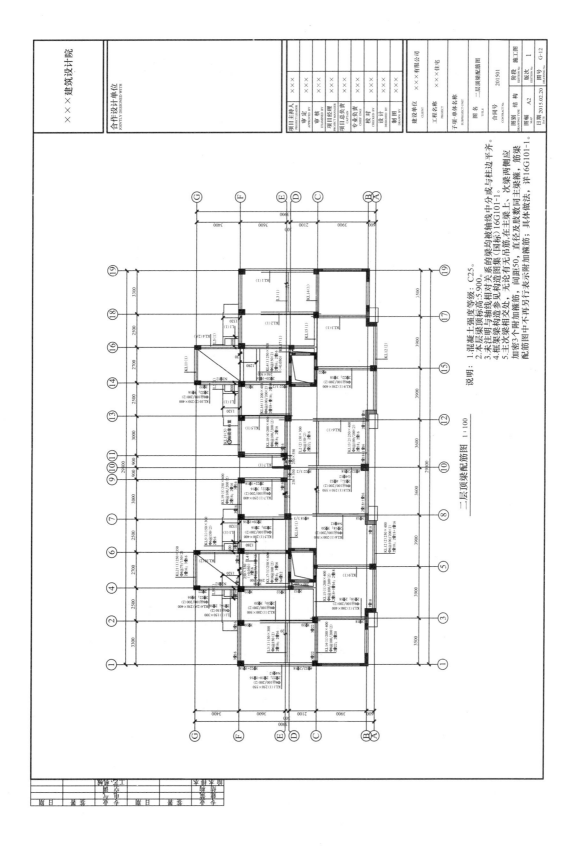

二层顶梁配筋图 1:100

说明：
1. 混凝土强度等级：C25。
2. 本层梁顶标高5.900。
3. 未注明与轴线相对关系的梁均沿轴线中分或与柱边平齐。
4. 框架梁构造见构造图集（国标）16G101-1。
5. 主次梁相交处，无论主次梁，在主梁上，次梁两侧应加密3个附加箍筋，直径及肢数同主梁箍筋，间距50，配筋图中不再示附加箍筋；具体做法，详16G101-1。

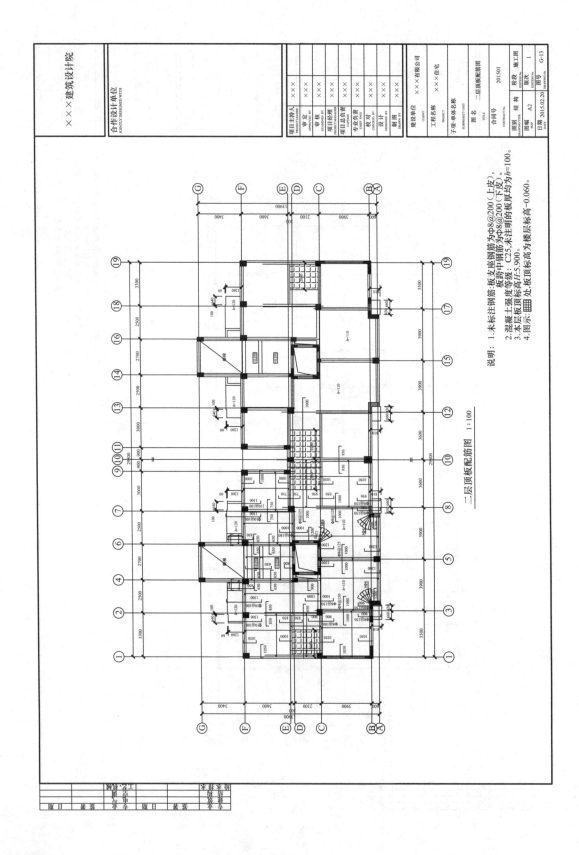

二层顶板配筋图 1:100

说明：
1. 未标注钢筋：板支座钢筋为Φ8@200（上皮），
板跨中钢筋为Φ8@200（下皮）。
2. 混凝土强度等级：C25。未注明板顶标高为5.900。
3. 本层板顶标高5.900。未注明的板厚均为h=100。
4. 图示←圈处板顶标高为板顶标高−0.060。

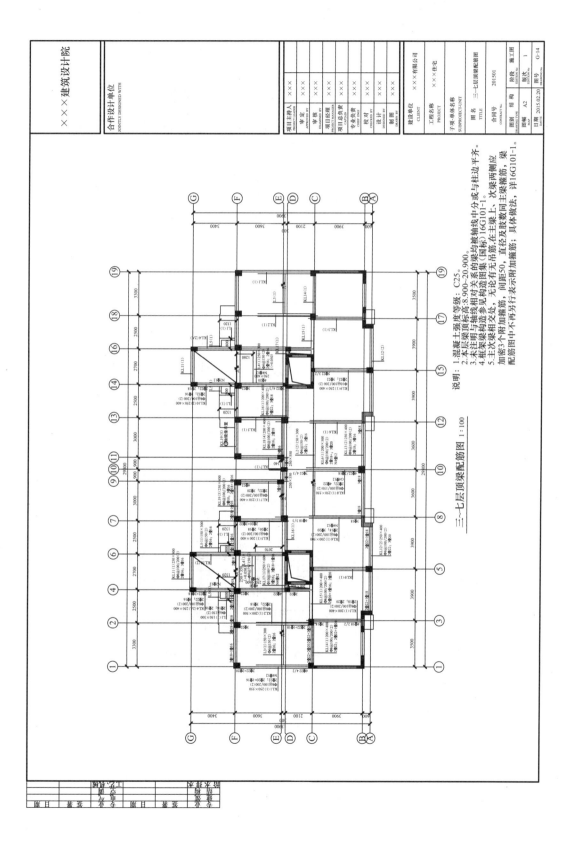

三~七层顶梁配筋图　1:100

说明：1. 混凝土强度等级：C25。
2. 本层梁顶标高：8.900~20.900。
3. 未注明与梁构造有关系的梁均被轴线中分或与柱边边平齐。
4. 框架梁梁构造参见构造图集（国标）16G101-1。
5. 主次梁相交处，无论有无吊筋，在主梁上，次梁两侧应加密3个附加箍筋，其径及肢数同主梁箍筋，间距50，次梁箍筋；具体做法，详16G101-1。配筋图中不再另行表示附加箍筋，梁配筋图中不再另行表示附加箍筋。

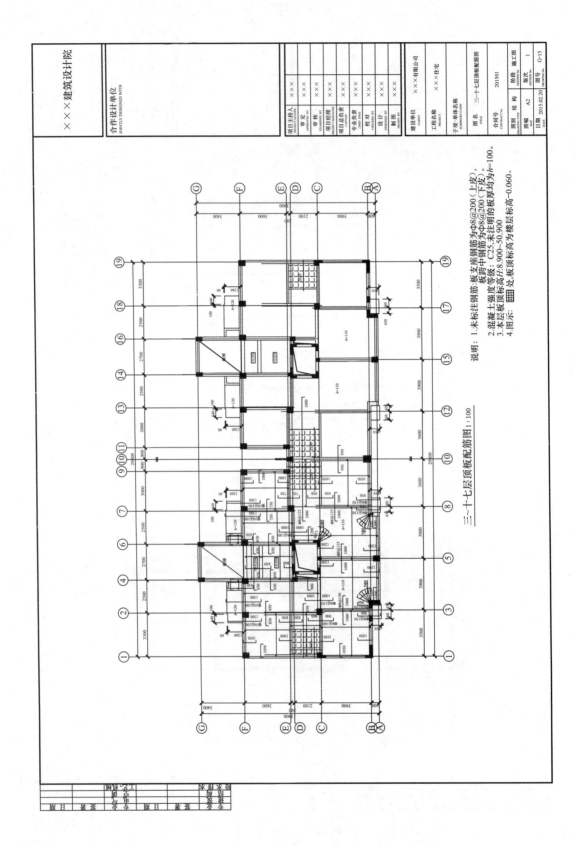

三十~七层顶板配筋图 1:100

说明：1.未标注钢筋：板支座钢筋为Φ8@200（上皮），
板跨中钢筋为Φ8@200（下皮）。
2.混凝土强度等级：C25.未注明的板厚均为h=100。
3.本层板顶标高H:8.900~50.900。
4.图示：阴影处，板顶标高为楼层标高-0.060。

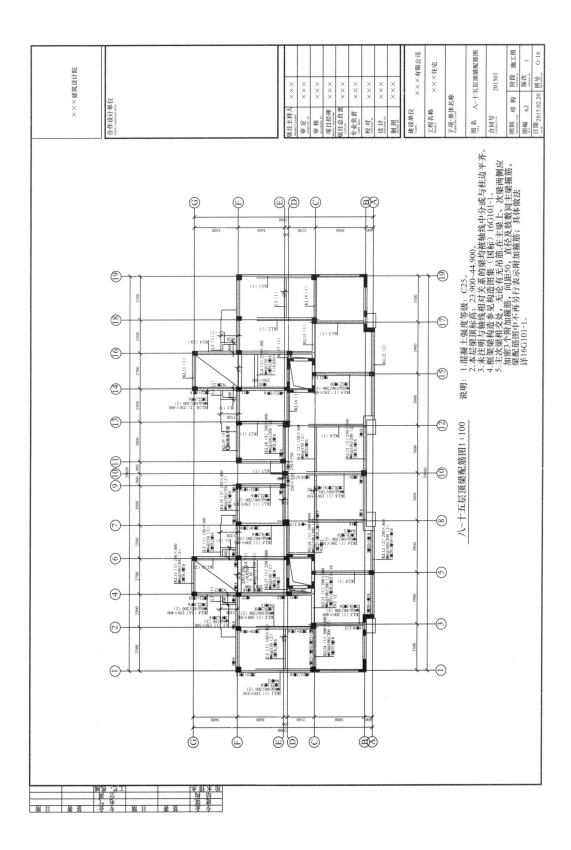

八~十五层顶梁配筋图 1:100

说明：1.混凝土强度等级：C25。
2.本层梁顶标高：23.900~44.900。
3.未注明与轴线相对关系的梁均被轴线中分或与柱边平齐。
4.框注明梁构造参见构造图集（国标）16G101-1。
5.主次梁相交处，无论有无吊筋，在主梁上、次梁两侧应加密3个附加箍筋，同时间距50，直径及肢数同主梁箍筋，梁配筋图中不再另行表示附加箍筋；具体做法详16G101-1。

| | ×××建筑设计院 | 合作设计单位 | | 项目主持人 | 审定 | 审核 | 项目经理 | 项目总负责 | 专业负责 | 校对 | 设计 | 制图 | ×××有限公司 | ×××住宅 | ×××× | | 八~十五层顶梁配筋图 | 201501 | 施工图 | 1 |
|---|---|---|---|---|---|---|---|---|---|---|---|---|---|---|---|---|---|---|---|---|

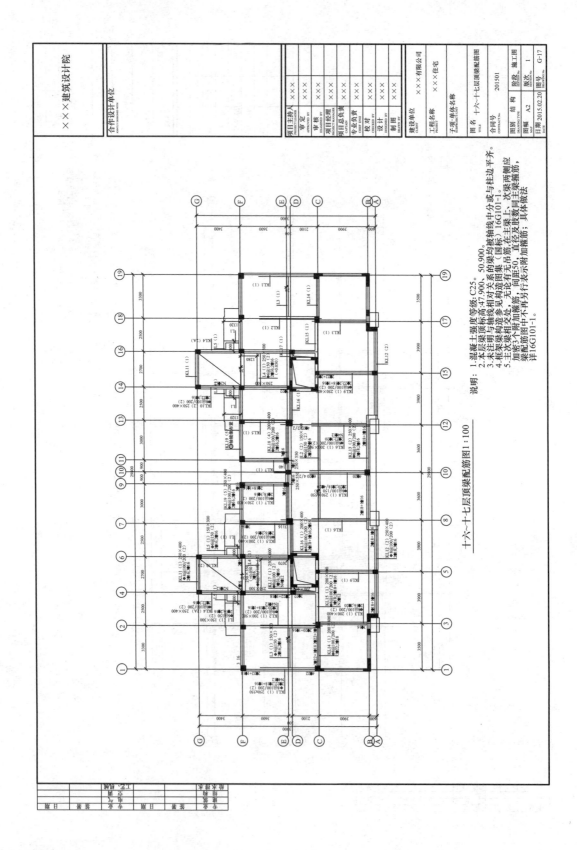

十六~十七层顶梁配筋图1:100

说明：
1. 混凝土强度等级：C25。
2. 本层梁顶标高:47.900、50.900。
3. 未注明与轴线相对关系系梁均被轴线均分或与柱边平齐。
4. 框架梁梁构造见图集（国标）16G101-1。
5. 主次梁次梁相交处，无论有无吊筋，在主梁上、次梁两侧应加密3个附加箍筋，间距50，直径及肢数同主梁箍筋，梁箍筋图中不再另行表示附加箍筋；具体做法详16G101-1。

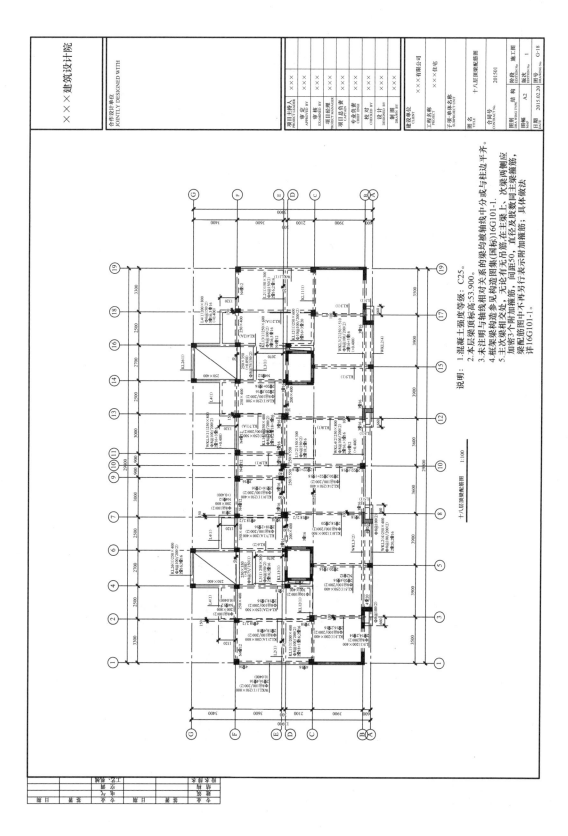

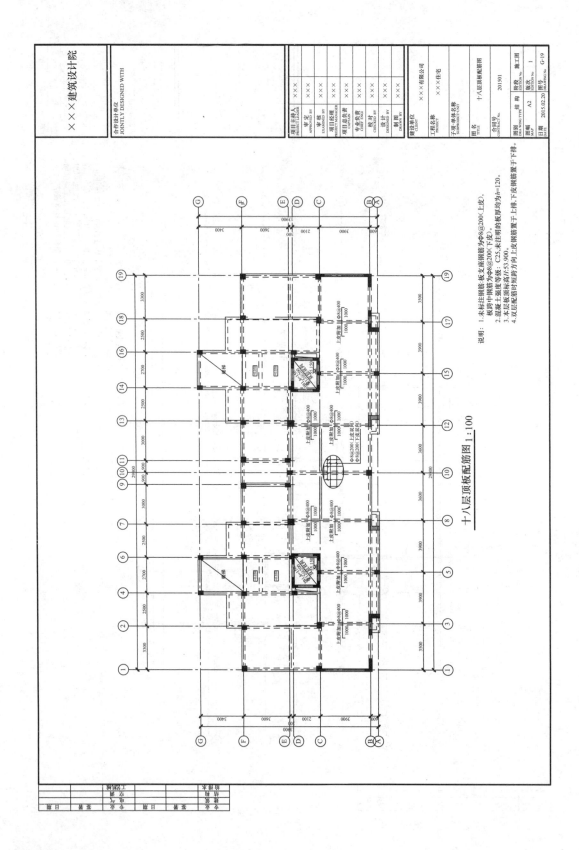

十八层顶板配筋图 1:100

说明：1.未标注钢筋板支座钢筋为Φ8@200(上皮)，
板跨中钢筋为Φ8@200(下皮)。
2.混凝土强度等级：C25，未注明的板厚均为h=120。
3.本层板顶面标高H=53.900。
4.双皮钢筋时短跨方向上皮钢筋置于上排，下皮钢筋置于下排。

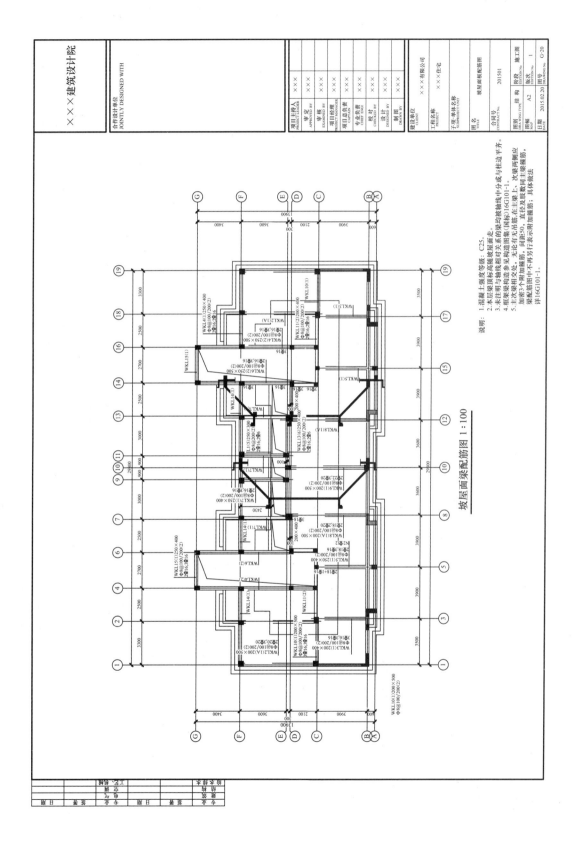

坡屋面梁配筋图 1:100

说明：1.混凝土强度等级：C25。
2.本层梁顶标高随坡屋面走。
3.未注明与轴线相对关系的梁均按轴线中分或与墙轴边平齐。
4.框架梁构造参见构造图集（国标）16G101-1。
5.主次梁相交处，无论有无吊筋，在主梁上、次梁两侧对应
加密3个附加箍筋，间距50，直径及根数同主梁箍筋，
梁配筋图中不再另行表示附加箍筋，具体做法
详16G101-1。

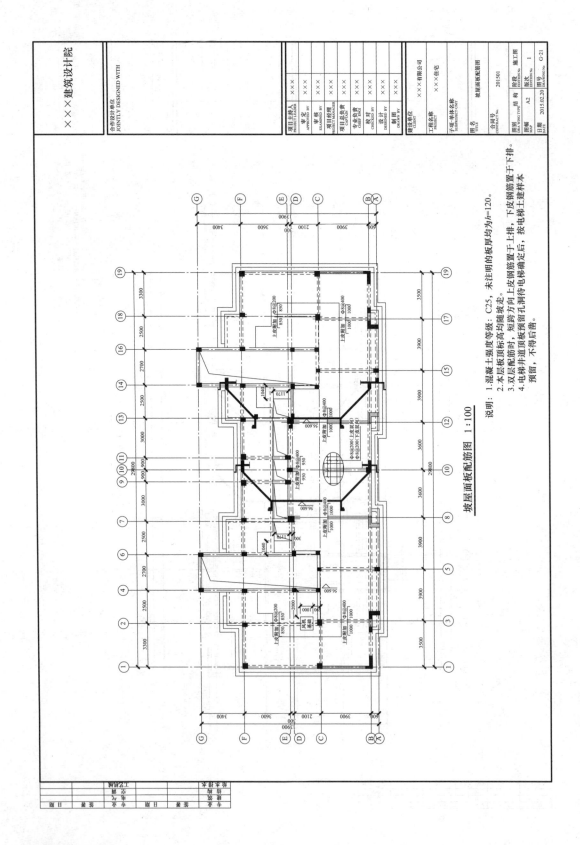

坡屋面板配筋图 1:100

说明：1. 混凝土强度等级：C25，未注明的板厚均为h=120。
2. 本层板顶标高均随坡走。
3. 双层配筋时，短跨方向上皮钢筋置于上排，下皮钢筋置于下排。
4. 电梯井道顶板预留孔洞待电梯确定后，按电梯土建样本预留，不得后增。

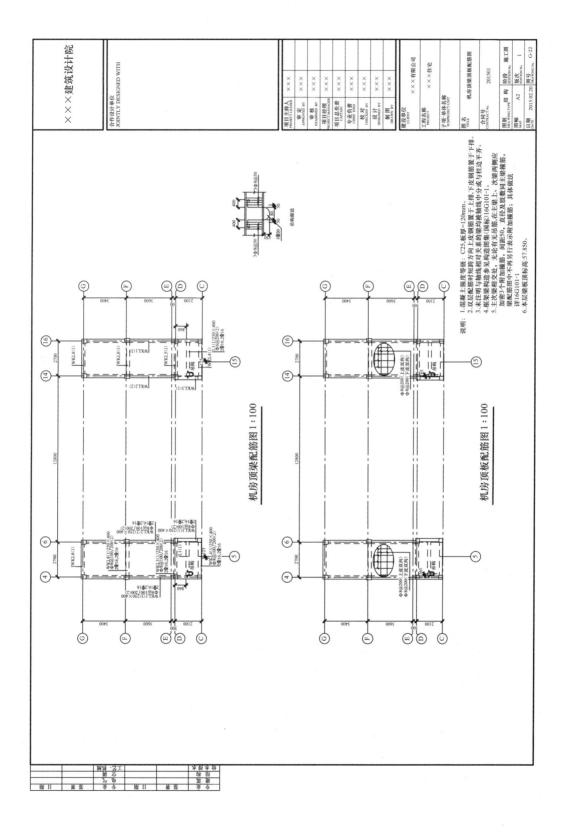

机房顶梁配筋图 1：100

机房顶板配筋图 1：100

说明：
1. 混凝土强度等级：C25，板厚=120mm。
2. 双层配筋时短跨方向上皮钢筋置于上排，下皮钢筋置于下排，下皮钢筋在梁中或柱轴线中分成与柱边平齐。
3. 未注明与轴线相对关系的梁均按梁轴线构造图集(图标)16G101-1。
4. 框架梁构造参见构造图集(图标)16G101-1。
5. 主次梁相交处，无论次梁有无吊筋，在主梁上次梁两侧应加密3个附加箍筋，间距50，直径及肢数同主梁箍筋；其余箍筋详16G101-1。
6. 本层梁板顶标高57.850。

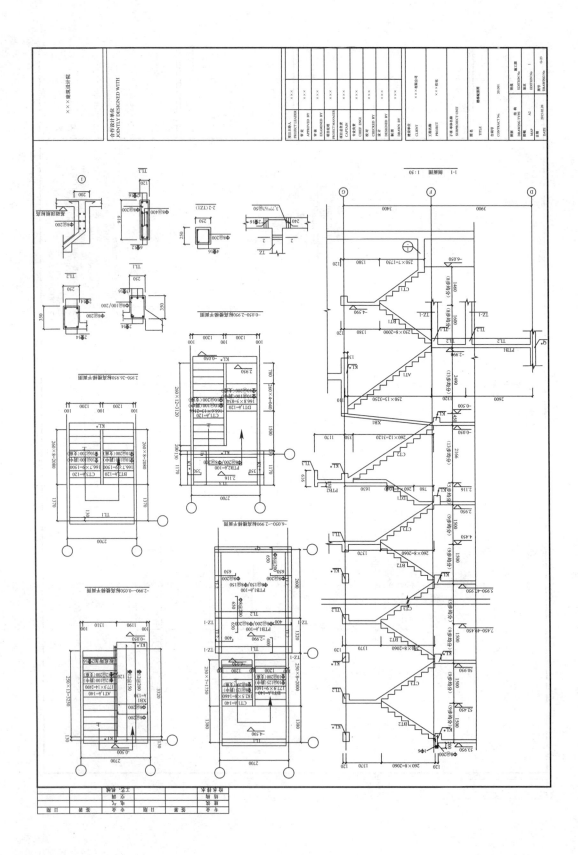

# 结 构 设 计 总 说 明

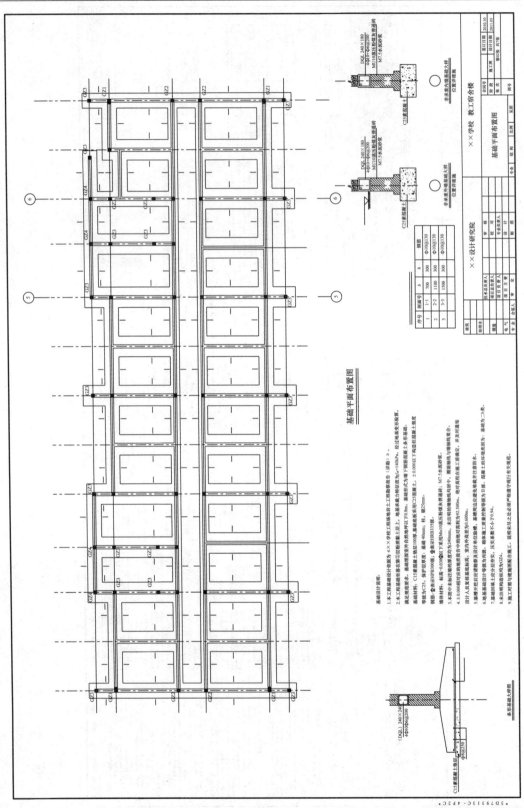

基础平面布置图

# 附图2 砌体结构施工图

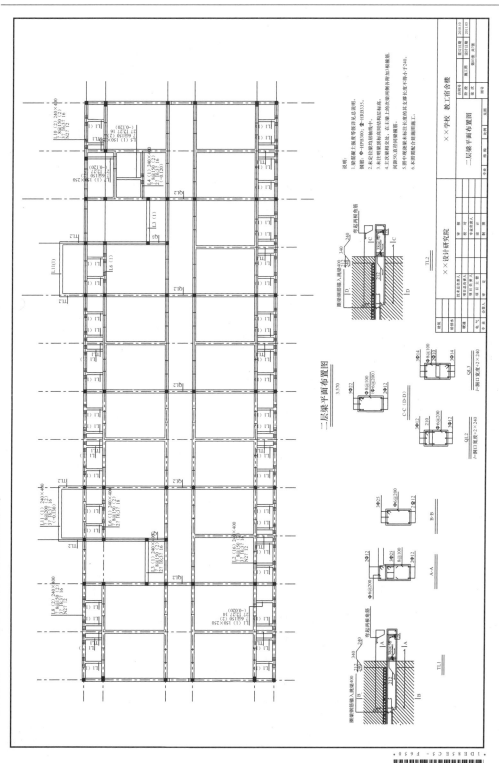

说明:
1. 梁混凝土强度等级详见总说明。
钢筋: Φ—HPB300; Φ—HRB335。
2. 未定位轴均匀轴居中。
3. 未注明梁顶标高同结构层标高。
4. 主次梁相交处, 在主梁上的次梁两侧各附加2根箍筋,
间距为50, 直径同梁内箍筋。
5. 图中现浇梁未标注在跨内支撑长度不得小于240。
6. 本图施配合建筑图施工。

二层梁平面布置图

二层梁平面布置图

C-C (D-D)

QL3

B-B

QL2

A-A

TL2

TL1

圈梁钢筋锚入墙埋400

圈梁钢筋锚入墙埋400

弯起两根角筋

弯起两根角筋

××学校 教工宿舍楼

二层平面布置图

××设计研究院

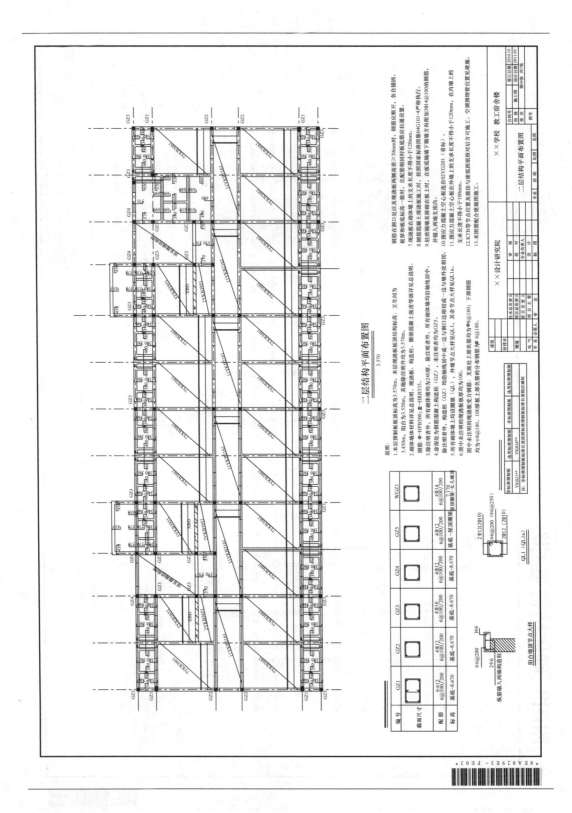

二层结构平面布置图

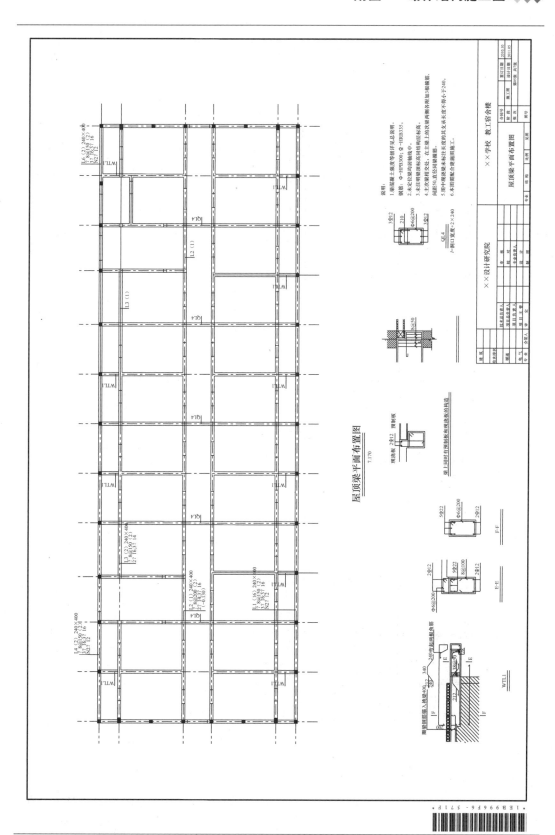

屋顶梁平面布置图

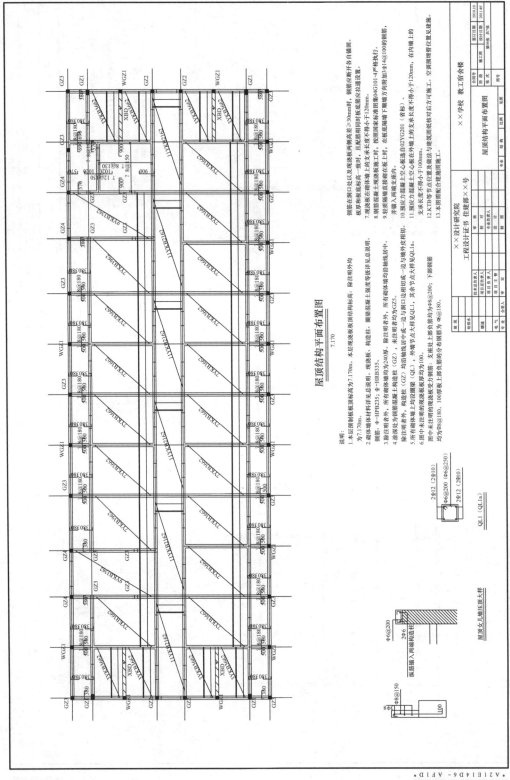

## 屋顶结构平面布置图
7.170

说明:

1.本层剖面板板顶标高为7.170mm。本层现浇板板顶结构标高：除注明外均为7.170mm。

2.砌体墙墙体材料详见总说明：现浇板。构造柱：圈梁混凝土强度等级详见总说明。钢筋：Φ–HPB235；Φ–HRB335。

3.除注明者外，所有砌体墙均为240厚。

4.涂深灰为钢筋混凝土构造柱（GZ）。未注明者均为GZ3。

5.所有砌体墙上构造圈梁（QL）。外墙节点大样见QL1a，其余节点大样见QL1。

图中未注明的现浇板板厚均为100。

图中未注明的现浇板配筋受力筋均为8@200；下部钢筋均匀为Φ6@180，100厚板上部负筋的分布分布钢筋均为Φ6@180。

钢筋在洞口处以及现浇板两侧高差≥30mm时，钢筋应断开并各自锚固。板厚和板底标高一致时，且配筋相同后板底钢筋应拉通设置。

7.现浇混凝土砌体墙在现浇混凝土强度等级下的支承长度不得小于120mm。

8.钢筋混凝土现浇混凝土施工时，按照国家标准图集04G101-4严格执行。

9.轻质混凝土砌直接砌在板上时，在板底钢筋加3Φ14@100的钢筋。

10.预应力圆孔混凝土空心板选自02YGZ01《省标》。

11.预应力混凝土空心板在外墙上的支承长度不得小于120mm，在内墙上的支承长度不得小于100mm。

12.KTB等节点位置及做法与建筑图纸核对后方可施工。空调预埋管位置及建施。

13.本图配合建施图施工。

QL1（QL1a）

| ××设计研究院 | | | |
|---|---|---|---|
| 工程设计证书 住建部××号 | | | |
| 建筑 | 相构 | 审 核 | |
| 建筑 | | 专业负责人 | |
| 电气 | | 项目主管 | |
| 专业负责人 | 会签人 | 审 定 | |

| | 图号 | | | |
|---|---|---|---|---|
| ××学校 教工宿舍楼 | 阶段 | 施工图 | 设计证书 | 2010.10 |
| | 张 次 | | 设计人 | 2011.05 |
| 屋顶结构平面布置图 | 比例 | 结构 | 绘图 | 邮小西 |
| 专业 | | | 校核 | 核对 |

屋顶女儿墙压顶大样

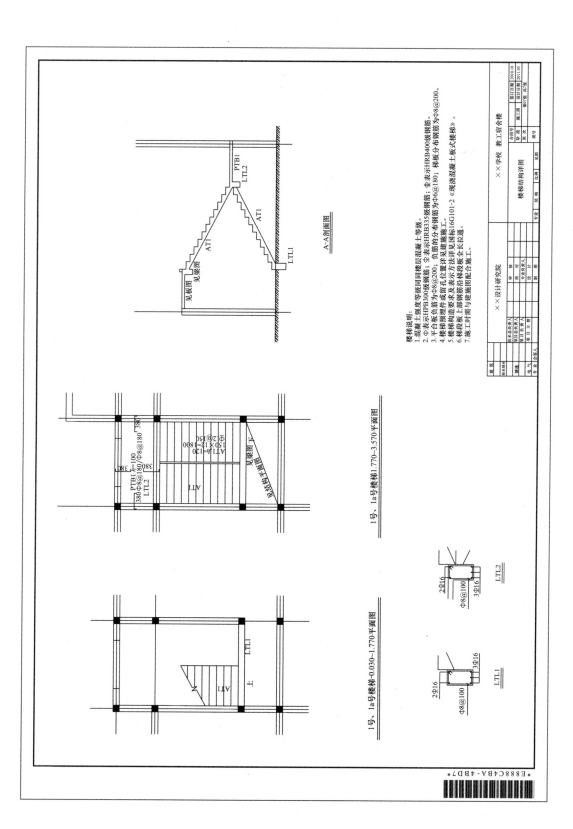

楼梯说明：
1.混凝土强度等级同楼层混凝土等级。
2.Φ表示HPB300级钢筋；Φ表示HRB335级钢筋；Φ表示HRB400级钢筋。
3.平台板负筋为Φ8@200；负筋的分布钢筋为Φ8@200。
4.楼梯预埋件或预留孔位置详见建施图。
5.楼梯构造要求及表示方法见国标16G101-2《现浇混凝土板式楼梯》。
6.梯段板上部钢筋沿梯段板全长拉通。
7.施工时需与建施图配合施工。

A-A剖面图

1号、1a号楼梯1.770~3.570平面图

1号、1a号楼梯-0.030-1.770平面图

×× 设计研究院

×× 学校　教工宿舍楼

楼梯结构详图

第07张　共页

# 附图3 钢结构施工图

## 结构设计说明

**一、工程概况：**

1. 本工程平面位置，设计标高±0.000相对于绝对高程详总图。
2. 结构形式：门式刚架结构。
3. 基础采用柱下独立基础，具体见说明详基础设计部分说明。
4. 本工程抗震设防烈度为8度二组，设计基本地震加速度为0.2g，场地土类别为二类。

**二、结构设计依据：**

1. 基础设计是根据《××机械厂场地岩土工程勘察报告》进行设计的，持力层选择第2层黏土，承载力特征值为180kPa。
2. 相关专业设计条件。
3. 国家现行规范、规程、标准、建设、当地有关标准和规定。

**三、地基基础设计要求说明见基础图。**

**四、钢结构要求：**

1. 本设计主要依照国家现行规范《钢结构设计标准》GB 50017—2017。
2. 材料：型材为Q235普通型热轧钢，焊条用E43型。
3. 钢结构的安装允许偏差，构件几何尺寸允许偏差及焊缝要求满足《钢结构工程施工质量验收规范》GB 50205—2001。
4. 焊缝等级：焊接H型钢对接焊缝为一级。其余均为三级。
5. 注角焊缝的尺寸要求：
   (1)连接构件最小厚度t<6mm时，为最小构件厚度$h_f=t$。
   (2)连接构件最小厚度t≥6mm时，$h_f=6mm$。
   (3)未注明焊缝长度，均为满焊。
6. 未注明节点板厚度均采用t=8mm。
7. 未注明安装螺栓均为普通C级螺栓M12。
8. 所有钢构件加工完成后需表面除锈，刷防腐漆。
9. 应根据实际现场核对尺寸放样下料。
10. 凡双角钢均采用填板连接，详大样。

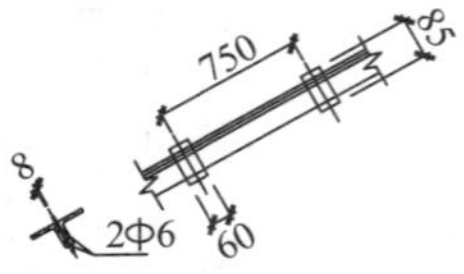

**五、基础设计说明：**

1. 本工程基础依据《××机械厂场地岩土工程勘察报告》设计。
2. 材料：a.基础混凝土采用C25，基础垫层采用C15素混凝土；
   b.钢筋HPB300（Φ），HRB335（Φ）；
   c.墙体采用Mu10级KP1型多孔砖，M5混合砂浆。
   d.水泥砂浆砌筑（砖墙体埋入土中部分用M7.5，空心部分用Cb20的灌孔混凝土填实）。用20mm厚渗5%防水剂的的1:2防水砂浆双面粉刷，-0.060m处设20mm厚同材料的防水水平防潮层。
3. 钢筋保护层厚度：基础40mm。
4. 本设计基础持力层采用第2层即黏土层，取地基承载力特征值$f_{ak}$=180kPa，当基础开挖持力层低于基础底面时，采用毛石混凝土垫至基底标高。
5. 基础顶面标高为0.150m。钢柱脚做法详见钢结构施工图。
6. 除本设计说明外，请按实采用本标准图的要求和有关现行施工规范施工和工程验收。
7. 施工中发现问题或需要修改时，请及时与建设单位及设计单位联系，共同协商解决。
8. 本图中所取相对标高±0.000所对应的绝对标高详总图。

**六、吊车：**

吊车选用A3级吊车（30/5t）吊车跨度16.5m。

**七、其余应注意的事项：**

1. 本图尺寸以mm为单位，标高以m为单位。
2. 本图中所有设备基础等待订货后补。
3. 凡与本工程有关的预埋件请按照相关相关专业图纸施工，以免发生错漏。
4. 未尽事宜均按现行的国家有关规范、标准执行。

双角钢拼接大样

| | | |
|---|---|---|
| 建设单位 | ××机械厂 | 设计号 |
| 工程名称 | 整应机产房 | 图号 |
| 结构设计说明 | | 图号 |
| 审定 | | 第 张共14张 |
| 校核 | | 图别 详图 |
| 校对 | | 日期 2010年9月 |
| 设计 | | |
| 绘图 | | |

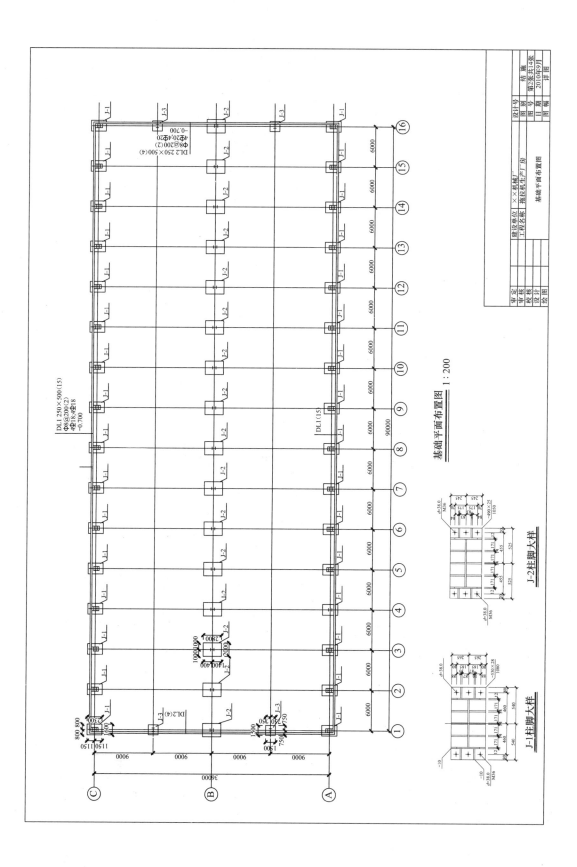

基础平面布置图 1:200

J-1柱脚大样

J-2柱脚大样

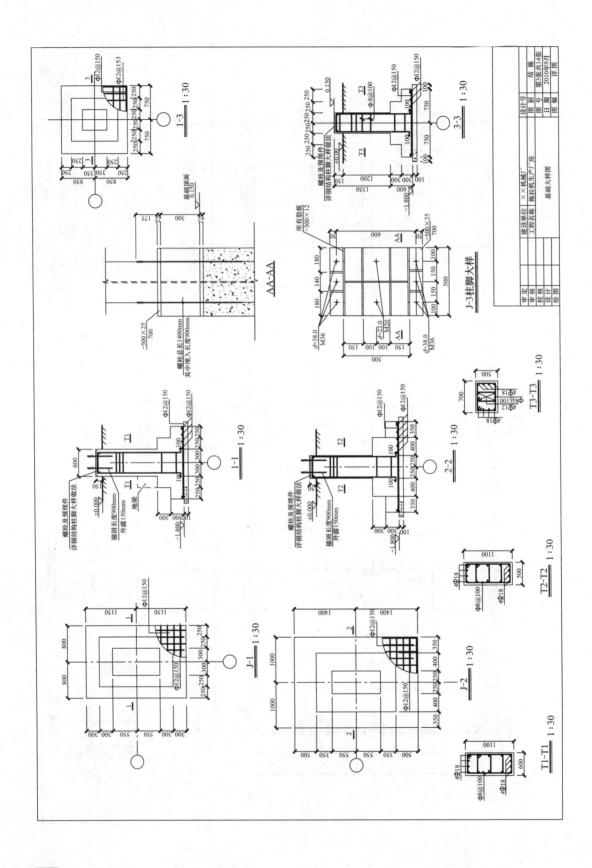

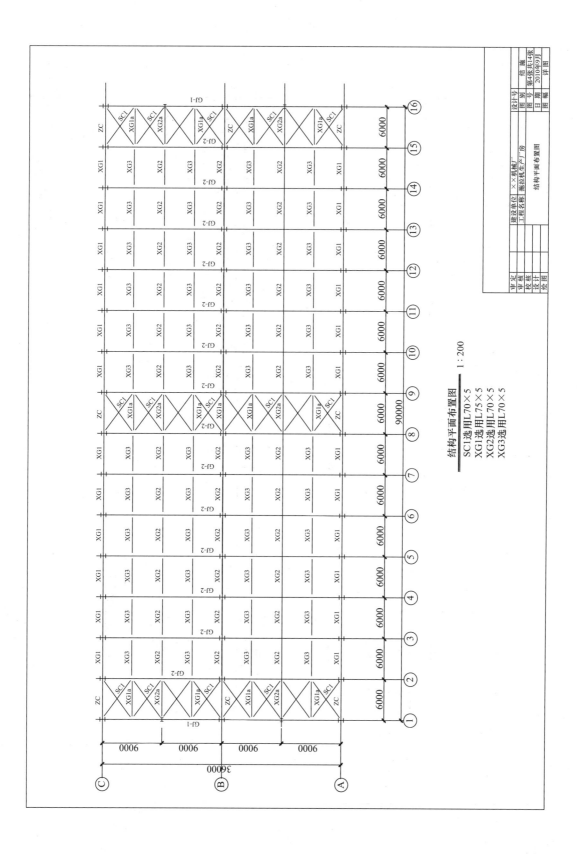

结构平面布置图  1:200

SC1选用L70×5
XG1选用L75×5
XG2选用L70×5
XG3选用L70×5

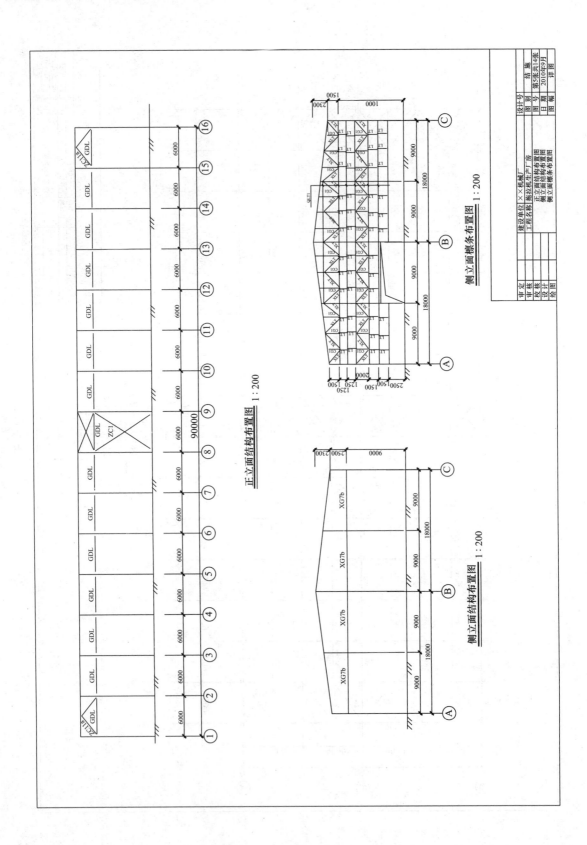

正立面结构布置图 1:200

侧立面檩条布置图 1:200

侧立面结构布置图 1:200

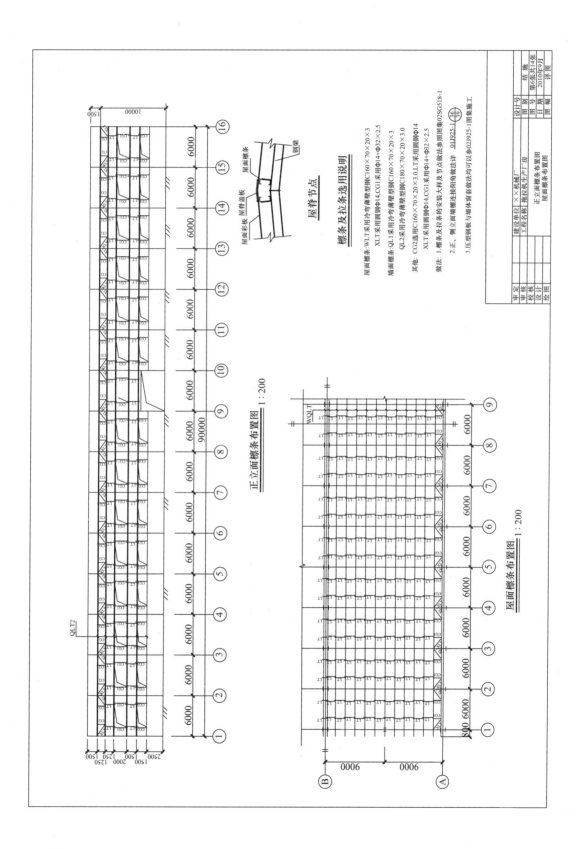

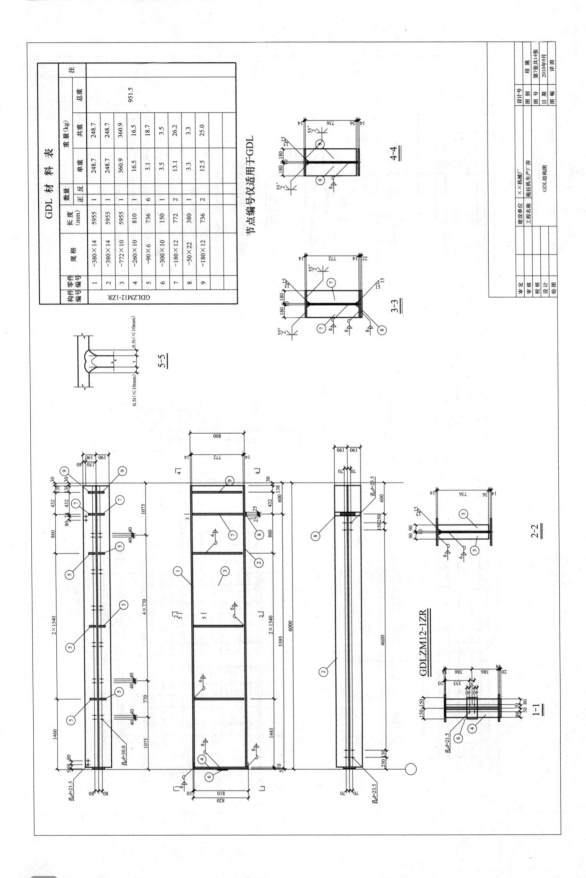

GDL 材 料 表

| 构件编号 零件编号 | 规 格 | 长 度 (mm) | 数 量 正 反 | 单 重 | 重 量 (kg) 共 重 | 总 重 | 注 |
|---|---|---|---|---|---|---|---|
| GDLZM12-1ZR | | | | | | 951.5 | |
| 1 | ⌐380×14 | 5955 | 1 | 248.7 | 248.7 | | |
| 2 | ⌐380×14 | 5955 | 1 | 248.7 | 248.7 | | |
| 3 | ⌐772×10 | 5955 | 1 | 360.9 | 360.9 | | |
| 4 | ⌐260×10 | 810 | 1 | 16.5 | 16.5 | | |
| 5 | ⌐90×6 | 736 | 6 | 3.1 | 18.7 | | |
| 6 | ⌐300×10 | 150 | 1 | 3.5 | 3.5 | | |
| 7 | ⌐180×12 | 772 | 2 | 13.1 | 26.2 | | |
| 8 | ⌐50×22 | 380 | 1 | 3.3 | 3.3 | | |
| 9 | ⌐180×12 | 736 | 2 | 12.5 | 25.0 | | |

节点编号仅适用于GDL

| 审定 | | | 建设单位 | ××机械厂 | | 设计号 | |
|---|---|---|---|---|---|---|---|
| 审核 | | | 工程名称 | 拖拉机生产厂房 | | 图别 | 结施 |
| 校核 | | | | | | 图号 | 第7张共14张 |
| 设计 | | | GDL.结构图 | | | 日期 | 2010年9月 |
| 绘图 | | | | | | 图幅 | 详图 |

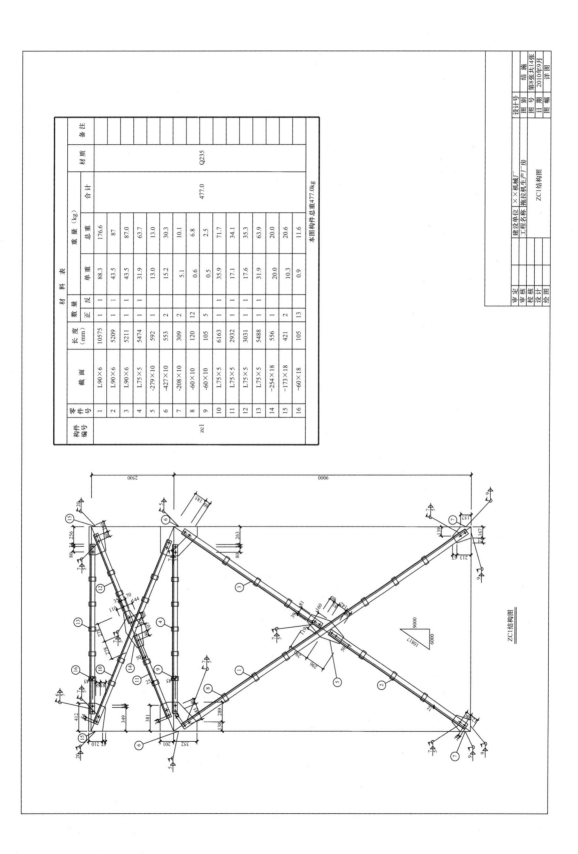

材　料　表

| 构件编号 | 零件号 | 截面 | 长度 (mm) | 数量 正反 | | 重量 (kg) 单重 | 总重 | 合计 | 材质 | 备注 |
|---|---|---|---|---|---|---|---|---|---|---|
| zc1 | 1 | L90×6 | 10575 | 1 | | 88.3 | 176.6 | | | |
| | 2 | L90×6 | 5209 | 1 | | 43.5 | 87 | | | |
| | 3 | L90×6 | 5211 | 1 | | 43.5 | 87.0 | | | |
| | 4 | L75×5 | 5474 | 1 | | 31.9 | 63.7 | | | |
| | 5 | -279×10 | 592 | 1 | | 13.0 | 13.0 | | | |
| | 6 | -427×10 | 553 | 2 | | 15.2 | 30.3 | 477.0 | Q235 | |
| | 7 | -208×10 | 309 | 2 | | 5.1 | 10.1 | | | |
| | 8 | -60×10 | 120 | 12 | | 0.6 | 6.8 | | | |
| | 9 | -60×10 | 105 | 5 | | 0.5 | 2.5 | | | |
| | 10 | L75×5 | 6163 | 1 | | 35.9 | 71.7 | | | |
| | 11 | L75×5 | 2932 | 1 | | 17.1 | 34.1 | | | |
| | 12 | L75×5 | 3031 | 1 | | 17.6 | 35.3 | | | |
| | 13 | L75×5 | 5488 | 1 | | 31.9 | 63.9 | | | |
| | 14 | -254×18 | 556 | 1 | | 20.0 | 20.0 | | | |
| | 15 | -173×18 | 421 | 2 | | 10.3 | 20.6 | | | |
| | 16 | -60×18 | 105 | 13 | | 0.9 | 11.6 | | | |

本图构件总重477.0kg

ZC1结构图

| 建设单位 | ××机械厂 | | 设计号 | 结施 |
|---|---|---|---|---|
| 工程名称 | 拖拉机生产厂房 | | 图别 | 第8张共14张 |
| | ZC1结构图 | | 图号 | |
| 审定 | | | 日期 | 2010年9月 |
| 审核 | | | 图幅 | 详图 |
| 校核 | | | | |
| 设计 | | | | |
| 绘图 | | | | |

页码 261

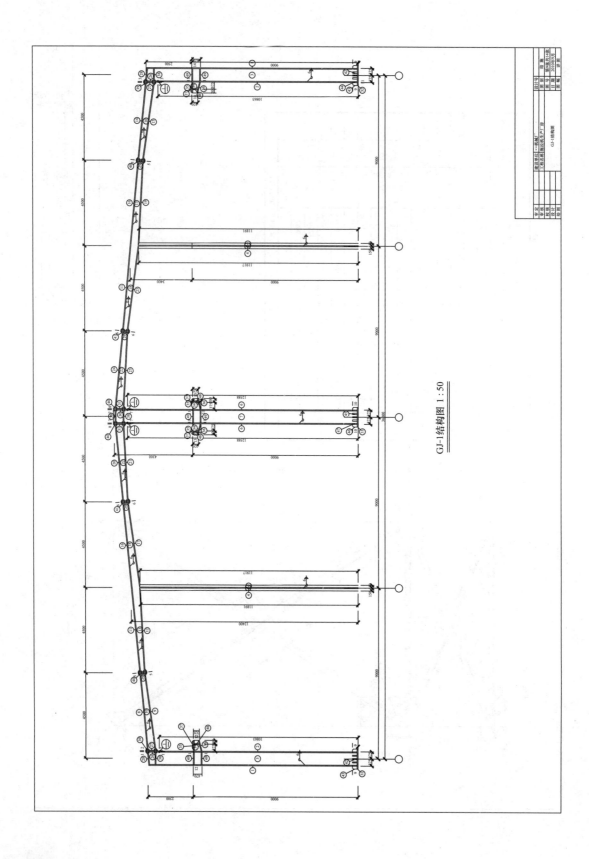

GJ-1结构图 1:50

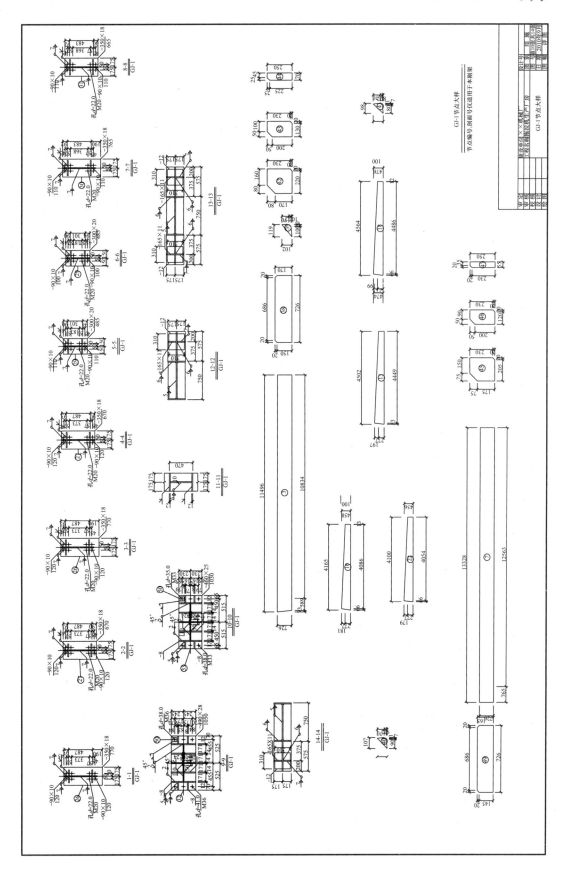

材 料 表

| 构件零件编号 | 规格 | 长度(mm) | 数量 正反 | 重量(kg) 单重 | 重量(kg) 共重 | 总重 | 备注 |
|---|---|---|---|---|---|---|---|
| 1 | -350×12 | 11424 | 2 | 376.6 | 753.3 | | |
| 2 | -350×12 | 10835 | 2 | 357.2 | 714.5 | | |
| 3 | -726×10 | 11496 | 2 | 653.1 | 1306.2 | | |
| 4 | -300×12 | 11917 | 4 | 336.8 | 1347.1 | | |
| 5 | -476×8 | 11912 | 2 | 356.1 | 712.1 | | |
| 6 | -350×12 | 12563 | 2 | 414.2 | 828.4 | | |
| 7 | -726×10 | 13328 | 1 | 759.6 | 759.6 | | |
| 8 | -250×12 | 4103 | 1 | 96.6 | 96.6 | | |
| 9 | -250×12 | 4154 | 1 | 97.8 | 97.8 | | |
| 10 | -458×10 | 4165 | 2 | 119.2 | 238.4 | | |
| 11 | -300×12 | 4502 | 2 | 127.2 | 254.5 | | |
| 12 | -300×12 | 4454 | 1 | 125.9 | 125.9 | | |
| 13 | -474×10 | 4502 | 2 | 132.1 | 264.1 | | |
| 14 | -300×12 | 4103 | 1 | 115.9 | 115.9 | | |
| 15 | -300×12 | 4154 | 1 | 117.4 | 117.4 | | |
| 16 | -250×12 | 4502 | 2 | 106.0 | 212.1 | | |
| 17 | -250×12 | 4552 | 1 | 107.2 | 107.2 | | |
| 18 | -476×10 | 4564 | 2 | 133.9 | 267.8 | | |
| 19 | -250×12 | 4454 | 1 | 104.9 | 104.9 | | |
| 20 | -300×12 | 4101 | 1 | 115.9 | 115.9 | | |
| 21 | -300×12 | 4059 | 1 | 114.7 | 114.7 | | |
| 22 | -456×10 | 4100 | 2 | 117.5 | 235.0 | | |
| 23 | -300×12 | 4552 | 1 | 128.6 | 128.6 | | |
| 24 | -250×12 | 4101 | 1 | 96.6 | 96.6 | | |
| 25 | -250×12 | 4059 | 1 | 95.6 | 95.6 | 10784.4 | |

GJ-1

材 料 表

| 构件零件编号 | 规格 | 长度(mm) | 数量 正反 | 重量(kg) 单重 | 重量(kg) 共重 | 总重 | 备注 |
|---|---|---|---|---|---|---|---|
| 26 | -350×18 | 770 | 2 | 38.1 | 76.2 | | |
| 27 | -350×18 | 670 | 2 | 33.1 | 66.3 | | |
| 28 | -350×12 | 742 | 2 | 24.5 | 48.9 | | |
| 29 | -300×20 | 485 | 8 | 22.8 | 182.7 | | |
| 30 | -350×18 | 765 | 2 | 37.8 | 75.7 | | |
| 31 | -350×18 | 665 | 2 | 32.9 | 65.8 | | |
| 32 | -490×28 | 1050 | 2 | 113.1 | 226.2 | | |
| 33 | -460×25 | 1030 | 1 | 93.0 | 93.0 | | |
| 34 | -446×10 | 575 | 4 | 20.1 | 80.5 | | |
| 35 | -350×12 | 575 | 4 | 19.0 | 75.8 | | |
| 36 | -350×12 | 594 | 4 | 19.6 | 78.4 | | |
| 37 | -310×12 | 310 | 4 | 9.1 | 36.2 | | |
| 38 | -170×12 | 726 | 8 | 11.6 | 93.0 | | |
| 39 | -90×10 | 120 | 6 | 0.8 | 5.1 | | |
| 40 | -90×10 | 110 | 12 | 0.8 | 9.3 | | |
| 41 | -90×10 | 100 | 8 | 0.7 | 5.7 | | |
| 42 | -240×14 | 250 | 12 | 6.6 | 79.1 | | |
| 43 | -150×8 | 250 | 8 | 2.4 | 18.8 | | |
| 44 | -70×8 | 250 | 8 | 1.1 | 8.8 | | |
| 45 | -225×14 | 250 | 6 | 6.2 | 37.1 | | |
| 46 | -140×8 | 250 | 4 | 2.2 | 8.8 | | |
| 47 | -55×8 | 250 | 4 | 0.9 | 3.5 | | |
| 48 | -165×12 | 346 | 8 | 5.4 | 43.0 | | |
| 49 | -165×12 | 726 | 12 | 11.3 | 135.4 | | |
| 50 | -80×20 | 80 | 18 | 1.0 | 18.1 | | |

GJ-1

GJ-1材料表

节点编号、剖面号仅适用于本刚架

| 审定 | | 建设单位 | ××机械厂 | 设计号 | |
|---|---|---|---|---|---|
| 审核 | | 工程名称 | 捆起机生产房 | 图别 | 施 |
| 校核 | | | | 图号 | 第11张共14张 |
| 设计 | | | | 日期 | 2010年9月 |
| 绘图 | | GJ-1材料表 | | | 详图 |

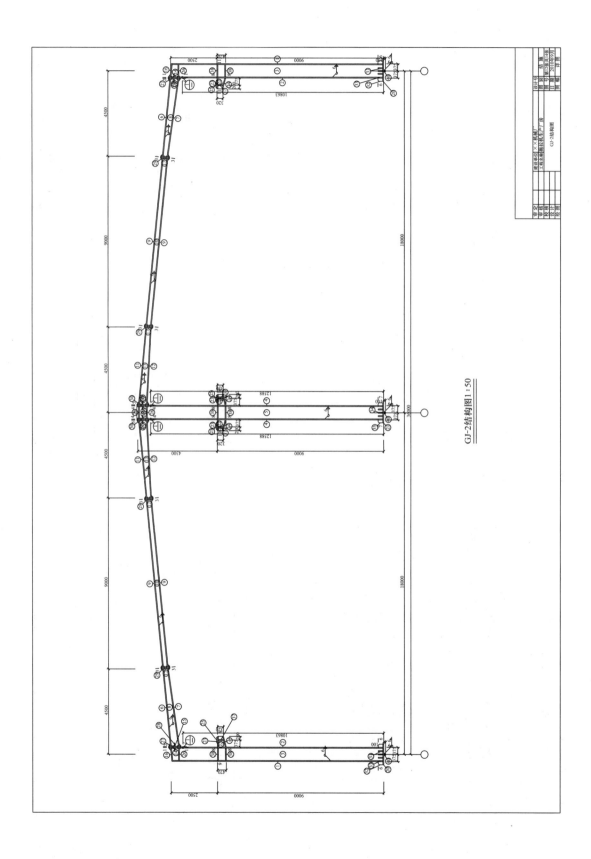

GJ-2结构图1:50

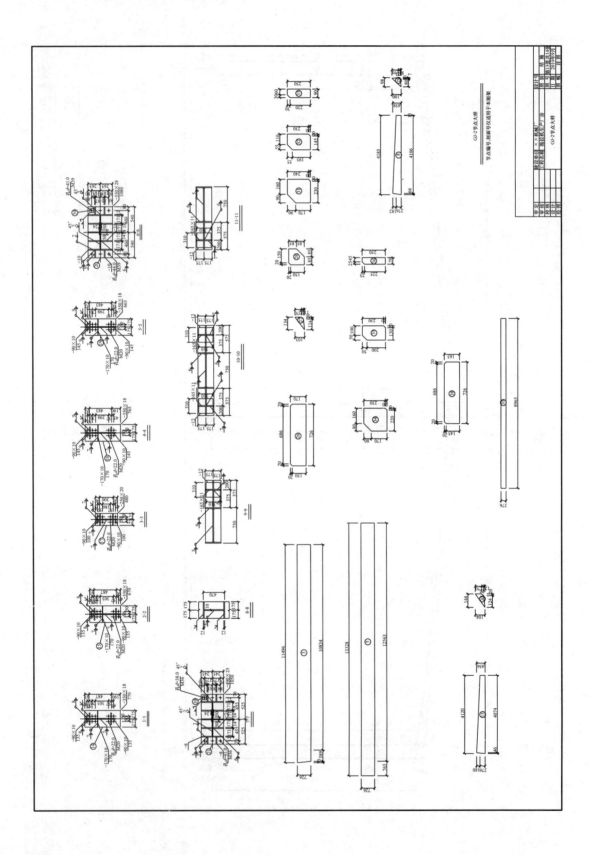

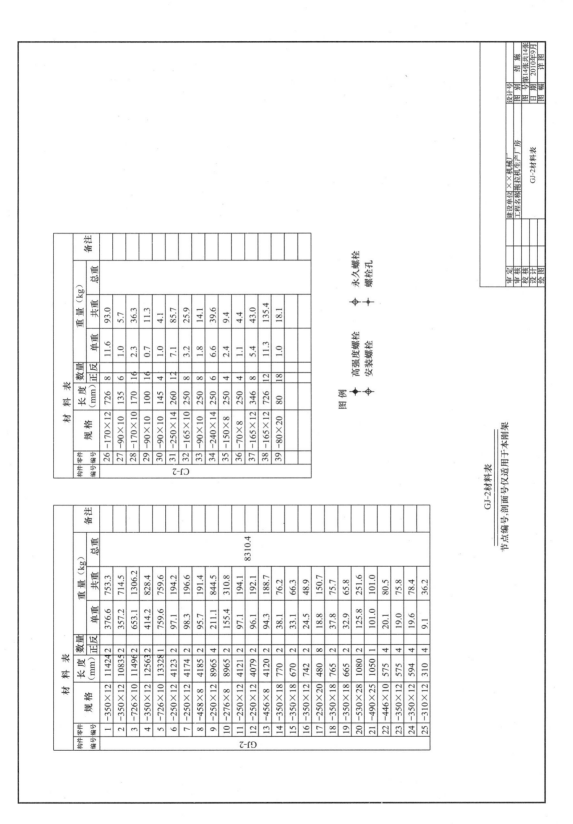

| 构件零件编号 | 规格 | 长度(mm) | 数量 正反 | 重量(kg) 单重 | 重量(kg) 共重 | 总重 | 备注 |
|---|---|---|---|---|---|---|---|
| 1 | −350×12 | 11424 | 2 | 376.6 | 753.3 | | |
| 2 | −350×12 | 10835 | 2 | 357.2 | 714.5 | | |
| 3 | −726×10 | 11496 | 2 | 653.1 | 1306.2 | | |
| 4 | −350×12 | 12563 | 2 | 414.2 | 828.4 | | |
| 5 | −726×10 | 13328 | 1 | 759.6 | 759.6 | | |
| 6 | −250×12 | 4123 | 2 | 97.1 | 194.2 | | |
| 7 | −250×12 | 4174 | 2 | 98.3 | 196.6 | | |
| 8 | −458×8 | 4185 | 2 | 95.7 | 191.4 | | |
| 9 | −250×12 | 8965 | 4 | 211.1 | 844.5 | | |
| 10 | −276×8 | 8965 | 2 | 155.4 | 310.8 | | |
| 11 | −250×12 | 4121 | 2 | 97.1 | 194.1 | | |
| 12 | −250×12 | 4079 | 2 | 96.1 | 192.1 | | |
| 13 | −456×8 | 4120 | 2 | 94.3 | 188.7 | | |
| 14 | −350×18 | 770 | 2 | 38.1 | 76.2 | | |
| 15 | −350×18 | 670 | 2 | 33.1 | 66.3 | | |
| 16 | −350×12 | 742 | 2 | 24.5 | 48.9 | | |
| 17 | −250×20 | 480 | 8 | 18.8 | 150.7 | | |
| 18 | −350×18 | 765 | 2 | 37.8 | 75.7 | | |
| 19 | −350×18 | 665 | 2 | 32.9 | 65.8 | | |
| 20 | −530×28 | 1080 | 2 | 125.8 | 251.6 | | |
| 21 | −490×25 | 1050 | 1 | 101.0 | 101.0 | | |
| 22 | −446×10 | 575 | 4 | 20.1 | 80.5 | | |
| 23 | −350×12 | 575 | 4 | 19.0 | 75.8 | | |
| 24 | −350×12 | 594 | 4 | 19.6 | 78.4 | | |
| 25 | −310×12 | 310 | 4 | 9.1 | 36.2 | 8310.4 | |

GJ-2

| 构件零件编号 | 规格 | 长度(mm) | 数量 正反 | 重量(kg) 单重 | 重量(kg) 共重 | 总重 | 备注 |
|---|---|---|---|---|---|---|---|
| 26 | −170×12 | 726 | 8 | 11.6 | 93.0 | | |
| 27 | −90×10 | 135 | 6 | 1.0 | 5.7 | | |
| 28 | −170×10 | 170 | 16 | 2.3 | 36.3 | | |
| 29 | −90×10 | 100 | 16 | 0.7 | 11.3 | | |
| 30 | −90×10 | 145 | 4 | 1.0 | 4.1 | | |
| 31 | −250×14 | 260 | 12 | 7.1 | 85.7 | | |
| 32 | −165×10 | 250 | 8 | 3.2 | 25.9 | | |
| 33 | −90×10 | 250 | 8 | 1.8 | 14.1 | | |
| 34 | −240×14 | 250 | 6 | 6.6 | 39.6 | | |
| 35 | −150×8 | 250 | 4 | 2.4 | 9.4 | | |
| 36 | −70×8 | 250 | 4 | 1.1 | 4.4 | | |
| 37 | −165×12 | 346 | 8 | 5.4 | 43.0 | | |
| 38 | −165×12 | 726 | 12 | 11.3 | 135.4 | | |
| 39 | −80×20 | 80 | 18 | 1.0 | 18.1 | | |

GJ-2

图例　◆ 高强度螺栓　⊕ 永久螺栓
◇ 安装螺栓　＋ 螺栓孔

GJ-2材料表
节点编号,剖面号仅适用于本刚架

| 建设单位 | ××机械厂 | 设计号 | | | |
|---|---|---|---|---|---|
| 工程名称 | 钢格构柱机生产厂房 | 图别 | 结施 | | |
| | | 图号 | 第14张共14张 | | |
| GJ-2材料表 | | 日期 | 2010年9月 | | |
| 审定 | | 图幅 | 详图 | | |
| 审核 | | | | | |
| 校对 | | | | | |
| 设计 | | | | | |
| 绘图 | | | | | |

# 参 考 文 献

［1］ 《混凝土结构施工图平面整体表示方法制图规则和构造详图》16G101 系列图集.

［2］ 梁慧，刘粤. 建筑工程基础［M］. 北京：高等教育出版社，2010.